家族進化論

Evolutionary History of Human Family

山極寿一

Juichi Yamagiwa

東京大学出版会
University of Tokyo Press

Evolutionary History of Human Family
Juichi YAMAGIWA
University of Tokyo Press, 2012
ISBN 978-4-13-063332-1

家族進化論　目次

第1章　家族をめぐる謎　1

第2章　進化の背景　49

第1章 家族をめぐる謎

1　家族のパラドックス

最近、人類の最古の祖先の一つと考えられるアルディピテクス・ラミダスについて、きわめて興味深い見解が発表された。ラミダスはエチオピアのアワシュ渓谷で一九九二年に発見された、いまから約四四〇万年前のものと考えられる化石人類である。歯と頭骨の一部、上肢などの化石が比較的よく保存されており、アメリカの人類学者ティム・ホワイトと東京大学の諏訪元によって分析が進められてきた。これまでにわかっているのは、頭蓋底の特徴から大後頭孔が下を向いていて、すでに直立二足歩行をしていたと考えられること、犬歯のエナメル質がまだ薄くチンパンジーに近いが、サイズは小さくなっており性差も小さいということである。そして、二〇〇九年になって詳細な分析結果が報告された。身長は約一二〇センチメートル、体重は三〇～五〇キログラムと小さく、脳容量は三〇〇～三五〇ccとチンパンジー並みである。興味をひくのはラミダスの体格上の性差がおそらく現代人並みだったという推測である。

これまで化石人類の性差は、過去にさかのぼるほど大きくなり、おそらくチンパンジーとの共通祖先はゴリラ並みの大きな性差があったと考えられてきた。一九七四年にエチオピアのハダールで発見された約三〇〇万年前のアウストラロピテクス・アファレンシスは、その考えのもととなった化石である。ハダールの遺跡から約二〇〇個の断片からなる一三個体分のアファレンシスが発掘された。このなかには男も女も、そして少なくとも四人の子どもの化石が含まれていた。問題は、一三人の化石があまりにも不揃いだったことである。「ルーシー」と名づけられた女の化石は、身長一メートル前後、体重は二五キログラムほどしかなかったが、大きなものは身長一・七メートル、体重五二キログラムもあった。体が大きいものは腕が長く、樹上生活により適応した形質をもっていた。歯の構造にも大きな個体差が認められた。この遺跡を調査したアメリカの人類学者ロナルド・ジョハンソンたちは、これらのちがいを性による差で説明しようとした。この時代のアファレンシスは男が女の二倍近い体重を誇る、性的二型の大きな特徴を保有していたと考えたのである。現生人類の男の体重は女の約一・四倍である。つまり人類の進化は、男女の体格における性差を縮めるような方向へ進んできたというわけである。

現生の霊長類の体格の性差は、社会構造と見事な一致を示している。単独で生活する種や、オスとメス一対のペアで暮らす種は性差がほとんどない。ペアより大きい集団で暮らす種はオスがメスよりも体格が大きい。とくに一頭のオスが複数のメスを囲ってハレム型の集団をつくる種は、オスがメスより格段に大きいことが多い。人類に近縁なゴリラが一・七倍、チンパンジーが一・三倍、ボノボは一・二倍である。性的二型の大きいゴリラはまとまりのよいハレム型の集団をつくる。一方、性的二型の弱いチンパンジーとボノボは、離合集散性の高い複雄複雌群をつくり、乱交的な交尾関係を結ぶ傾向がある。メスをめぐるオス間の競合が強い種は性的二型が大きく、複数のオスが共存してメスと乱交的な関係を結ぶ種はこれが小さいことがわかる。ここからつぎのような推測が成り立つ。人類の祖先はゴリラのようなハレム型の集団で暮らしていたが、しだいにペアで夫婦生活を営むようになり、性差が縮まったという考えである。

じつは、ハダールの遺跡はヒト科の古い祖先の社会を復元する糸口を含んでいた。一三人分の化石は突発的な事故によって同時に死亡した人々の遺体であると考えられた。遺跡に腐肉あさりの動物が含まれておらず、化石にもこれらの動物にかじられた跡がないことから、おそらく一三人の仲間が突発的な洪水によって押し流され、湖底の粘土層に埋め込まれたのだろうと推測されたのである。ジョハンソンは、この一三人を「最初の家族」と名づけた。さて、この最初の家族とは、ゴリラのような性的二型の強い男女からなる小集団だったのだろうか。これまでにわかっているゴリラの集団の大きさは平均一〇頭前後である。一方、チンパンジーやボノボの集団は二〇〜八〇頭と大きく、一〇〇頭を超える大集団がみられることもある。性的二型と集団の大きさからみると、ゴリラに近い特徴をもったアファレンシスの集団を想定してみたくなる。

ところが、今回の見解のように、もし初めから祖先の性差が小さかったとしたら、この推測は成り立たなくなる。そもそも遺伝的にみれば、人類はゴリラよりチンパンジーに近縁である。タンパク質をコードするＤＮＡにおいて人類はゴリラと一・四％、チンパンジーとは一・二％しかちがわない。この遺伝的距離は約七〇〇万〜九〇〇万年に相当する。実際、人類のもっとも古い祖先と思われる七〇〇万年前の化石がチャド（サヘラントロプス・チャデンシス）で、六〇〇万年前の化石がケニア（オローリン・ツゲネンシス）とエチオピア（アルデピテクス・カダバ）でみつかっている。チンパンジーは人類よりも性差が小さい。すると、人類の性差は共通祖先と変わらず、チンパンジーのほうがしだいに性差を縮めるように進化したということなのだろうか。

人類の祖先は、チンパンジーのような乱交的な交尾関係から出発したと考える説がある。チンパンジーと、その同じ属の別種に分類されるボノボのメスは、発情すると性皮が大きく腫脹するという特徴をもっている。ゴリラは若いメスだけがわずかに性皮を腫らし、おとなのメスには発情してもめだった変化はみられない。メスは排卵の前の二日間だけ発情し、オスを誘って交尾をする。チンパンジーやボノボのメスは約一カ月の月経周期で、排卵日の前に数日から二週間ほど発情し、その期間に性皮を腫らして交尾をするという特徴をもっている。人間の女はこういった周期性をもたず、周年、男と性交渉を結ぶことができる。しかし、チンパンジーやボノボのような性皮を腫らすという特徴をもたない。性に積極的ともとれるし、消極的ともとれる。いったい、どうしてこんな変な特性が進化したのだろう。人類の祖先はチンパンジーと似ていたのだろうか。それともゴリラと似ていたのだろうか。もしチンパンジー的だったとすれば、なぜ人類の女は発情徴候を失ってしまったのか。もしゴリラ的だったとすれば、なぜ周年性交渉を結べるようになったのだろう。おそらくその特徴の変化は、初期人類が家族をつくるうえで特定の男女の結びつきを強化するのに役立ったはずである。

性的二型、社会構造、繁殖戦略は、進化史のなかでどういった関係をもっているのか。この問題を考えるうえでおもしろい事例がある。アジアの類人猿オランウータンは、アフリカにすむゴリラやチンパンジーのつぎに人間に近縁である。メスは人間と同じようにまったく発情徴候を示さない。発情周期に関係なく、オランウータンのオスはメスに交尾を強要し、メスはこうしたオスと交尾することがある。しかし、オランウータンは雌雄ともに単独生活を送っていて、人間とはまったく異なる社会をつくる。しかも、オスはメスの二倍の体格をもっている。オランウータンは、「単独生活者は性差が小さい」という霊長類の一般則に合致しないのである。ただ、発情徴候の欠如は単独生活と相性がよい。類人猿と人間を含むヒト科の霊長類では、性的二型ではなく、繁殖戦略が社会構造と強く結びついていると考えたほうがよいのかもしれない。

類人猿の性的二型は、オスとメスの繁殖戦略以外の要因にも大きな影響を受けている。採食戦略、捕食に対する防衛、子育てなどである。とくに類人猿の消化能力は、オナガザル科のサルに比べて弱い。サルたちが消化阻害物質の多い未熟果や葉を食べられるのに対し、類人猿は熟果しか食べられず、二次代謝物の蓄積を避けるために多種類の葉を少しずつ食べ歩かねばならない。そのため広い行動域が必要であり、体の大型化はそういった二次代謝物の影響を軽減するための方策である。ときには地上へ降りなければならず、地上性肉食獣への防衛も必要になる。オスの大型化はそういった捕食対策の結果でもある。人類の祖先の体格は、その時代の環境条件に対応して生き抜くための採食戦略を反映し、さまざまな生存戦略にしたがって徐々に変わってきたはずである。それがどういった戦略であったのか、人間とはちがう進化を遂げた類人猿を比較しながら慎重に検討する必要がある。

人類の古い祖先はまずオランウータンとの共通祖先から、続いてゴリラとの共通祖先から、最後にチンパンジーとの共通祖先から分かれた。チンパンジーとボノボの性皮の腫脹は、人類との共通祖先と分かれてからチンパンジーの系統だけで進化したと考えることもできる。人類の祖先は顕著な発情徴候を示さずに、性差だけを縮めたのかもしれない。事実、アメリカの形質人類学者オーウェン・ラブジョイは、人類の古い祖先がすでに男女の持続的なペアをつくって暮らしていたと推測している。人類の祖先が最初に発達させた直立二足歩行という行動様式は、オスが特定のメスとその子どもに栄養価の高い食物を運ぶことによって進化した可能性が高いというのである。一九七八年にはイギリス人の人類学者メアリー・リーキーがタンザニアのラエトリで不思議な足跡の化石をみつけた。三六〇万年前に火山灰が降り積もってできた堆積岩の上に残されたアウストラロピテクス・アファレンシスの足跡で、はっきりと二足で歩いていたことがわかる。しかも二七メートルにわたってつけられていた足跡は、一対の男女が子どもを連れて歩いていたようにみえるのである。ここから、アファレンシスはすでに夫婦生活を営み、家族で暮らしていたのではないかという推測が生まれた。

家族という社会形態は、人類の進化史の早い時期につくられたのだろうか。家族とはいったいどんな機能をもち、どういった要請のもとに生まれてきたのだろう。かつてアメリカの社会人類学者ジョージ・マードックは、人類の社会生活の基礎となる四つの機能（性・経済・生殖・教育）をあげ、この機能を果たしうる最小の社会単位は家族以外にないことを強調した。夫婦とその子どもというかたちだけなら、家族のようにみえる集団は動物にもある。鳥は仲のよいつがいをつくって共同で雛を育てるし、オオカミも持続的なペアで子どもを育てる。しかし、鳥は卵生で受精してから産み落とすまでの期間が短いし、卵はオスとメスどちらが温めても雛はかえる。授乳する必要もない。オオカミは肉食で、安全な場所に子どもを隠して獲物を探しにいくことができる。ところが霊長類は基本的に植物食で食べ貯めがきかないから、頻繁に採食を繰り返さねばならない。しかも一般の哺乳類に比べて子どもの成長に時間がかかる。

こういう制約のなかで、なおかつ夫婦が子育てのために役割を分担して共同生活をするということは、不可能に近いことなのだ。初期の人類は、この家族を完成させるために、類人猿との共通祖先がもっていた諸特徴の大変革を迫られたにちがいない。その結果、ある特徴は消失し、別の特徴は人類的なものに再編成され、さらに類人猿にはない新しい特性が発達した。

ただ、残念なことに体の軟部組織や行動は化石として残らない。人類の祖先はいまのように体毛の薄い体をしていたのだろうか。髪の毛や膚の色はどうだったのか。祖先たちはどのような会話を交わしていたのだろう。闘争、和解、挨拶、協力、恋愛といった社会交渉はどのように行われていたのか。それらを不完全な化石証拠から復元することはむずかしい。祖先たちの行動や社会の姿を知るためには、どうしても近い過去に人類と祖先を共有する類人猿を比較することが必要である。類人猿が現在保有している諸特徴が、いかなる社会の特性に貢献しているのか。そして、人類家族と彼らの社会とのあいだにはどのような質的なちがいが存在し、家族を成立させるために人類の祖先はどのような変革を迫られたのか。それを類推するためにはまず、類人猿が歩んできた道を探り、人類が登場した時代にさかのぼって家族が生まれるに至った必然性を明らかにしなければならないのである。

2　進化論と人類学の出会い

われわれ人間の形態的特徴がゴリラやチンパンジーなどのアフリカの類人猿に似ていることから、人類の祖先の化石はアフリカでみつかるだろうと予言したのは進化論の提唱者チャールズ・ダーウィンである。一八五九年に『種の起原』を著してすべての生物は昔をさかのぼれば共通の祖先に由来することを論じた彼は、一八七一年に出した『人間の由来と性に関連した選択』で人間もその例外ではないことを述べた。ダーウィンの説の優れたところは、限りある資源をめぐって同種の個体間に葛藤が生じ、そのなかで子孫を多く残した個体の特徴が世代を超えて受け継がれていくとみなした点である。ここに彼は、個体と環境とのかかわりではなく、環境をつうじた個体どうしの社会が進化の舞台になることを予言している。さらに彼は、環境要因で説明できない特徴を、異性をめぐる葛藤の所産とみなし、性淘汰という概念をつくった。人間の社会も基本的にはこの自然淘汰と性淘汰というふるいにかけられて進化してきたことを示唆したわけである。

しかし、ダーウィンは人間以外の動物の社会を研究したことはなかった。生きたチンパンジーは一六四一年にオランダの動物園に登場しているし、ゴリラは一八四六年に新種の類人猿として記載され、一八五五年にはロンドン動物園で公開展示されている。だからダーウィンも目にしたことはあったはずだ。一八五六年にはドイツのネアンデル渓谷で現代人とは異なる特徴をもった骨がみつかり、論議をよんでいる。最初はカルシウム不足のコサック兵だとか、くる病にかかった老人の骨とかいわれたが、一八六四年にはダーウィンのブルドックと称されるイギリスの人類学者トーマス・ハックスリーが類人猿と人間の中間にある古人類と位置づけ、ネアンデルタール人という呼称が定着するようになった。だが、まだ動物と人間の社会をつなぐような発想も学問も登場していなかったので、類人猿や化石をもとにして人間の社会進化を論じるような考えは出てこなかった。そもそも社会とは意識をもって言葉を話し、文化をもつ人間だけに可能なものであり、動物に社会があるとはだれも考えていなかったのである。

人間の社会が進化の産物であると論じ始めたのは、当時未開といわれた民族の社会を調べていた文化人類学者や社会人類学者たちだった。それは当時、人間の社会に対する不満や疑問が人々の心に大きくのしかかっていたからにほかならない。一九世紀のヨーロッパは国内外でさまざまな思想や勢力が衝突を繰り返した時代だった。フランス革命が起き、王政と共和制が繰り返され、アジア、アフリカ、中南米における植民地支配をめぐって各国がしのぎを削っていた。産業革命によって労働力が都市に集中し、人々の生活形態も社会の編成もがらりと変わろうとしていた。そういう混乱のなかで、人々は人間社会の由来やそのあり方に強い関心を向け始めたのである。ダーウィンの進化論がイギリスの経済学者トマス・マルサスの『人口論』

（一七九八年）に影響を受けたことはよく知られているが、イギリスの経済学者ジェレミ・ベンサムが功利主義による「最大多数の最大幸福」を唱えたり、フランスの哲学者オーギュスト・コントが社会学を創始したりしたのもこの時代である。とくにコントは、天才的な数学者として出発し、自然科学の視点から社会を観察し理解することをめざした。社会を有機体的なものとしてとらえ、交感関係と連帯関係を重視し、社会学をコミュニティと道徳を追求する学問として定義した。ダーウィンも、人間と動物を分けるもっとも重要なちがいを道徳観念また は良心の存在としている。コントはコミュニティの理想のモデルを家族においた。そして、ダーウィンの進化論に触発されて、人類学者たちは人間社会の原点を家族の由来に探ろうと試みたのである。ただ、彼らは家族の由来をたずねる比較対象として、人間以外の動物の社会を選ばなかった。植民地とした諸国には未開とされた多くの社会があったし、欧米の学者たちにとって人間のもっとも進んだ社会とは核家族によって構成される市民社会だったからである。彼らは、未開社会にみられるプリミティブな家族の形態から、道徳に満ちた秩序のある欧米社会の核家族へと人間が進化したと考えたのだ。

3　社会進化論の展開

一八六一年に発表されたスイスの法学者ヨハン・バッファオーウェンの『母権論』、一八七〇年のアメリカの文化人類学者ルイス・モルガンの『人類の血族および婚姻制度』、一八七一年のイギリスの人類学者エドワード・タイラーの『原始文化』はともに、古代の人類が親子・兄弟姉妹の血縁を認知しない乱婚的な関係を結んでいた、とみなす点で一致している。とくにモルガンは、家族が連続的な発展段階を経過して発達してきたものと考え、一八七七年に著した『古代社会』で進化論的な立場から家族の成立過程を論じている。アメリカ・インディアンの親族名称が欧米のものとは異なっていることに注目した彼は、親族名称が過去の時代の家族の発展段階を表していると考え、人類史のうえにさまざまな形態の家族を相対的に並べかえようとしたのである。

その結果、モルガンは人類の社会は原始乱婚の時代から血族婚家族、半血族婚家族を経て、最後に一夫一妻からなる核家族へ歩んだとする説を立てた。血族婚家族は直系および傍系の兄弟姉妹の集団婚であり、兄弟あるいは姉妹はそれぞれの妻や夫を共有する。親子のあいだでは婚姻および性交渉が禁止されているが、兄弟姉妹間にはインセスト（近親相姦）が行われる。半血族婚は、兄弟姉妹間のインセストを禁止することによって成立し、兄弟または姉妹が血縁関係にない異性と集団婚をする形態をさしている。彼はハワイの親族名称にこの形態が認められることからこれをプナルア（仲間）家族と名づけ、プナルア家族から母系氏族が発展したと考えた。すなわち、集団婚によって子どもの父親が判然としないために、姉妹が彼らの子どもや子孫をつうじて氏族の成員を確立していったとみなしたのである。

モルガンは、母系氏族の発生から核家族へ至る過程に、対偶婚家族と父家長的家族という移行段階を想定している。対偶婚は男女一対の結婚にもとづいたものだが独占的な同棲をともなわず、父家長的家族は一夫多妻の形態をなす。しかし、これらの二形態はいずれも氏族から派生したもので固定的ではなく、財産の観念の発達にともない核家族に収斂していくものとみなされている。そして、独占的同棲によって維持される一夫一婦家族の確立は、財産とその相続に関する法律上の権利の制定をつうじて、古代ギリシャやローマ時代にはじめて認められるとモルガンは考えた。

人類が原始乱婚から氏族社会、拡大家族を経て、配偶関係に関する厳格な規制をもつ核家族へ進化したという考え方は、ドイツの思想家カール・マルクスやフリードリヒ・エンゲルスの唯物史観にも受け継がれている。周知のとおりカール・マルクスの「唯物史観」は、人間の生産様式や物質的生活が社会的存在としての下部構造を形成し、上部構造である意識や精神生活を規定するという考え方である。生産様式の変化にしたがって下部構造は変化してきたとみなすわけで、原始共同体の社会のあり方は重要である。事実、マルクスは共同体の普遍的性質や古代史への研究を試みており、未完の『古代社会ノート』を残している。ここには、家族進化を論じたルイス・モルガンの『古代社会』など同時代の人類学者たちの文献が引用されているという。それはマルクスの遺言であり、その遺言執行を目的として死後一年目に刊行されたのがエンゲルス著の『家族・私有財産・国家の起源』(一八八四年)である。この本のなかで「家族」という章にもっとも多くの紙面が割かれているが、なぜエンゲルスがこれほど家族にこだわったかというと、ブルジョア社会に先行する社会の生産様式に対応した所有形態を論じることが不可欠と考えたからである。エンゲルスはフランスの哲学者アルフレッド・エスピナスの『動物社会論』(一八七七年)を引用して、動物では群れと家族の構成原理は拮抗関係にあり、群れが優先して現れているとみなす。そしてモルガンの説にしたがって、人間は動物の群れのような「原始乱婚」の状態から性交渉の禁止をつうじて血縁家族、プナルア家族、氏族、父権的な単婚家族へと発展したという歴史を想定している。

さらにエンゲルスは、牧畜や農耕の発展とともに私有財産の形成が始まり、その相続をめぐる争いが母権的氏族の崩壊と父権的な家父長的家族、核家族の誕生をもたらしたと考えた。「母権制の転覆は、女性の世界史的な敗北であった」(『家族・私有財産・国家の起源』戸原四郎訳、岩波書店、一九六五年、七五ページ)。エンゲルスによれば、最初の階級対立は一夫一婦制における男女の敵対関係の発展と合致し、男性による女性の抑圧と合致する。それは貧富の差を拡大して階級対立を助長し、国家の成立を促したと考えた。同様な考え方は同時代の文化人類学者の家族論にもみられ、父系氏族が拡大家族を生みだし、一夫一婦家族は人類が到達した最終段階とする点で一致している。この図式は、未開と文明を対置させ後者をもっとも完成されたかたちとみなす一九世紀の人類学者の一般的な見解であった。

ところが、二〇世紀に入るとモルガンの原始乱婚説はつぎつぎに批判の矢にさらされることになった。その先陣を務めたのが、人類は原初から一夫一婦家族であったとするフィンランドの哲学者エドワード・ウェスターマークだった。一八九一年に『人類婚姻史』を著してその先鞭をつけた彼は、一夫一婦の家族形態がすべての民族に普遍的にみられ、かつ多くの場合それは法や慣習によって保証された唯一の婚姻形態でもあることを主張した。また彼は、類人猿の雌雄が交尾期以外の時期でも配偶関係を維持することを指摘して、単婚の家族は類人猿から人類への生物学的連続性のなかに受け継がれてきたものとみなした。類人猿も人類も出産後の育児期が長期にわたるために、保護者としてのオス（男）の存在が不可欠と考えたのである。しかし不幸なことに、当時類人猿の野外研究はまだ着手されていなかった。ウェスターマークは、人類にもっとも近いチンパンジーやボノボが乱交乱婚の社会形態をもつということを知らなかったのである。

ウェスターマークの説を継承し、モルガンの原始乱婚・集団婚説に反対して個別的家族の普遍性を主張したのが、機能主義人類学を確立したイギリスの社会人類学者ブロニスワフ・マリノフスキーである。彼はオーストラリアやトロブリアンド島で精力的な民族学調査を行い、一対の夫婦が日常生活における利害の共有、食生活、教育などの基本的単位となっていることを確信するに至った。彼は、夫婦のあいだに生まれる子どもの重要性を説き、この三者が多様なきずなで結びついて個別的家族を形成するとしている。また、一夫多妻婚も一妻多夫婚も一夫一婦婚の複合的な形態とみなし、男と女がそれぞれ個別的に婚姻契約を結ぶ家族の普遍性を強調している。

マリノフスキーの説は、家族の解釈にいくつかの新しい定義をつけ加えた。モルガンの集団婚説では、近親者間の婚姻は段階的に禁止されていくが、性行為を禁止する規則は明確なかたちでは登場しない。しかし、マリノフスキーは親子のあいだでの性交渉が厳密に禁止されなければ、家族は解体してしまうと考えた。そしてこの性交渉の禁止が血族内にまで広げられ、氏族間での外婚という形態を生みだしたと想定したのである。またマリノフスキーは、生物学的父親と社会学的父親を分けて考えるべきだと主張し、生物学的父性の認知が欠如している社会でも、保護者たる社会学的父親は普遍的に存在するという見解をつけ加えている。彼の調査した地域には、性行為と出産を結びつけて考える習慣をもたない人々が多かったのである。

同時代のイギリスの社会人類学者アルフレッド・ラドクリフ＝ブラウンも、同じような家族論を展開している。彼もやはり一対の夫婦とその子どもからなる家族を、すべての民族に普遍的なものとしてとらえた。しかも、彼はこの家族が夫婦、親子、兄弟姉妹という三種類の関係から成り立っているとし、親族の系譜の基本をなすものと考えた。つまり、家族以外の縁者は父母の父母や兄弟というように、基本家族から三つの関係をつうじてつながるものとみなしたのである。

アメリカの文化人類学者ロバート・ローウィもモルガンの原始乱婚説を批判したが、彼の展開した双系的家族論は重要な示唆を含んでいた。一対の夫婦と子どもからなる家族には、父親に連なる系譜と母親に連なる系譜がある。彼は、氏族がこのうち一方の系譜を重視することによって成立すると考えた。家族はすべての社会に普遍的に存在するが、彼が調べた民族誌には家族はあっても氏族を欠く未開社会が散見された。したがって、人類史のなかで双方の系譜をたどる双系的家族は氏族よりも先に登場したにちがいない、とローウィは推測した。

これらの反モルガン説は、いずれも一対の夫婦とその子どもからなる家族が人類史の古い時代に登場し、現在もすべての社会に普遍的に存在するとした点で一致している。この考え方はアメリカの社会人類学者ジョージ・マードックの手によって核家族論として、新しい定義を加えられて完成の域に達する。核家族の形態はウェスターマークやマリノフスキーの家族と変わりはないが、マードックはマリノフスキーの複婚家族のほかに、親子関係の拡大をとおして結ばれた二つ以上の核家族からなる拡大家族をつけ加えている。一九四九年に著した『社会構造』では、膨大な数の民族誌を統計的手法で比較し、親族構造の基本的単位が核家族であることを強調している。そして彼は、家族の社会的機能として性、経済、生殖、教育の四つを定義した。マードックは、家族が人類社会を支えるすべての機能を内包するがゆえに、人類にとってもっとも古く、普遍的な社会単位であることを再確認したのである。

じつは、核家族論は二〇世紀の欧米における近代社会によく合致するものだった。それは、親族構造から一対の夫婦を独立させ、基本的な社会単位として産業社会に組み込む役割を果たした。またこの理念は、厳格な一夫一婦制を奨励するキリスト教の倫理ともよく合い、宗教的な裏づけも与えられてますます原初的な存在として近代人の家族観を支配していった。

しかし、欧米以外の社会で詳細な民族誌が集積されるようになると、核家族論への批判も相ついで出されるようになった。その反証としてもっともよくとりあげられたのが、インドのナヤール人の母系社会である。ナヤール人社会は夫婦を家族の中核とせず、母系的な血縁で結ばれる兄弟姉妹が中心的役割を果たしている。姉妹は結婚しても兄弟のもとを離れず、夫は夕食後に訪妻して翌朝早く去ることになっている。妻はこういう夫を複数もつことができ、夫も訪問する妻が何人もいるのがふつうである。このため、生まれた子どもの生物学的父親が特定できない場合もある。子どもは母親のもとで育てられ、出産にかかる費用を払った男がその子どものの社会学的父親となる。ナヤール人の社会では、経済、教育、生殖といった役割を母系氏族が担っていることになる。夫婦は同居せず、共通の経済的基盤すら分かち合っていないのである。このため、アメリカの文化人類学者ラルフ・リントンはマードックの核家族（婚姻家族）とナヤール人のような血縁家族とは人類社会の両極にあるものとみなし、ほかのさまざまな家族をこの二つの中間的な形態として位置づけた。

さらにその後、妻が夫の父系氏族に入らず出身氏族の成員であり続ける例がアフリカで、兄弟が一人の妻を共有する一妻多夫婚がアジアで、父親が不在の母家長制家族がカリブ海沿岸地方で報告されるようになり、社会の基本単位を核家族に限定するという考え方には強い疑義がもたれるようになった。フランスの社会人類学者クロード・レヴィ＝ストロースは、子どもの社会化はつねに核家族より大きな社会単位によって行われることを主張して拡大家族論を展開し、母家長制家族を分析した文化人類学者のリチャード・アダムは、家族が夫婦、母子、父子という還元不能な単位の複合であるとするダイアッド論を提唱した。アダムによれば、この三つの対単位のうち重要なのは夫婦と母子で、この二つが家族の中核をなすがゆえに母家長制家族が存在するとする。この考えは、家族の基本単位を生物学的な根拠のもっともたしかな母子におく点で、核家族論とは根本的に異なっていた。

核家族論への批判は、家族の構造的側面は無論のこと、マードックが重要な機能としてあげた経済と教育が実際はこの小集団を単位としていないという点に向けられていた。性と生殖の機能はたしかに一対の夫婦や小集団に分離されやすい特徴をもっているが、イスラエルの実験的なコミュニティのキブツの例を出すまでもなく、経済は核家族を超えた大きな社会単位を基盤としている社会が多い。また子どもの社会化の責任は、中国の父系拡大家族では子どもと同性の親以外の成人が果たしているし、アフリカでは父系あるいは母系の血縁成員が果たす例が多いという。アメリカの文化人類学者マーガレット・ミードは、それまで定義されてきた基本家族や個別家族を「生物学的家族」にすぎないとし、「社会学的家族」とはさまざまな環境・歴史条件によってかたちを変える可塑的なものとみなした。

こうしたさまざまな考えが登場するにつれて、人類社会のすべてに共通した一つの社会単位を構想することはあまり意味がないとみなされるようになった。そもそも現代の人間社会や文化を外部の社会の尺度で測り、優劣をつけるべきではない。これは二〇世紀前半に活躍したアメリカの文化人類学者フランツ・ボアズの文化相対主義の考え方で、その思想を受け継ぐミードやルース・ベネディクトたちは、異文化をその社会の価値観にもとづいて描きだそうと試みた。このため、家族の普遍性についての確信は薄れ、家族の起源やその進化史的な流れに関心を向ける動きも途絶えた。

こういった学問的潮流のなかで、社会や文化を研究対象とする人類学者たちは、なぜ人間がこのような社会をもつに至ったかをその起源にさかのぼって解説することはできなかった。それは、彼らがけっして人間以外の動物を研究対象にしなかったからだし、動物を研究する自然科学者が人間の社会に言及しようとしなかったからである。周知のように、社会進化論は進んだ文化、劣った文化という考えをもたらし、悪名高い優生学や人種差別に発展する芽をつくった。そのため、二〇世紀前半の科学者たちは、自然科学によって得られた知見を人間に応用することを努めて避けようとしたのである。人間の文化や社会は再び、自然現象とは切り離されて考察する対象となった。

しかし、第二次世界大戦が終わった直後、突如としてそのタブーが破られる。それは、アフリカで人類の化石を発掘していた先史人類学者と、敗戦国の日本で焼跡のなかから動物社会学を企てようとした霊長類学者の驚くべき発見と発想だった。

4 狩猟仮説の魅力と誤り

ダーウィンの進化論が一般の人々に受け入れられた後も、人類の祖先の姿には大きな誤解がつきまとっていた。人類はまず高い知性を発達させて動物とは異なる進化を遂げたという考えである。哺乳類では人間だけにみられる直立二足歩行という奇妙な歩行様式も、大きな脳を収容した重い頭部を支えて歩くためにもっとも効果的な姿勢だとみなされた。そして、直立することによって自由になった両手を高い知性によって操り、人類の祖先は多様な道具を発達させたと考えられたのである。いまでは、人類の祖先がまず直立二足歩行を始め、それから四〇〇万年以上もたってからやっと脳を大きくし始めたことがわかっているが、当時は脳の拡大がすべての人間的な特徴に先んじていたはずという強い思い込みがあった。ネアンデルタール人の脳は現代人並みかそれ以上の大きさがあったが、現代人とちがい前頭部の発達が弱く後頭部が突出していたために、直接の祖先とはなかなか認められなかった。続いて一八八一年にジャワのトリニールで発見された化石（ピテカントロプス・エレクトス、後にホモ・エレクトスと命名された）も脳容量が九〇〇ccしかなく、人類の祖先とはみなされなかった。ヨーロッパの人々にとって人類の直系の祖先はヨーロッパでみつからなければならなかった。そして、それは原始的な特徴をもちつつ、脳容量が現代人並みの古い化石にちがいないと思い込んでいたのである。

一九一一年、そんな人々の期待にこたえる化石がついに発見された。それが、イギリスのイースト・サセックス州で発掘されたピルトダウン人の頭骨である。前頭部が発達していて脳容量も現代人並みなのに、顎のかたちは類人猿によく似ていた。アマチュアの考古学者だったチャールズ・ドーソンによって大英博物館にもちこまれたこの頭骨は、当時の考古学や人類学の大御所だったアーサー・ウッドワード卿やアーサー・キース卿などに認められて、人類の直系の祖先とみなされた。ところが、これは現代人の頭部とオランウータンの下顎骨を組み合わせてつくられたまがいものだったのである。それが証明されたのはじつに一九五三年で、フッ素法などの化石の年代測定技術が発達してからのことだった。なんと四〇年以上も人々は、真っ赤な偽物の化石から祖先の姿を想像していたことになる。

ピルトダウン人事件を経て、脳の大きな祖先から由来したという幻想が崩れ、人類はまず直立して二足で歩きだすことによって進化が始まったという考えが浮上した。そこで、人類の進化を促進したものはいったいなにかという疑問が生じた。高い知性でなければ、それにかわる、動物とはちがう生活様式でなければならない。当時まだ人々は、人間が文化の力によって自然を徐々に征服して現代に至ったという考えを強く抱いていた。そのため、人々は狩猟という生業様式に目をつけた。二足で立ち、自由になった手で道具をつくり、その道具で動物を狩るようになって人類は新しい道を歩み始めたと考えるようになったのである。

動物学者のジョージ・バーソロミューと人類学者のジョセフ・バードセルは、一九五三年に狩猟という生業様式が家族生活を生みだしたという説を発表している。ほかの動物に比べて人類の子どもは成長が遅く、手間がかかる。そのため、狩猟は男が、育児は女がというような性的な分業が必要となった。直立二足歩行は、男には武器を扱う、女にはひ弱な赤ん坊を運ぶ、自由で器用な腕を提供した。そして、狩猟の効率化は複数の人々の協力関係を生みだし、高い知性が発達するもととなったというわけである。こうして、狩猟が人類の進化を促進する主要な原動力となったとする「狩猟仮説」は急速に人々の心を支配するようになった。

バーソロミューとバードセルが狩猟仮説をつくる際に参考にしたのは、先史人類学者のレイモンド・ダートによって南アフリカで発見されたアウストラロピテクス・アフリカヌスである。ダートはすでに一九二四年に「タウング・チャイルド」と名づけられた子どもの化石を発見し、人類の祖先として発表していた。しかし、この発見は一九五〇年代になるまで陽の目をみなかった。一六〇万年前ごろと推定されたこの化石は三歳くらいの化石で、多くの人類的な特徴をもっていたのだが、脳容量が四〇五ccしかなかった。成長してもゴリラの脳容量五〇〇ccを超えるとは考えられない。当時はキース卿の定義した七五〇ccが人類とみなせる脳の大きさの下限と考えられていたので、ダートの発見は一笑に付されたのである。くさったダートはその後長いあいだ化石の研究から遠ざかってしまった。彼が重い腰を上げたのは第二次世界大戦後の一九四七年で、当時南アフリカでは南アフリカの先史人類学者ロバート・ブルームによってさまざまな場所からアウストラロピテクス・アフリカヌスの化石が発掘されていた。成体の頭骨や大腿骨もみつかっており、この猿人が類人猿並みの脳をしてすでに直立二足歩行をしていたこともわかっていた。ダートはこれらの発見をもとに、アウストラロピテクスの遺跡を見直して、新しい考えを抱くに至った。それが「骨歯角文化」とよばれる仮説である。

アウストラロピテクス・アフリカヌスが発掘された地層からは石器は発見されなかったので、当時の人類学者はこの化石人類が植物食だったと考えていた。しかし、ダートは同じ場所で発見されたヒヒの頭骨に、決まって同じようなへこみがあることを発見した。彼はそのへこみがカモシカの上腕骨によってつけられた跡であるとみなし、アフリカヌスがこの上腕骨を武器として使った証拠であると考えたのである。さらにダートは、アフリカヌスといっしょにシマウマやイボイノシシなど大量の哺乳類化石が出土することに着目し、すでにアフリカヌスは組織的な狩猟を行っており、肉食の習慣を発達させていたと信じるようになった。一九五三年にダートは、アフリカヌスが狩猟者として進化したという仮説を発表した。武器の使用は、筋肉、触覚、視覚の協調を必要とし、神経系の発達を促して大きな脳を形成するように働いたというのである。さらに彼は一九五五年の論文で、アフリカヌスの頭骨にも打撃が加えられた跡があり、これらの化石人類が仲間どうしで殺し合った証だとする説を発表した。脳のまだ小さい時代に人類は、狩猟という生業様式を発達させたことによって肉食を習慣化させ、狩猟具を武器に置き換えることによって戦いの歴史の幕を開けたというわけである。

さすがにこの突拍子もない説に賛意を表する人類学者は少なかった。棍棒として利用したとされる大腿骨にも、ナイフとして利用したとされる角にも加工の跡はなく、頭骨についたくぼみもはたして撲殺の跡かどうかはっきりした証拠はなかった。この説を葬ったのは肉食動物の古生態を研究していたチャールズ・ブレインである。ブレインはアウストラロピテクスやヒヒの頭骨に残っていた傷穴がヒョウの犬歯にぴったり合うことを発見し、ダートが狩猟の獲物とみなした動物の骨はヒョウやハイエナによって運び込まれたものであることを証明した。しかし、それは一九八一年のことであり、ダートの説はすでに書物や映画として公開され、一般の人々の心に住み着いていたのである。

「殺戮者としての人類の由来」というダートの仮説を普及させたのは、アメリカの人気劇作家ロバート・アードレイである。ダートの説に強く心を動かされたアードレイは、一九五五年にダートの研究室を訪れて傷つけられた頭骨を観察し、その説の正当性を確信するようになる。『アフリカ創世記――殺戮と闘争の人類史』(一九六一年)、『なわばり原理――財産と国家の動物起源へ向けての個人的探求』(一九六六年)、『狩猟仮説――人間の進化的性質に関する個人的結論』(一九七六年)など数冊の本によって、彼は人類の祖先が武器を用いて狩猟者としての能力を高め、それを同種の仲間へ向けて戦いの規模を拡大してきたという歴史を描いた。それは、霊長類の集団が示すなわばり防衛の行動特性を受け継いだ人類の祖先が、森林から草原へと出ていったときに狩猟能力が高まり、武器を発明して集団間の戦いを激化させたという内容である。しかもアードレイは、この殺戮能力はアウストラロピテクスから現代人まで受け継がれ、人類は古い昔から武器と戦争によって秩序と平和をもたらしてきたと主張したのである。

明らかに戦争を肯定するアードレイのこの仮説は、第二次世界大戦によって人類史上もっとも大規模な殺戮を経験した人々に急速に受け入れられていった。それはとくに戦勝国の人々にとって過去を肯定し、戦争によって自由を守ることの重要性を強調したものだったからである。動物行動学の始祖として有名なコンラート・ローレンツも、一九六三年に『攻撃――悪の自然誌』を著して、人類が動物から受け継いだ攻撃本能を武器の発達とともに大規模な戦いへと拡大してしまったことを説いた。動物は内的な衝動によって攻撃行動を起こすが、それを抑制する儀礼的な行動をも発達させている。しかし、人類は武器を急速に発達させてしまったために、そのような抑止機構を進化させることができなかったというのである。アードレイの考えは、アーサー・クラークとスタンリー・キューブリックによって制作された映画『二〇〇一年宇宙の旅』(一九六五年)にそっくりそのまま反映され、人々の心に強く印象づけられる結果となった。「夜明け前」と題された冒頭のシーンには、アウストラロピテクスと思われる猿人たちが登場する。まだ道具をもたなかった彼らは、あるとき宇宙からきたと思われる大きな直方体の物体に遭遇し、動物の骨を使って狩るという霊感を得る。そして、それはやがて仲間を殺す武器へと変化し、集団間の戦いを激化させていくというシナリオである。

しかし、はたして狩猟は人類の攻撃性を高め、人間どうしが殺し合う戦争へと発展する糸口となったのだろうか。アードレイが拠りどころとしたダートの証拠はブレインたちの検証によって誤りであることがわかっている。アウストラロピテクスは武器を使う狩猟者ではなかった。では彼らはいったいなにを食べていたのだろう。じつは、ダートの後に南アフリカで化石の発掘りだしたロバート・ブルームは一九三八年にアフリカヌスとはちがう化石を発見していた。強大な顎と大臼歯をもち、比較的小さな切歯をもつこの人類はパラントロプスと名づけられた。先端を尖らせた動物の骨がみつかっており、おそらく地面を掘って根茎類を食べていただろうと推測されている。一方、アフリカヌスには骨器や石器を使った証拠は発見されなかった。パラントロプスと同時代に生きたこの化石人類は、植物以外に肉食動物の食べ残した獣肉をあさっていたのではないかと考えられている。また、タウング・チャイルドの頭骨にはいくつかの小さな傷がついていたが、二〇〇六年にこれが猛禽類につけられたものであることが判明した。三歳のこの子どもはワシに襲われて絶命したのだ。アウストラロピテクスは狩猟者どころか、ワシタカ類や肉食動物に狩られる餌食だったのである。

一九六六年に、シカゴで狩猟採集民に関するシンポジウムが開かれた。そのタイトルは「人間、狩る者」で、まさに人類の進化は狩猟生活によって成し遂げられたことを確認しようという会議だった。集まったのはそれまで世界各地で狩猟採集民の研究を行ってきた人々と野生霊長類の研究者だった。まず、人類が二〇〇万年前にオルドワン式石器を発明してから一万年前に農耕が出現するまで、狩猟採集生活が生業様式の中心であったことが論じられた。そして、狩猟採集生活が貧しく遅れたものであるというそれまでの常識と異なり、豊かな食物と余暇の時間に恵まれたものであることが示された。しかし、そのうえで狩猟採集民はすでに世界各地で急速に減少しており、熱帯雨林、砂漠、極北の地にしか生き残っていないことが報告された。これらの生業活動を保護し、古くから伝えられてきた文化の研究を実施しなければ、人間の進化史や文化の歴史を探る重要な手がかりを失ってしまうという主張もなされた。

おもしろいことに、この会議では狩猟採集民が農耕民や都市生活者に比べて攻撃性が高いかどうかという議論が繰り返しなされている。これは、当時の狩猟仮説を反映した考えが多かったせいであろう。なかには、人間の殺人を好む同種の仲間への攻撃性は狩猟によって育まれたという意見も出されている。一九六〇年代の初めから東アフリカで野生のヒヒの研究をしてきたシャーウッド・ウォッシュバーンは、類人猿と異なる人間の特徴とは狩猟を始めたことに由来するといいきっている。彼はそれを「肉食の心理」とよび、人間の仲間に対する略奪行為や拷問などにみられる過度な攻撃性は、狩猟と肉食に喜びをみいだす独特な心理によると考えた。現代人にとって戦争は狩猟とほぼ同じような感覚で考えられており、男たちにとっては楽しみとさえみなされているというのだ。

ただ、狩猟採集民の研究者たちの多くはこうした狩猟と戦争の連続性を認める見解に対しては否定的だった。森の狩猟民ピグミーを研究したコリン・ターンブルは、狩猟は攻撃性を高めることによって行われるものではないと主張している。そして基本的に一夫一婦の家族生活を営んでいるピグミーたちは、食物の分配を徹底させて、争いを抑止するような社会性を発達させているというのである。カラハリ砂漠でブッシュマンを調査したエリザベス・トーマスも、『ハームレス・ピープル』（一九五九年）という本を出して、この砂漠の民が権威が表面化するような行動を慎み、争いごとを避けて離合集散するような生活様式をもっていることを描いている。

その後、狩猟採集民の研究が各地で進むにつれて、狩猟という生業様式が人間の攻撃性を高めるという考えは否定されるようになった。また、化石証拠からも人類が武器を作製し始めたのが新しいできごとであることが明らかになった。二〇一〇年にエチオピアのハダールで三四〇万年前に石器を用いて獣骨から肉をはがした跡が発見されているが、石器で最古のものは二六〇万年前のエチオピアからみつかっており、最初のホモ属のホモ・ハビリスが使っていただろうと推測されている。一九六〇年にケニアの先史人類学者ルイス・リーキーがタンザニアのオルドヴァイで発見したホモ・ハビリスは、六〇〇ccをわずかに超えただけの小さな脳をしていて、それまで人類の脳として認められていた七五〇ccという閾値に遠くおよばなかった。それがホモとされたのは、石器をつくれるような器用な手をしていたからである。しかし、ハビリスたちが使ったとされるオルドワン式石器は武器として使われたのではなく、肉食動物が食べ残した動物の骨から肉をはがしたり、骨を割ってなかの骨髄をとりだすために用いられたようだ。

この石器の様式は長いあいだ変わらず、一八〇万年前に登場したホモ・エレクトスの時代に現れたハンドアックスという左右対称形の石器も武器として使われた証拠はない。最古の狩猟具として残っているのはドイツのシェーニンゲンで四〇万年前の地層からみつかった二〜三メートルほどの木製の槍だが、これも先を尖らしただけで殺傷力は弱く、獲物を押さえるために使われたらしい。集団間の戦争のはっきりした証拠は、一万一〇〇〇年前に農耕が登場するまでみつかってはいないのである。これでは、狩猟が人間の攻撃性を高め、人間の社会に戦争をもたらした主要な要因とはとてもいえない。

さらに、一九七〇年代に急速に発展した野生霊長類の研究によって、霊長類の社会性は食物の分布と、捕食者から逃れるための捕食圧によって進化したという説が有力になった。それを人間の社会も受け継いでいることはもはや疑いない。ミズーリ大学の生物学者ドナ・ハートとワシントン大学の人類学者ロバート・サスマンはシカゴの狩猟採集民会議の成果をまとめた本『人間、狩る者（Man the Hunter)』（一九六八年）を皮肉った『人間、狩られる者（Man the Hunted)（邦名は『ヒトは食べられて進化した』)』（二〇〇五年）を出して、狩猟仮説にとどめを刺した。この本には野生霊長類の研究の成果がたくさん盛り込まれている。その考え方のもととなった霊長類研究は、じつは第二次世界大戦後の日本で生まれた学問だった。そして、日本の霊長類研究は人間の社会性を狩猟から戦争へとつながる攻撃性の所産としてとらえるのではなく、サルの社会の秩序を構造的にとらえる考え方から出発した。家族の起源という問いも当初からそのなかに含まれていたのである。

5　日本の霊長類学の発想

人間以外の霊長類の社会から人間社会の由来を探求しようという霊長類学が日本で生まれたのは、二つの理由がある。一つは欧米のように人間と動物のあいだに明確な境界を設けるキリスト教とちがい、日本の神教や仏教はあまりその境界が明確ではなく、動物と人間の連続性を説く進化論が比較的抵抗なく受け入れられたことである。ダーウィン進化論がすぐに理解されたかどうかは疑わしいが、人間がほかの動物と祖先を共有するという考えは日本人の宗教観からすればとんでもない発想ではなかった。だから、人間の由来について人文科学と自然科学の分野を超えて論じることができたのである。

さらに、日本にはニホンザルという土着の霊長類が生息していた。ニホンザルは約四三万〜六三万年前に日本列島に渡来しており、人間よりずっと古い。北は下北半島から南は屋久島まで広く分布しており、どこでも出会える対象だった。欧米には野生の霊長類が現在は暮らしていない。霊長類の自然生活を調査しようとしたら、どうしても熱帯雨林諸国に出かけていかなくてはならない。第二次世界大戦後すぐには海外に出張して野生動物の研究に入れるような体制にはなく、そのため欧米では霊長類への関心はあっても調査はなかなか実現しなかったのである。

もっとも日本で霊長類学が開始されたのは、新しく動物社会学という学問が発想されたからである。その中心を担ったのは、ダーウィンの進化論に疑義を唱えた京都大学の今西錦司だった。一九四一年に『生物の世界』を著して、個体や種が平和に共存する原理として「すみわけ」という考えを提唱した今西は、一九五一年には『人間以前の社会』を著して昆虫から人間へ至る社会進化を考察している。欧米の人類学者と同じように、今西も人間社会の家族にみられる特殊性に着目した。しかし今西は、人間社会の比較からまちがった結論を引きだした欧米の学者とはちがい、人間の社会を特別視せず、動物の社会から人間社会が成立する条件を論じた。

まず今西は、親と子が集中して生活するところに家族が発生する芽があると考えた。しかし、昆虫はきわめて個体本位の生活をしており、高度な分業生活を営むアリやハチなどの社会性昆虫でも、親が直接その子どもを養うという家族生活は萌芽的段階にとどまっている。脊椎動物でも、親が卵を産みっぱなしにする爬虫類や両生類ではなく、鳥類や哺乳類になってはじめて親と子どもの関係が保護と養育をつうじて確立されるようになる。だが、このような鳥類や哺乳類でも、子どもが一人前になれば親のもとを離れ、家族生活は解消されてしまう。多くの動物の社会では、共同的な群れ生活と元来排他的な家族生活を両立させることができていない。この矛盾を解消するために、動物たちの社会はさまざまな進化の工夫を凝らしたと今西は考えた。

動物の家族生活と群れ生活の矛盾は、前述したように一九世紀にエスピナスによって提起された問題である。彼は一八七七年に『動物社会論』を著して、人間の社会を生物学の見地から理解しようと試みた。さまざまな動物の集団編成の比較から彼が導きだした結論は、家族と群れ生活は対立関係にあり、両者の発展は逆比例するというものだった。哺乳類ではある程度組織的な社会がみられるが、それは個体が家族のうちに吸収されていないからにほかならない。群れ社会が成立するためには、家族紐帯が弛緩して個体が自由になっていなければならない、と考えたのである。これは今西の発想にそのまま受け継がれている。しかし、家族生活が群れ生活にとりこまれるためには前者が根本的な変化をこうむることが不可欠と考えたエスピナスに対し、今西は霊長類社会に家族生活を群れ生活に矛盾なくとりこむ萌芽がすでに備わっているはずと予想した。ふだん群れ生活をしている鳥類は、繁殖期だけつがいをつくり家族生活を営み、二つの相対立する生活様式を交互に出現させている。家族生活を群れ生活にとりこむことはむずかしく、単独生活と家族生活（繁殖期）を組み合わせたものになるか、家族生活を簡略化するか、といった道を選択せざるをえなくなる。霊長類は後者の道を歩んだ分類群であるが、今西はそのなかに人間家族につながるいくつかの特徴をみいだしている。当時野外における観察が行われていたのは南アメリカに生息するホエザルとクモザル、それに東南アジアに生息するテナガザルしかいなかったが、今西はオスとメス一対のペアとその子どもからなるテナガザルの社会に注目した。単独生活能力をもった一頭のメスが、子どもを育てながら一頭のオスと群れ生活を営むところに雌雄の分業を予想し、そのペア集団がより高次な地域集団へ統合されることによって前人間的な家族が生まれていったと考えたのである。

当時今西は、日本で野生ニホンザルの研究を組織し、同じく京都大学の川村俊蔵、伊谷純一郎とともに霊長類社会の解明をめざしていた。その目的は、霊長類の社会を特徴づける原理を発見し、ホミニゼーション（ヒト化）の歴史を再構築することにあった。一九五〇年代の終わりには、自らアフリカへ出かけて類人猿の野外研究の道を開き、今西はサルと人間をつなぐ社会進化の仮説を練り上げていく。そして一九六一年には「人間家族の起源――プライマトロジーの立場から」を発表して、ニホンザル研究の初期の成果とまだ緒についたばかりのゴリラの調査から、人間家族が成立するための四条件（インセスト・タブー、外婚制、コミュニティ、分業）を導きだしている。

今西は、これらの条件のうち分業を除く三つの条件が、すでに類人猿社会に備わっていると考えた。そのころ、動物園や宮崎県の幸島でニホンザルやほかのマカク類の性行動を研究していた京都大学の徳田喜三郎は、母親と成熟した息子のあいだでは交尾が起こらないことを発見していた。大分県の高崎山では、個体識別にもとづくニホンザルの野外研究が継続中で、ニホンザルの群れがオスだけの移出入を許す外婚の単位になっていることがわかり始めていた。また、中央アフリカのヴィルンガ火山群に生息するマウンテンゴリラを調査した（財）日本モンキーセンターの河合雅雄と水原洋城は、ゴリラの集団が他集団とはなわばりをかまえて拮抗し合う関係にはないことを報告していた。今西はこれらの野生霊長類に関する予備的な知見から、霊長類の集団はすでに普遍的にインセストの回避がみられる外婚の単位であり、類人猿には集団どうしがある程度親和的な交渉を結ぶ「近隣関係」がみられるだろうと予想した。そして、一夫多妻的なゴリラの集団には、母親と息子だけでなく、父親と娘のあいだにもインセストが回避されていることを想定して、ゴリラの集団に類家族という名を与えた。今西が考えたゴリラの類家族は、個体の移出入という点では母系的なニホンザルの群れに似ていた。思春期に達した息子は親のもとを離れ、単独生活に入ったりほかの集団へ移っていく。しかし娘は集団を離れず、やがて外から加入してくる若いオスと配偶関係を結び、集団は二頭の年齢の異なるオスと配偶関係をもつ複数のメスからなる大きな類家族へと発展していく。この仮説を、今西は自ら「入り婿説」とよんだ。

類人猿と共通な祖先から分かれ、祖型人類はきっとこのような過程を経て家族を確立していったにちがいない、と今西は考えた。父親たちは娘が配偶関係を結んだ若い男と共存する術を覚え、さらに多くの男たちがたがいの配偶関係を侵害せずに共存する倫理をつくりあげていく。そして家族どうしがたがいの独立性を守りながら、協力して地域社会を運営するようになったとき、はじめて人類は排他的な家族生活を共同的な群れ生活に組み込むという、サルの時代からの課題を乗り越えることができたのである。

6 インセストの回避と社会構造

今西が構想した初期の家族とは、奇しくも同時代に社会人類学者レヴィ＝ストロースが考えた「相互的なきずなをもつ家族」という、上位集団としての地域社会の存在を前提にし、男女の長期的な配偶関係の保証される社会単位だった。親族構造の研究者として名高いレヴィ＝ストロースは、家族の機能や構造よりもその成立過程と維持機構に目を向け、家族は単独では存在しえず、ほかの家族との相互的なきずなのもとではじめて存続可能であるという考え方を示した。彼は家族が結婚によって始まるものとみなし、家族どうしは嫁の与え手（兄）ともらい手（夫）とのあいだをとおして結ばれ、きずなを深めていくとしている。フランスの社会学者マルセル・モースの「贈与論」の影響を強く受けた彼は、この女の交換を互酬性の問題としてとらえ、どの社会でも普遍的にみられる近親婚の禁止が外婚とこの互酬性を結果していると結論づけた。いいかえれば、与え手である兄弟は姉妹との婚姻を禁止されるがゆえにこれらの女を嫁に出し、もらい手である夫の親族はこれを交換とする負債を背負うことになる。こうして嫁として出される女は循環的に交換され、レヴィ＝ストロースはこの婚姻型を「一般交換」とよんだ。一方、二つの外婚集団間で交叉イトコ婚が行われるような婚姻型は「限定交換」とよばれる。互酬性という原理を人間のコミュニケーションの主特徴としてとらえ、結婚と家族を社会における具体的な実現過程とみなすレヴィ＝ストロースの考え方は、人間ばかりでなく霊長類の社会研究に大きなインパクトを与えた。

伊谷純一郎も、レヴィ＝ストロースの考えに影響を受けた一人である。彼はまず、今西の考えにもとづき、その後つぎつぎに明らかになった各種霊長類の社会構造を題材にして、独自な理解を発展させていく。伊谷が今西と異なるのは、今西が霊長類と人類の接点にこだわり続けたのに対し、伊谷はまず人類以外の霊長類の社会進化を系統的に描き上げようと試みたことであろう。そこで使われたのは、レヴィ＝ストロースの考えから着想した「インセストの回避が社会構造を決める」という考え方だった。インセストを回避するためには、オスかメスのどちらかが集団を渡り歩く母系か父系の集団構造が進化する。霊長類の社会構造は、その二つの系列の上に並べることができるだろうと考えたのである。一九七二年に著した『霊長類の社会構造』で、伊谷は霊長類が夜行性から昼行性へと進化するにともない、単独生活から集団生活へ移行したことを示し、集団生活をする真猿類の単位集団を一対の雌雄からなるペア型と、単雄複雌あるいは複雄複雌の構成をもつ群れ型とに分類した。多くの群れ型の社会構造は、オスだけが集団を渡り歩く母系の構造をしている。しかし、人類とこれに近縁な類人猿はすべてこういった母系の構造を発達させずに直接ペア型から由来した系統群であり、ペア型の単位集団が崩壊したのちに再編成された社会構造をもつと予測したのである。

伊谷が類人猿とほかの真猿類の社会構造を峻別したのは、それなりの理由があった。ニホンザルをはじめとする真猿類の多くは、オスだけが集団間を移動するという母系的な特徴をもっている。生物学的な血縁の認知がたしかな母と娘は、集団内でまとまり合って血縁個体からなる集合をつくる。子育てがほとんど一方的にメスの手に委ねられているこれらの母系社会では、血縁関係にあるメスどうしが協力し合って生きていくのは、自らと子孫の生存条件を向上させるために至極当然の傾向といえる。ところが、そのころようやく個体識別にもとづく野外観察が進み始めていたタンザニアのチンパンジーとヴィルンガ火山群のマウンテンゴリラでは、どうやらオスではなくメスが集団間を渡り歩くことがわかりつつあった。伊谷はこれらの類人猿の非母系社会が、ニホンザルのような確立された母系社会から進化したとみなすより、もともと娘が思春期に達すると母親のもとを離れる特徴をもつペア社会から進化したとするほうが理にかなっていると考えたのである。

ペア型と群れ型の社会のちがいで伊谷が着目したのは、「単位集団をメスが出るか出ないか」という点で、それはまた「メスが同性との共存を許容するかしないか」というちがいでもあった。集団生活を営む霊長類には、オスが一時的に、あるいは長期間にわたって単独生活をする種が多くみられる。しかし、メスが単独生活をする種はほとんどみあたらない。進化の過程で集団生活へ移行した真猿類では、他個体と集団で共存することがメスに課せられた必須の条件であるともいえる。哺乳類には、メスだけが安定した集団をつくって暮らし、繁殖期になるとオスを受け入れる社会形態をもつ種が多くみられる。繁殖上の負担の多いメスは、単独でオスと持続的な関係を結ぶより、母系集団でオスたちと一時的な関係を結ぶほうがはるかに有利な点が多いのだろう。

同性との共存を許さないペア社会は、こういった母系的なメス集団とオスたちとの連合関係から派生したのではなく、単独生活者の社会を祖型にもつと伊谷は考えた。ペア社会は単独生活者の多い夜行性の原猿類にもみられ、単独生活者の社会のように雌雄の体重差がほとんどないことがその理由である。これに対して、母系社会ではオスの体格がメスより大きく、オスはメスよりも分散して暮らす傾向がある。オスとメスの対等な結合によって成り立つペア社会は、母と成熟した娘が共存しないという特徴をもつがゆえに、血縁のきずなをもつメスの集合からなる母系社会とは一線を画している。

霊長類の社会構造の歴史は、「より多くの個体と交渉を保とうという傾向と、特定の雌雄の安定した結びつきを達成しようという背反する二本の糸に操られてきた」と伊谷はいう。ペア社会は後者の究極のかたちである。それを守るために、テナガザルはなわばりをかまえてペアどうしが反発的な関係を維持する必要があった。しかし、ペア社会が類人猿の非母系社会へ移行するためには、どうしてもその排他的な構造が崩壊する過程を経ていなければならない。伊谷は、「より多くの個体と交渉を保とうという傾向」がペアの構造となわばりの崩壊を結果し、大型類人猿はペアの基本だった母親と娘の分離という特徴を残しながら、たがいに性格の異なる非母系社会を再編成していったと推測した。今西が人類の家族へ至る道程に雌雄の配偶関係の半永続的な確立を想定したのに対し、伊谷はまず霊長類的なペア社会の崩壊過程が先行したと考えたのである。

伊谷は、霊長類の社会進化の重要な要因としてインセストの問題をとりあげている。しかし、今西が楯の表裏のような現象とみなしたインセスト・タブーと外婚制は区別して扱うべきだと指摘している。雌雄のどちらか一方が集団を離れること（メイト・アウト）によって結果的にインセストの回避につながる現象は、同じ集団に共存している近親個体間で交尾が回避される心理的なインセスト回避とは異なるものであり、外婚の単位としての霊長類の集団はもっぱら前者の傾向によって維持されているとしたのである。

7 家族の原型を求めて

一九七〇年代に入って餌付けされたニホンザル群の詳細な観察から、近親間の交尾回避傾向が母親と息子、兄弟姉妹間ばかりでなく、祖母と孫息子、叔母と甥、叔父と姪、いとこどうしのあいだにも認められることが判明した。これらの報告を行った京都大学の榎本知郎や高畑由起夫は、近親関係にはない雌雄のあいだにも交尾をつうじて親和的な関係が結ばれること、やがてその雌雄のあいだで交尾を回避する傾向があることをみいだしている。高畑はこの観察結果から、ニホンザルの個体に働く心理的な交尾回避機構は、雌雄が特異的に近接するという関係をつうじて形成される「親しさ」によってもたらされると考えた。

しかし、この交尾回避機構がメイト・アウトを促進し、外婚の単位としての集団の維持に貢献しているという証拠は得られていない。むしろ、これらの心理的な要因に直接左右されずに、思春期に達したニホンザルのオスはつぎつぎに自分の生まれ育った集団を離れていくのである。メスが複数のオスと交尾関係を結び、父性行動が未発達なニホンザルの社会では、父親と娘という認知は生まれえない。京都大学の井上美穂らがDNAフィンガープリント法によって父親を調べた結果では、実際に生物学的な父親と娘のあいだに子どもが生まれている。このような種では、父親と娘のインセストは心理的な機構よりもメイト・アウトによって回避されていると考えられるのである。

ニホンザルと同じように、多くの霊長類の母系社会ではオスが一つの集団に長期滞在しないという特徴をもつことによって、結果的にインセストが回避されていると考えるほうが現実的だろう。伊谷がこれを重要視したのは、霊長類の集団がこのように結果的にインセストを回避するように仕組まれているという点であり、その基本的性格は霊長類どころか哺乳類一般にすでに獲得されている古いものだということにあった。むしろ人間家族は、心理的なインセストの回避を外婚と直接結びつけた結果生まれたといっても過言ではないだろう。それは、人類が複数の家族を共同体に組み込み、メイト・アウトによって外婚を達成できなくなったという事情によるのではないかと私は思っている。

また伊谷は、人類以外の霊長類の集団でも個体の移出入を許す半開放的な性格をもっているとはいうものの、集団どうしは敵対的かつ拮抗的な関係にあり、今西が「近隣関係」とよんだ友好的な集団間関係は類人猿社会においても成立していないと述べている。そして今西があくまで類人猿社会から祖型人類の社会へ至る道程に家族の析出を意図したのに対し、伊谷は霊長類の系統的な社会構造論の立場から、「家族は二次的な社会単位であって、第一義的な社会集団ではないのではないか」という疑問を抱いた。

じつは、今西や伊谷たち日本の霊長類学者がニホンザルから類人猿に研究対象を移した動機の一つに、家族の起源を探る手がかりをみつけたいということがあった。ニホンザルより人間に近縁なゴリラやチンパンジーは、おそらく人間に近い社会の特徴をもっているはずである。とくに今西が「類家族」と名づけたゴリラの社会には家族の条件が揃っているように思えた。しかし、予想に反してゴリラの集団どうしはあまりにも対立的であり、チンパンジーにも家族のように夫婦のきずなをもとにしたようなまとまりはみいだされなかった。タンザニアのマハレでチンパンジーの餌付けに成功して観察を続けていた東京大学の西田利貞に久しぶりで再会した伊谷は、待ち切れずにタンガニイカ湖に浮かぶ船の上から声をかけた。それに対して西田は第一声、「類家族はありません」と答えたという。

オスどうしが対立し、たがいに離れて暮らすゴリラに代わって、伊谷の関心をひいたのは、観察を始めた当初、集団をもたないのではないかと懸念されたほど離合集散性の高い、チンパンジーの父系複雄複雌群社会だった。イギリス人のジェーン・グドールや西田利貞らによって進められていた、タンザニアのタンガニイカ湖畔に生息するチンパンジーの野外研究は、一九七〇年代に入って驚くべき特徴をつぎつぎに明らかにしていった。道具を使用し、食物を分配し、オスが多彩な社会交渉によって連帯するチンパンジーの高度な社会特性に注目した伊谷は、メスの移籍を許すチンパンジーの単位集団を狩猟採集民のバンドと相同の社会単位ではないかと考えた。「プレバンド・セオリー」と名づけられたこの仮説は、当時、京都大学の原子令三、丹野正、市川光雄らによって調査されていた狩猟採集民ムブティ・ピグミーのバンドと、チンパンジーの単位集団を比較検討することによって生まれた。両者が異なるのは、前者がバンドの下位単位として家族をもつのに対し、後者はそれをもたないという点にある。伊谷はチンパンジーの社会にはコミュニティという概念をあてはめることはできないとしながらも、高度な社会交渉とオス間に共存の基礎があるチンパンジーの社会型がバンドの前駆的構造であり、同時にコミュニティの前駆的構造とみなしうると予測している。そして、こういった前駆的構造をもつ複雄複雌群社会から、オスどうしがたがいの配偶関係を確認し容認し合う芽生えが生じ、それが人間家族へと発展していったのだろうと考えたのである。

このように、今西によって創始された日本の霊長類社会学は、つねに家族の起源という課題に大きな関心を寄せてきた。今西も伊谷もともに、群れという共同体のなかにいかに家族という排他的な構造が組み入れられるようになったのか、という歴史的過程を解釈するために心をくだいてきたように思われる。それを系統的に理解するために、伊谷は膨大な霊長類社会の「民族誌」に立ち向かうことになった。かつての社会人類学者がそうであったように、家族の普遍性を類人猿から人類に至る社会進化の過程に位置づける試みはいまだ成功していない。しかし、今西と伊谷が示唆した人間家族の萌芽的形態は、いくつかの側面からその起源についてさらに追求可能であるように私には思える。それは、類人猿から人類へ進化する過程で劇的に変化したであろう、食にかかわる社会交渉と性をつうじた雌雄の関係である。現在に至るまでに、類人猿やほかの霊長類の野外研究や実験的研究はさらに新しい発見を積み重ねてきている。核DNAやミトコンドリアDNAを用いたりY染色体上の遺伝子を追跡することによって、個体の移動や過去の繁殖構造がある程度復元できるようになった。本書の冒頭でも紹介したように、近年は新たな人類化石が続々と発見されて、人類の祖先に対する考え方が大きく改められている。それらの新しい発見や議論を参照しながら、祖型人類の社会に登場したであろう家族の姿とその理由に今一度迫ってみたいと思う。

第2章 進化の背景

1　夜から昼の世界へ

人類は、現在地球上に生存する約三〇〇種あまりの霊長類の一員である。私たちは多くの形態学的特徴や能力をさまざまな霊長類と共有しているし、私たちの示す行動には霊長類の生理・形態学的な特性に由来する数々の制約がかけられている。人類がつくる社会も、それらの制約によっておのずと限界が生じる。私たちの体にも社会にも、霊長類が歩んできた進化の跡が刻印されているのである。

霊長類は、大きく原猿類と真猿類に分類される。原猿類は霊長類の祖先の形質をよく保存していて、サルというより一見ネズミ、リス、キツネのようにみえるものもいる。真猿類は、旧大陸のアジア、アフリカにすむ狭鼻猿類と新大陸の南アメリカにすむ広鼻猿類に分かれ、真猿類のうちとくに人類と近縁なものを類人猿とよぶ。類人猿には小型のテナガザル科、大型のヒト科（オランウータン属、ゴリラ属、チンパンジー属）がいて、大型類人猿は私たちヒトの仲間に分類されている。テナガザルとオランウータンはアジアの熱帯雨林に、ゴリラとチンパンジーはアフリカの熱帯雨林や疎開林に生息している。

最古の霊長類は白亜紀末期の約六五〇〇万年前の地層から出土しており、現在東南アジアの熱帯雨林に生息するツパイという小型の哺乳類によく似ていた。化石の特徴やツパイの生活様式から推測すると、この原猿類の祖先は樹上で果実や昆虫を食べて暮らす、夜行性で小型の動物だったと推測されている。この時期は恐竜が絶滅した時代で、おそらく初期の霊長類は恐竜のいなくなった熱帯雨林を中心に繁栄し、急速に種の数を増やしていったものと思われる。

現生の原猿類はアジアとアフリカの熱帯雨林に生息しており、二キログラム以下の小柄な種が多い。ほかの哺乳類と共通な特徴を数多く保有していて、長く湿った鼻、大きな可動性のある耳をもち、体には匂いを出す特殊な腺が発達している。これらの特徴は原猿類が夜行生活を送るのに適し、視覚よりも嗅覚に頼って暮らしていることを示している。樹上生活が基本で、単独あるいはオスとメスのペアでなわばりをかまえる種が多い。マダガスカル島に生息する原猿類には、昼行性のキツネザルやインドリなど、地上に下りて採食したり、少し大きな集団をつくる種もみられている。これは、この島が真猿類や大型の肉食獣が登場する以前に大陸から分離してしまったため、昼間や地上の世界へ原猿類が進出でき、そのなかから集団生活をする種が現れたのだろうと推測されている。

真猿類は、約五〇〇〇万年前にこれらの原猿類の祖先から分かれて進化した。真猿類が誕生したのはアフリカ大陸で、ヴェーゲナーの大陸移動説によればこのころアフリカ大陸はユーラシア大陸ともアメリカ大陸とも分離していた。エジプト北部にまで広がっていた熱帯雨林を中心にして真猿類は栄え、その一部が飛石状に島を渡って南アメリカにたどり着き、広鼻猿類の祖先となった。狭鼻猿類は、その後アフリカ大陸がユーラシア大陸と陸続きになると、熱帯雨林のベルトを通ってアジアまで分布域を広げた。

原猿類と真猿類とのちがいで重要なのは、①夜行性から昼行性へ、②嗅覚から視覚へ、③小型から大型へ、④樹上生活から半樹上・半地上生活へ、といった変化である。真猿類が昼間の世界へ進出するようになったのは、おそらく体が大型化することによって、森林の樹冠部を占有していた鳥の領域に進出することができるようになったためだろう。体が大型化したために、原猿類のもつ鉤爪では体を支えきれなくなり、枝を握って体を保持するようになって、親指とほかの指とのあいだに対向性が生まれた。指には平爪が発達し、指のパッドは鋭敏な触覚をもつようになり、手はますます器用になった。そして、果実を食物として利用することが多くなったために、色彩を認知でき、立体視が可能な視覚が発達した。これらの能力は、真猿類が樹上で熟れた果実を探し、正確な距離感覚で外敵から身を守り、仲間どうしのコミュニケーションをはかるために大きな役割を果たしている。

鳥の採食空間を手に入れ、昼間の世界に進出するようになったおかげで、真猿類の生活は豊かになった。しかしその反面、明るい光に身をさらすようになって外敵から狙われる危険も増大した。このため、真猿類は集団生活を営んで外敵の接近を仲間どうしで知らせ合い、ときには協力して外敵から身を守るようになった。ここで重要なことは、単独生活では繁殖期にだけ限定されていた社会生活が、集団生活をするようになって日常的なものになったということである。このため、後述するように真猿類は仲間と日常的に共存するための社会交渉をいくつも編みださなければならなくなったのである。ちなみに、集団生活をする霊長類には、メスだけで集団をつくる種はいない。哺乳類の多くの種がメスだけの集団をつくり、オスは交尾期だけ集団に参加するのとは対照的である。そこに霊長類の社会性の重要な特徴が隠されている。

この真猿類のなかから、地上へ生活領域を広げる種が現れた。これはおそらく、約一五〇〇万年前から地球の気候が寒冷・乾燥化へ向かったことが原因となっている。河川や湖は干上がり、熱帯雨林は縮小して多くの森林動物が絶滅した。このため、過密になった森林から抜けだして乾燥域へ進出したり、点在する小さな森林を渡り歩く霊長類が生まれたのだろう。現在アフリカやアジアに広く分布しているヒヒ類とマカク類は、このような時代の申し子である。サバンナヒヒは森林にも乾燥サバンナにも生息しているし、エチオピアの高原のマントヒヒやゲラダヒヒは樹木の生えない草原や断崖を主として利用している。マカクは多くの種に分かれ、熱帯雨林から湿地林、乾燥疎開林、標高の高い山地林といった多様な環境に生息し、その一種であるニホンザルは霊長類の分布域の北限にあたる生息地で暮らしている。また、アフリカでもっとも多様な環境に生息するグエノン類も、過去に乾燥域に適応した分類群とみなされており、サバンナモンキーやこれに近縁なパタスモンキーは乾燥サバンナに現在も生息している。

地上に進出した種は、①果実ばかりでなく葉、花、芽、樹皮、根、昆虫、そのほかの小動物などを食べる広範な雑食性を示す、②長距離を移動することがある、③ときとして大集団を編成する、④四足歩行能力が優れ、四肢の長さが等しくてすばやく疾走できる、⑤視覚によるコミュニケーションが発達している、などに特徴づけられる。果実の少ない乾燥域では、食物資源をほかに求めなければならず、水場を確保するために長距離を歩く必要がある。安全な森林から離れた彼らは、外敵に対処する新しい方策を身につけねばならない。

大型の肉食獣が多いサバンナで暮らすパタスモンキーは、チーターのように草原を疾走することができる。ヒヒ類やマカク類は大きな集団を組んで外敵に立ち向かい、四方八方から攻撃したり目くらまし戦術をとったりして防衛する。マントヒヒやゲラダヒヒは一〇頭前後の単雄群がいくつも集まって一〇〇頭を超える大集団をつくるし、最近の報告によればアフリカの熱帯雨林に生息するマンドリル、葉食性のクロシロコロブスや中国に生息するキンシコウなども数百頭の大群で暮らしている。ニホンザルも餌付けされて食物条件がよくなれば一〇〇〇頭を超える複雄複雌群をつくることがある。また、地上性の種では二次元平面で複数の仲間と顔をつき合わすことが多いので、顔の表情や目線を用いたコミュニケーションが発達している。自分が相手より劣位なことを示す歯をむきだす表情や、相手と視線を合わせないようにする態度も、こうした地上性の種によくみられるコミュニケーションの一つである。

一方、南アメリカ大陸は地球規模の寒冷化・乾燥化の影響をあまり強く受けなかった。このため、連続した森林が保存され、広鼻猿類も乾燥域や地上に進出しなかったと考えられている。現生の広鼻猿類もすべて樹上生活者で、狭鼻猿類に比べて小柄な種が多い。もっとも大型のムリキ（ウーリークモザル）でも体重は一五キログラム程度にすぎず、五〇キログラムを超える狭鼻猿類のヒヒ類や大型類人猿と対照的である。また、樹上性のためか広鼻猿類にはあまり視覚コミュニケーションが発達せず、嗅覚や聴覚に頼る種が多い。色覚も三色（赤、青、緑）の遺伝子をもつ狭鼻猿類に比べ、クモザルやオマキザルのように広鼻猿類では二色（赤、青）の遺伝子しかもたない種類がある。X染色体上にあった赤の色覚遺伝子に変異が生じて緑の色覚遺伝子ができたためで、狭鼻猿類ではこの染色体に不等交叉が起きて二つの遺伝子がX染色体に載ることになった。しかし、広鼻猿類ではまだ一つずつしか載っていないので、XXであるメスでは三色色覚が生じるが、XYのオスは二色色覚のままである。つまり広鼻猿類のオスは緑と赤が見分けられず、比較的貧弱な色世界に暮していることになる。ちなみにヒト科の人間や大型類人猿もみな三色色覚をもっている。

なぜこのような進化が生じたかについては、樹上で緑の葉のなかから熟した赤い実を見分けるためとか、熱帯の常緑林で赤い新葉を見分けるためとかいう意見があるが、まだはっきりした解答はない。この色覚多型を調べている東京大学の河村正二によれば、二色色覚は周囲の色と見分けがつきにくいカモフラージュ昆虫を捕食するのにかえって有効であるという。

2 類人猿の進化

類人猿は、狭鼻猿類のなかで生まれ、やはりアフリカで繁栄した分類群である。おそらくアフリカ大陸がまだユーラシア大陸と離れていたころに登場したと考えられ、エジプトの約三〇〇〇万年前の地層から類人猿的な歯をもった霊長類の化石がよく出土している。類人猿の直接の祖先は、ケニアやウガンダの約一五〇〇万〜二三〇〇万年前の地層から発見されたプロコンスルやリムノピテクスである。約一八〇〇万年前にはアフリカ大陸がユーラシア大陸とつながり、類人猿はほかの霊長類とともにアジアやヨーロッパへと生息域を広げた。このころ地球は温暖な気候につつまれていて、熱帯雨林は高緯度地方にまで広がり、類人猿も多くの種に分化した。最近ではケニアの九〇〇万〜九五〇万年前の地層からサンブルピテクスやナカリピテクスなど類人猿の祖先と思われる化石がみつかっている。

しかし、その後地球が急速に冷え始め、熱帯雨林が縮小すると、類人猿はつぎつぎに姿を消し始めた。この理由は定かではないが、おそらく類人猿がマカク類やヒヒ類のように熱帯雨林を出て乾燥域に進出できなかったために、多くの種が生き残れなかったのであろうと思われる。現在でも、乾燥した疎開林に進出しているチンパンジーを除けば、ほとんどの類人猿が熱帯雨林にしか居住していないからである。七〇〇万年前のサヘラントロプス・チャデンシスを最古の化石として、人類の化石は東アフリカや南アフリカの乾燥サバンナで数多くみつかっている。ところが、類人猿の化石はナカリピテクス以降、ケニアの五〇〇万年前の地層からみつかったチンパンジーの祖先と思われる化石までまったく報告されていない。これは、類人猿が現在と同じようにずっと熱帯雨林に生息域を限定していたために、化石として残りにくかったのだろうと思われる。

類人猿とほかの狭鼻猿類との大きなちがいは、彼らの独特な移動様式にある。ブラキエーション（腕わたり）とよばれるこの移動様式は、両手で枝にぶら下がり、片手を交互に動かして体を振子のように移動させる方法である。おそらく、体の大型化にともない四足歩行では樹上でうまくバランスをとれなくなって、このブラキエーションが発達してきたのだろう。現生の類人猿のうちではテナガザルがもっとも卓越したブラキエーションを行い、樹上で四足歩行をするサルよりもすばやく樹間を飛び回ることができる。また、片手でぶら下がって体を三六〇度回転させることができ、肩の関節の自由度が増している。テナガザルよりもずっと体重の重いオランウータンはゆっくりとブラキエーションを行うが、手だけでなく両足で枝をつかんでぶら下がることもできる。このため、足はまるで手のようなかたちをしていて把握能力がある。

アフリカの類人猿は地上を移動するが、木にもよく登り、チンパンジーとその仲間のボノボはブラキエーションで樹間を移動することもある。地上を移動するときは、指を内側に曲げて指の背を地面につけて腕を立てる。これはナックル・ウォーキングとよばれ、明らかに過去にブラキエーションをしていた名残である。このブラキエーションやナックル・ウォーキングを発達させたおかげで、類人猿の腕は脚より長く、手の指は長くて親指が小さくなっている。そしてこの歩行様式は、マカク、ヒヒ、パタスモンキーなどの四足歩行に比べて疾走力が劣る。このため、草原に出た類人猿は肉食獣から身を守ることができず、多くの種が森林の衰退と運命をともにすることになったのだろう。アフリカの類人猿も地上を移動するとはいえ、外敵が接近すると樹上に逃げ込むことが多い。乾燥域に進出しているチンパンジーでも、樹上にベッドをつくって寝ることが多く、疎林からあまり遠く離れない。類人猿の仲間で完全に熱帯雨林と決別することができたのは、私たち人類の祖先だけなのである。

類人猿は、地上に生活の場を広げた狭鼻猿類以上に体を大型化させることに成功した。現在のオランウータンやゴリラには、一〇〇キログラム、ときには二〇〇キログラムを超える体重をもつオスがいる。この点からいえば、類人猿はまさに熱帯雨林の王者とよぶにふさわしい。しかし、類人猿はヒヒやマカクほどの大集団を発達させることができなかった。これは、彼らが大型化しながらも果実という不安定な食物資源に頼り、後述するように母系の集団構造を発達させなかったことに原因があると思われる。人類の祖先も、こうした非母系的な小集団から出発したはずである。

類人猿が衰退したいまから五〇〇万～七〇〇万年前の中新世の終わりは、南極にはじめて氷床が形成された時期でもある。気温が低下して熱帯雨林は縮小し、多くの湖が干上がって砂漠や草原が出現した。アフリカ大陸はこの寒冷・乾燥化の影響をもっとも強く受け、以後何度も大規模な動物の絶滅や移動が繰り返された。人類の祖先がアフリカの類人猿から分岐したのもこのころである。この時代にいったいなにが起こったのか。たしかなことはわからないが、おそらく人類の祖先はこの乾燥の時代にきれぎれになった森林の辺縁部で暮らし、しだいに草原へと進出していったにちがいない。そして、彼らがブラキエーションもナックル・ウォーキングもやめて、二足で立って歩き始めたとき、人類の時代が幕を開けたのだろう。彼らはその時代に生きていたゴリラやチンパンジーの祖先とも共存しながら、類人猿にはない生活様式を身につけていったのである。

その変革を成し遂げるためには、森林以外の環境で得られる新たな食物資源の開発と、弱い足力で肉食動物の脅威から身を守る方策が不可欠だった。そのとき、人類の祖先は原猿類から類人猿に至る過程で獲得した能力を十二分に利用し、それを改良したはずである。発達した視覚や聴覚、手を用いる能力などはその一つである。初期人類が登場した背景には、類人猿から受け継いだいくつかの能力と生存上の問題点が交錯しているのである。家族の成立も、初期人類が生き残るうえで生みだしたいくつかの方策の一つであったにちがいない。そして、それはしだいに最良の社会形態として、人類の発展を促すことになったのである。

3　食物がつくった霊長類の能力

人間以外の霊長類の社会から人間社会の進化をたどる、という考え方は日本の霊長類学者が創始したものだ。しかし、野生ニホンザルが餌付けされて近くで観察できるようになると、調査は餌場に集中して行われるようになり、多くの研究者の目はニホンザルの社会構造の解明に向けられた。優劣順位、血縁関係、群れの分裂など、つぎつぎに新しい発見がなされたが、ニホンザルの社会が進化した要因については、なかなか議論の対象にはならなかった。それを知るためには、自然状態でのニホンザルの社会交渉を詳しく調べる必要があった。餌付けされていないニホンザルはまだ人間を怖れていたために、日本のうっそうとした森のなかでは追跡することがむずかしく、自然の生息域での研究はなかなか進展しなかったのである。

欧米の霊長類学者は、日本より一〇年以上遅れて霊長類の社会の研究に乗りだしたが、餌付けという手法はとらずになるべく自然状態で観察しようとした。それは、「限りある食物資源をめぐる葛藤が、その種に特異的な行動を進化させる」という自然淘汰の考えが基礎になっていたためである。社会が複数の個体の交渉による産物なら、それは資源をめぐる葛藤を解決するためにつくられたはずである。そこで、まず見晴らしのよいアフリカのサバンナでマントヒヒやキイロヒヒの研究が開始された。餌付けをして人に馴れさせなくても、遠くから双眼鏡で彼らの行動を観察することができたからである。一九六〇年代、人類の祖先はアフリカの森林からサバンナへ進出して、人間的な行動を進化させたと考えられていた。ヒヒの研究は初期人類の生態を考察するうえで格好のモデルになるとみなされたのである。

一九七〇年代になって世界各地で野生霊長類の調査が行われるようになると、まず霊長類がいつ、どこで、なにを、どのように食べて暮らしているかということがわかってきた。社会の研究のためには、これらの問いに加えて「だれと食べるか」という観察が必要となる。食物と社会の関係は、各地の野生霊長類がしだいに人間の観察者に馴れ、詳細な観察ができるようになった一九八〇年代にやっと議論の対象となった。それを述べる前に、ここではまず霊長類の食物と身体的な特徴の進化について概説しておこう。

霊長類の食物の種類と体の大きさには明確な相関がある。昆虫食をする霊長類は体が小さく、葉を常食とする霊長類は体が大きい。果実を食べる霊長類はそのちょうど中間に位置する。哺乳類の代謝量は体重の四分の三乗に比例するので、体が大きくなるほど体重あたりに必要なエネルギーの量は少なくてすむ。体の小さな種は栄養価の高い食物をせっせと食べ続けなければならない。モグラやヒミズなどの食虫類がそのよい例で、一二時間以上食物を胃のなかに入れないと餓死してしまう。地中にふんだんにいるミミズや枯れ葉の下に隠れている昆虫を食べて暮らしている。アリやシロアリなども大群をつくるので、アリクイやツチブタなど昆虫食でもかなり大きな体をもつ哺乳類もいる。しかし、木の上にはそれほどたくさんの虫がいないので、樹上性で昆虫食の霊長類はあまり体を大きくできなかったわけだ。

一方、樹上にふんだんにある食物は、樹皮や髄などの木質部分、樹液、花、果実、そして葉である。このうち木質部分と葉は大量にあるが、これを食べられては困るので、植物は動物が分解できない植物繊維セルロースで硬い組織をつくっている。とくに葉は光合成をする組織なので、リグニンやタンニンなどの消化阻害物質やアルカロイドなどの毒で被食防衛をしている。動物にはセルロースを分解して栄養にする能力はない。このため、セルロース分解酵素のセルラーゼをもつバクテリアを消化器官内に共生させて、バクテリアが繊維を分解してできた生産物とバクテリアそのものを消化して栄養にしている。ウシ科の動物は胃が何室にも分かれ、酸性の弱い前胃に大量のバクテリアがいて、反芻によって草や葉を繰り返し運び込んで完璧に消化する。霊長類でも大量の葉を食べるテングザルは、反芻をしていることが最近報告された。多くの霊長類には反芻の能力はないが、胃や腸にバクテリアを共生させている。コロブス類は前胃部分の酸性を弱めてバクテリアを大量にすまわせ、植物が被食防衛のためにつくる化学物質も分解して無毒化している。果実を食べる霊長類でも大腸にバクテリアを共生させており、樹皮や葉を多く食べるゴリラは強大な大腸をもっている。主として果実を食べる霊長類の胃腸は比較的単純で短く、食物の消化時間も葉食の霊長類に比べて短い。

白亜紀末期に熱帯雨林の樹上に登場した霊長類の繁栄を助けたのは、被子植物の存在だった。垂直に枝を伸ばす裸子植物とちがって、被子植物は水平に枝を出して隣り合う木と枝をからませる。そのため、樹上に枝を伝って歩くルートができ、霊長類は肉食動物がいる危険な地上に下りずに安全に暮らす場所を確保できたのである。しかし、被子植物の樹上にはすでに先住者がいた。鳥と昆虫である。じつは、被子植物が裸子植物に代わって優勢になったのは、白亜紀末期までに昆虫や鳥類と共生関係を結んだからである。送授粉を風に頼っている裸子植物は、膨大な花粉を生産して飛ばさなければならない。私たちがスギやヒノキの花粉に悩まされるのは、その量が半端ではないからだ。しかし、被子植物はそれぞれの種で決まった虫に花粉を運ばせるので、届ける相手や場所を特定できるからわずかな量ですむ。被子植物が多様化できた原因も虫媒のシステムを進化させたことにある。光合成によってつくった糖を花蜜にして虫をよび寄せ、その体に花粉をつけて別の花へ運ばせるのである。さらに、被子植物が子孫を増やすには種子を広く散布しなければならない。発芽のための栄養を蓄えた種子は重くて虫には運べない。その役割を担ったのは鳥である。歯のない鳥は果実を飲み込み、空を飛んで種子を遠くへ運び、排泄してくれる。そのため、被子植物は鳥の好みそうな甘い果実をつけるようになった。

　霊長類の最初の祖先が熱帯雨林の樹上で暮らし始めたとき、そこでは昆虫類と鳥類が植物と共生関係を結んでいた。花や果実に群がる昆虫は、まず霊長類の格好の食物となったと考えられるが、そこはもともと鳥たちの食卓である。体の小さな原猿類は鳥たちを押しのけて樹冠部に進出することはできない。そのため、原猿類は鳥たちの活動しない夜にもっぱら採食するようになったと考えられる。じつは、霊長類と同じ時代に樹上で暮らすようになった哺乳類がいる。コウモリ類である。彼らも鳥たちとの競合を避けて夜行性の暮らしを選び、多くは小型で主として昆虫を食べるようになった。だがコウモリ類とちがって空を飛ぶ道を選ばなかった霊長類は虫だけでなく、樹木にしがみついてさまざまな植物の部位を食物とする雑食性となった。そして、しだいに果実を食べ、鳥のように種子散布の役割を果たすようになった。現在の熱帯雨林には、鳥には飲み込めないような大きな果実や種子をもつ樹木が何種類もある。これらの果実は果肉が種子から離れにくいとか、種子が流線型で滑らかな表面をしているとか、サルに飲み込まれやすい特徴をもっている。これは、手があるサルに簡単に果肉と種子を分離されて、種子が捨てられることを防ぐ植物側の戦略と考えられる。

　やがて、三〇〇〇万年前の漸新世になると、昼行性の真猿類が登場した。真猿類は一般に原猿類より体が大きく、二頭以上の群れで暮らす傾向がある。鼻が乾いて鼻づらも後退し、目が前方に出てきて左右の眼の視野が大幅に重なるようになった。これは嗅覚が衰えて、視覚が発達したおかげである。色彩を見分けられ、三次元空間で正確な距離を目測できるようになった。まさに鳥と同じような能力を身につけたわけである。飛ぶ道を選ばなかった代わりにサルが手に入れたのは、大きな体である。空を飛ぶために、鳥はできるだけ体を軽くする工夫をしている。しかし、飛ぶ必要のないサルは頑丈な骨格と筋肉を身につけることができる。それがサルたちを鳥の食卓へ進出させ、やがてはそこを主たる生活場所とする結果を導いたのである。

4　集団生活の進化

こうしてみると、サルが夜行性から昼行性になったことが、体格の増大、果実や葉を主とする食生活、群れによる社会生活に結びついていることがわかる。マダガスカルに生息する世界最小の霊長類ネズミキツネザルは体重一〇〇グラム以下で、昆虫、カエル、トカゲなどを捕まえて食べる夜行性の原猿類である。オスもメスも独立したなわばりをもって暮らしているが、オスはメスの二倍近いなわばりをもち、複数のメスのなわばりと重複している。体重がその三〜五倍あるコビトキツネザルは、小型の動物のほかに花蜜、花粉、果実を食べるが、やはり夜行性で、オスもメスも単独のなわばりをつくる。夜行性のサルのなかでもっとも大きい約三キログラムの体重があるアイアイも、昆虫や果実を食べ、オスとメスは独立した行動圏をもつ。

ただし、オスどうしの行動圏はかなり重複しており、出会うとたがいに優劣を認知しているような行動を示す。このように、単独生活をする原猿類でも同性間や異性間で共存できるような社会性を示すことがある。とくに、繁殖期になるとオスとメスは短期間連れだって生活する。東南アジアに生息するメガネザルなど、ペア生活をする種は、こういった単独生活をする種が雌雄共同してなわばりを防衛するようになったと考えられる。ペアの群れをつくる種は単独生活をする種のように、隣接するペアとほとんど行動域が重複しないなわばりをもっているからだ。また、単独生活をする種もペア生活をする種も体格上の性的二型がほとんどないので、身体的な特徴を変えずに移行可能な生活型であると考えられる。

昼行性と集団生活とのあいだに密接な関連があることは、マダガスカルの原猿類をみるとわかる。マダガスカルは昼行性の原猿類が生息する唯一の場所だからである。最初の霊長類の祖先が旧大陸に現れたとき、すでにマダガスカル島はアフリカ大陸と分離していた。おそらく原猿類の祖先種が流木につかまってこの島に漂着したと考えられている。しかし、その後海流の向きが逆になったために、大陸から大型の肉食獣や真猿類の祖先が渡ってくることがなかった。原猿類は大陸では真猿類に奪われてしまったニッチを広く利用することができ、多様な種に分化することができたというわけだ。そして、なかには昼間の世界に進出する原猿類も現れた。

マングースキツネザルやアカバラキツネザルは体重が二キログラム前後で、夜も昼も活動する。昆虫やトカゲなどの動物のほかに果実、花、葉を食べる雑食性である。おもしろいことに、これらのキツネザルは夜行性の時期はペアで、昼行性の時期は二〇頭近い群れでいることがわかっている。群れには複数のオスとメスが含まれており、毛づくろいなどの交渉を示す。また、この二種に近縁なブラウンキツネザルも似たような体格と食性をもち、夜も昼も活動する。いつも数頭から二〇頭ほどの群れで行動し、群れの行動域は隣の群れの行動域と大幅に重複している。自分の群れの行動域に侵入した隣の群れを追い払うような行動はみられないという。

マダガスカルには完全な昼行性の原猿類もいる。約四キログラムの体重をもつエリマキキツネザルは、果実、種子、葉、樹液など植物性の食物を主として利用する。複数のオスとメスを含む一〇頭前後の群れをつくるが、食物が少ない時期は小さなサブグループに分かれる。群れの行動圏は隣の群れとあまり重複せず、群れ間が敵対的であることからなわばり的と考えられている。体重が約三キログラムのワオキツネザルも複雄複雌の構成をもつ二〇頭前後の群れをつくる。小動物、果実、花、葉などを食べる雑食性である。隣の群れと行動域は重複するが、群れ間は敵対的で匂いつけによる闘いが起こる。これは、手首にある臭腺を尾にこすりつけ、その尾を高く上げて揺すり、相手に匂いを送る攻撃で、群れ内でもこの匂いつけによって優劣を競う。エリマキキツネザルもワオキツネザルもメスのほうがオスより少し体重が重く、優位である。これは真猿類にはみられない特徴だ。

こうしてみると、夜の生活から昼の生活へ移行したことで、原猿類は体を大きくし、単独生活から群れ生活へと移行したことがわかる。しかし、群れをつくるようになってもオスとメスの体はあまりちがわず、むしろメスのほうがオスより大きくて優位な種もある。また、昼行性になっても嗅覚を用い、なわばり的な行動圏をもっている。ここが真猿類とちがうところである。真猿類は嗅覚が退化して視覚優位になっており、オスがメスと同等かメスより大きな体格をもつ。隣り合う群れの行動域は重複していて、なわばり的ではないことが多い。これは、防衛できないほど広い行動域をもつためである。また、一〇〇頭を超える大きな群れをつくる種もいる。こういった昼行性の真猿類の大きな群れは、いったいどういった要因によってつくられているのだろうか。

5　社会進化の生態要因

アメリカの霊長類学者リチャード・ランガムは、霊長類の群れをつくる志向性はオスとメスでちがうと考えた。自分の子孫を残そうとするためにかけるコストに雌雄差があるからである。哺乳類である霊長類のメスは受精してからお腹のなかで胎児を育て、出産後も授乳して子どもを育てなければならない。霊長類はほかの哺乳類に比べて妊娠期間と授乳期間が長い。また、離乳しても子どもが繁殖して子孫を残せるようになるまで長い期間がかかる。このため、メスにとって自分の子孫を残すためには、自分と子どもの栄養条件を高めることが重要になる。一方、妊娠も授乳もしないオスは栄養条件よりも交尾相手を得て、自分の子どもを産んでもらうことのほうが重要になる。だからメスとちがい、オスはなるべく多くのメスと交尾機会が得られるように自分の行動域を広げ、ほかのオスより優位に立って交尾相手を獲得しようとすると考えたのである。

この考えに立てば、食物の質と量に影響を受けるのはメスである。高質な食物資源の量に限りがあれば、それをめぐってメス間に競合が起こる。もし単独でいるよりも複数で協力するほうがその資源を有利に利用できるなら、メスは群れで生活することを選ぶようになるだろう。そこでランガムは、まず食物の質と分布の仕方によってメスの群居性が異なるはずだと考えた。昼行性の真猿類の主たる食物は果実か葉である。果実のなる時期は限られているし、なる場所も分散している。同種の樹木でもいっせいに実をつけるとは限らないし、同じ木でも少しずつ実ることがある。一方、熱帯雨林の樹木は常緑の種が多いから、葉はつねに大量にある。果実に比べて均一に分布している。だから、果実を主として食べる霊長類と葉を食べる霊長類では、食物をめぐる競合のあり方がちがうはずである。果実を食べる種のメスは群れをつくって栄養価の高い果樹を占有しようとする。メスが群れをつくれば、オスは繁殖機会を増そうとして群れに加わろうとする。もしなわばりをつくってほかの群れと遊動域を重複させずに共存しようとするなら、オスの数は最小限になって単雄複雌群になる。オスの数が増えれば、それだけ広い行動域が必要になり、なわばりが防衛できなくなるからである。なわばりをつくらなければ、多数の群れが頻繁に出会うことになるから、群れの強さが採食場所の占有権を左右する。そこで、メスたちは複数のオスを受け入れて複雄複雌の群れができるというわけだ。

ここで、真猿類はわずかな例外を残して、どの種もつねにオスとメスからなる群れをつくるということに注目しておこう。哺乳類にはメスだけの群れをつくる種が多い。ゾウやシマウマやニホンジカなど、ふだんはメスだけで群れをつくり、交尾期になると群れにオスを受け入れるという社会である。ところが、真猿類ではメスだけの群れが形成されない。群れをつくる種では、メスが単独生活を送ることもない。ハヌマンラングールやパタスモンキーのようにオスだけの群れができたり、多くの種でみられるように群れを渡り歩く際に単独で暮らすようになったオスもいる。しかし、メスは必ずオスといっしょに暮らしている。これは、真猿類のオスが交尾を受け入れるメスとだけいっしょになるのではなく、まだ性的に未熟なメス、妊娠中や授乳中のメスともつねにいっしょにいて群れをつくるからである。真猿類のメスには単独生活やメス集団という選択肢はない。この点が明らかにほかの哺乳類とちがう。唯一の例外はオスもメスも単独生活をするオランウータンであるが、これは原猿類の単独生活とはちがう。オランウータンのオスはメスの二倍近い体格をもっているからである。その理由については後で述べることにする。

果実を食べる真猿類に比べて、葉を食べる真猿類のメスはもともと食物をめぐる競合は小さいので、仲間といっしょにいるメリットは少ない。しかし、オスはなるべく多くのメスを自分のもとに引き寄せて交尾機会を増そうとするだろう。そのため、オスの競合と交尾努力を反映して単雄複雌の構成をもつ小さな群れができる。これらの群れはなわばりをもたないから、いくつもの群れが出会うことになる。メスどうしに協力関係が発達しないので、オスどうしの力関係によってメスが群れ間を移動する。オスがいなくなれば、メスはばらばらに分散するにちがいない。

逆に、果実を好む種では同じ群れに共存するメスどうしに協力関係が発達する。それは血縁関係にあるメスどうしにできやすい。母と娘は遺伝子の半分、姉妹は四分の一を共有しているので、利他的な行動をとっても自分の遺伝子を残す確率が高くなると考えられるからだ。日本の霊長類学者が初期に明らかにしたニホンザルの社会がまさにこういった例にあたる。メスはたがいに血縁関係で結ばれた家系によってはっきりした優劣順位のちがいを示す。それは、母親が娘をかばい、自分のすぐ下の優劣順位になるように支援するからである。その順位構造を守るように家系内のメスたちが協力するから、家系順位が成立するのである。ランガムは、このように血縁の近いメスが結束する種では、群れの動きや群れ間の出会いの際にメスが積極的な働きを示し、群れ内ではメス間の結びつきを強化するような毛づくろいなどの社会交渉が頻繁にみられるはずと予想した。また、群れのサイズは食物をめぐる群れ内と群れ間の競合を反映する。群れが小さすぎれば隣接するほかの群れとの競合に負けるし、群れが大きすぎれば群れ内の仲間のあいだで競合が激化する。そのため、群れのサイズは群れ間、群れ内の競合で採食効率が落ちない程度の中間の値に落ち着くというわけである。

この仮説はすぐにさまざまな霊長類種で検証された。仮説に合う種もあったが、合わない種も多かった。たとえばニホンザルは、血縁の近いメスが結束する種である。しかし、群れの遊動はいつもメスが先導しているようにはみえないし、群れ間の出会いでもメスが積極的にほかの群れを排除しようとしてはいない。むしろオスが群れの動きを先導し、群れ間の出会いで威嚇音を発して他群のオスを追い払っているようにみえる。私たちの研究グループは、暖温帯林の広がる屋久島と冷温帯林の金華山島で、ニホンザルの行動生態を比較してみた。メスの出産率を栄養条件の指標としてとらえ、出産率の差はメスが十分な食物を得られているかどうかを表しているとみなした。関西学院大学の高畑由紀夫たちの分析によれば、二地域を総合してみるとたしかに小さな群れや大きな群れは出産率が低く、中間の群れサイズで高い。これはランガムの説を支持する証拠である。しかし、屋久島だけでみると出産率の差はあまり群れサイズと相関しない。そこで龍谷大学の鈴木滋たちは前年の果実のなり具合を指標として導入した。

すると、果実の豊富な秋の翌年の出産率には群れサイズの影響はなかったが、不作年の翌年は群れサイズの大きいほうが出産率が高い傾向が認められた。つまり、食物の条件によっては群れの大きさがメスの繁殖に大きな影響を与えると考えることができる。しかし、メスが主導権をもって群れの動きを左右するわけではなく、オスの数や動きがけっこう大きな力を発揮しているようだ。

6　捕食の影響

スイスの霊長類学者カレル・ヴァン・シャイクは、栄養条件を左右する食物よりも、安全を脅かす捕食者のほうが群れサイズに効いていると考えた。食物の不足は徐々に健康状態に影響するが、捕食者は一瞬のうちに命を奪う。果実が不足しても、葉や根など別な食物を探すことができるが、捕食者に狙われてからでは対策は限られている。捕食者に狙われないような体制を整えていなければすぐにでも個体数は減ってしまう。だから淘汰圧としての環境要因は食物より捕食者のほうが大きいというわけだ。東南アジアのスマトラ島でカニクイザルの調査をしたシャイクは、まずメスの出産率が群れサイズの上昇とともに下がることを確認した。また、群れが大きくなると小さな群れに分裂することから、群れサイズの上昇は個体間の競合を高め、群れの分裂はその競合を弱めることを示唆した。さらに、シャイクは捕食者が子どもを狙うことに着目し、いくつかの種の霊長類で捕食者がいる地域といない地域で子どもの死亡率と群れサイズを比較してみた。すると、捕食者がいる地域でのみ、大きな群れのほうが子どもの死亡率が下がることがわかったのである。このことから、大きな群れはメスにとって食物をめぐる競合を高める結果となるが、捕食者から子どもを守るためには好適な条件をもたらしてくれると考えられる。

捕食者の存在が群れサイズを引き上げていることは、その後多くの霊長類で確かめられた。昼行性の真猿類がペアを超える大きな群れをつくったのは、まず捕食者に対する防御のためだったのである。夜に活動している体の小さな原猿類にとって、群れをつくって騒々しく暮らすのはかえって捕食者をひきつけてしまうので危険である。彼らは単独でめだたない体色をして夜の闇にまぎれている。ひっそりと行動し、危険を感じたらじっと動かなくなる。樹上の捕食者に狙われやすい昼間は木の洞や茂みのなかに隠れている。こういった生活には、個体単位でよく熟知した小さな行動域をもつほうが適している。しかし、昼間に活動するようになった真猿類はめだたない体色や行動で捕食者からみつからないようにするのではなく、捕食者を発見する効率を上げ、すばやく逃げ、仲間と協力して捕食者に対抗する戦略を発達させた。

まず原猿類よりも代謝を高くし、すばやく樹上を動き回れるようにした。そして群れをつくり、自分が捕食者から狙われる確率を下げた。さらに、多数の目や耳で捕食者をいちはやく発見しようとしたのである。樹上性の真猿類の多くはめだつ色彩の模様を体毛、顔、尻にもっている。これは近くの仲間の動向をモニターするのに役立っている。また、捕食者を発見したときに出す警戒音も発達しており、同じ場所に暮らす複数の種の霊長類では他種の警戒音にも的確に反応して捕食者から逃れることが確かめられている。森林より明るい草原に出てきた真猿類は二次元平面に散らばることが多いので、色彩模様より警戒音のほうが捕食者対策には有効である。アフリカのサバンナに暮らすサバンナモンキーは、ワシ、ヒョウ、ヘビに対応する異なる警戒音をもっている。それぞれの捕食者から逃れる方法がちがうからである。ワシであれば樹冠部から降りて身を隠すほうが、ヒョウなら木の上に登るほうが、ヘビならその所在を確かめるほうが身を守るには効果がある。また、サバンナで暮らすキイロヒヒやアヌビスヒヒも、ライオンやヒョウなどに狙われるとメスや子どもたちはいっせいに木の上に駈け上がり、オスたちが共同で捕食者に吠えかかって追い散らそうとする。群れで暮らすサルたちはこういった捕食者の情報を共有し、その対処方法を仲間といっしょに行動することによって解決してきたのである。

おそらく昼行性になった真猿類のメスがメス集団をつくったり単独生活を送らないのは、群れをつくる大きな理由がこの捕食者対策にあるせいだろう。捕食者と遭遇したとき、まず敵と向かい合うのはどの種でもオスである。オスには大きな犬歯やたてがみ、色彩豊かな顔など、メスにはない特徴が発達している。これらの特徴はめだって捕食者をひきつける効果をもっている。メスや子ども、とくに赤ん坊もちのメスはオスの背後に隠れることが多い。メスはメスどうしではなく、オスと連合して群れをつくることによって自分や子どもの安全を確保してきたのである。オスはその役割を果たし、メスからよきパートナーとして選ばれるためにさまざまなめだつ特徴を発達させたと考えることができる。

7 食物をめぐる競合と社会関係

捕食者対策という条件を整えたうえで、食物の質と量は群れ内、群れ間の社会関係を発達させる要因となるとシャイクはいう。食物をめぐる競合にはスクランブル（間接的）とコンテスト（直接的）がある。スクランブルは個体間で実際に争いはみられないが、食物の量と個体数によって個体の取り分が変わることをいう。コンテストは争いによって優位な個体が多くとる結果をさす。利用できる食物資源の量に比べて群れが大きくなれば、個体あたりの取り分が減るから、群れは移動する距離を増して食物を探さなければならない。この移動距離がコストになる。食物の探索にかける時間と距離は限られているから、食物が少ない環境では群れサイズは小さくならざるをえない。また、食物が豊富でも、それが少しずつ固まって散在していれば、コンテスト競合がかかる場合には食物資源が優位な個体に独占されてしまい、劣位な個体の取り分がなくなる。そのため、果実食の霊長類は果樹が分散しているため、採食集団は小さいほうが劣位な個体にとって都合がよい。

捕食者の有無、食物の質と量を考慮に入れたシャイクの仮説をまとめるとつぎのようになる。まず捕食者の危険が高いところでは大きな群れサイズの形成が促進される。この場合は、群れ間よりも群れ内の食物をめぐる競合が高まるので、それを解決する方策が発達するだろう。樹上性の葉食者では捕食者に対して仲間で協力する必要性は低い。食物をめぐる競合も低いことが予想されるので、個体中心的で平等的な社会関係が形成される。コロブス類、ラングール類、ホエザル類がこれにあたる。これに対して、地上性で果実食の種は捕食者に対して協力する必要性が高く、果実の採食をめぐって強い競合が生じるので優劣関係が形成されやすい。メスどうしの連合が有利に働けば、血縁関係のあるメスどうしが結束して血縁びいきで専制的な社会関係が促進される。ニホンザルなどのアジアに生息するマカク類、アフリカのヒヒ類、南米のオマキザル類などがこれにあたる。捕食の危険が低いところでは、群れ内の競合が高まるような大きい群れはつくりにくい。しかし、果実食を主とする霊長類の種では密度が高くなると群れ間のコンテストが効いて、大きな群れのほうが有利になる。この場合もメスの連合が重要になって群れ内に血縁びいきの傾向が促進されるが、群れ間競合に勝つためにより大きなメスの連合が必要になるので、個体間の平等性が強調されるような社会性が発達する。

このシャイクの仮説は、さまざまな種や場所で検証された。もっともよく合う例はヒヒの社会で報告された。イギリスの霊長類学者ロバート・バートンたちは、アフリカのさまざまな環境で暮らすヒヒの社会を比較してみた。ケニアの疎林にすむアヌビスヒヒはライオンなどの強力な捕食者がいて、しかも果実などが固まって点在する環境に暮らしている。だから、複数のメスとオスを含む大きな集団を形成し、メス間には毛づくろい行動が頻繁に観察される。血縁関係にあるメスどうしの結束は固く、メスが群れ間を移動することはめったにない。

南アフリカの山地草原にすむチャクマヒヒは捕食者がいないし、果実に乏しい環境で草の葉、根、花、昆虫や小動物を食べる雑食者である。メスたちは小さな集団を形成し、そこに一頭のオスが加わって単雄複雌群で遊動する。メスたちの関係はルーズで毛づくろいもあまりみられず、ときどきメスが群れ間を移動する。

エチオピアの高原にすむマントヒヒは果実の乏しい環境でチャクマヒヒとよく似た食性を示す。しかし、アヌビスヒヒと同じようにライオンなどの捕食者の脅威にさらされている。そのため、マントヒヒの採食集団はチャクマヒヒのような小さな単雄複雌群だが、夜は断崖絶壁で多くの群れが集まって巨大な就眠グループをつくる。日中にもこれらの小集団が離合集散し、バンドとよばれる大きなグループを形成する。バンド内のオスどうしは協力関係を結んで、トラブルが生じると助け合うし、捕食者には連合して立ち向かう。つまり、これら三種類の社会性は捕食者の有無、食物の質や分布をよく反映してつくられているというわけだ。

8 生態モデルへの反論

しかし、シャイクの仮説に対する反論もある。南アフリカのチャクマヒヒの社会をもっと詳細に調べたイギリスの霊長類学者ピーター・ヘンジーとルイーズ・バレットは、環境のちがいに社会が対応していないことを報告している。現在のチャクマヒヒは森林から湿地、サバンナ、山地草原まで多様な環境に生息しているが、どの地域でも同じような小さな単雄複雌の群れをもち、メスどうしの結束も弱いという共通な特徴をもっているというのである。すると、現在の生態条件はチャクマヒヒの社会に強い影響力をもっていないことになる。では、いったい過去のどんな環境条件がいまのチャクマヒヒの社会をつくったのだろう。いったいその環境条件がどのくらい長く続けば社会性が固まるのだろうか。

じつは、現在の遺伝的な分析ではアヌビスヒヒ、チャクマヒヒ、マントヒヒは同じ種で、亜種のちがいしかないという見解もある。野生のマントヒヒとアヌビスヒヒとのあいだにはハイブリッドが生まれ、二世代、三世代の子どもも生まれているからだ。おもしろいことに、エチオピアでこのハイブリッドが混入したマントヒヒの群れとアヌビスヒヒの群れを研究した京都大学の菅原和孝は、遺伝的、外形的にどちらに似ているかによって社会性が異なることを報告している。マントヒヒのオスはメスをかり集めて自分の群れをつくろうとし、マントヒヒの特徴を強くもったハイブリッドのオスはメスに関心を固着させ、首咬みなどの攻撃を示してメスを囲い込もうとする。ところが、アヌビスヒヒの特徴を強くもったハイブリッドのオスはメスに接触するだけで、かり集めようとはしない。つまり、ヒヒの社会は現在の食物環境でもメスの群居性でもなく、オスの群れをつくろうとする行動性向と社会的環境に強く影響されていることになる。

マカクでもシャイクの仮説に合致しない例がある。前述したように、私たちは屋久島の暖温帯林と金華山島の冷温帯林でニホンザルの社会を比較した。ニホンオオカミが一九〇五年に絶滅してから、ニホンザルには捕食者がいない。しかも両方とも島だからもっと長く捕食者のいない環境は続いていたはずだ。シャイクの仮説によれば、捕食者のいない環境で群れ間競合が強くなれば、群れ内に平等的な関係が発達する。果実の豊富な屋久島はニホンザルの個体密度が高く、群れ間の競合が強い。しかし、大きな群れは形成されないし、群れ内の社会関係も金華山に比べて平等的とはいえない。さらに解釈のむずかしいのはオスの行動である。屋久島より金華山のほうが大きい群れをつくり、群れに共存するオスのメスに対する比率が小さい。オスは交尾機会を増やそうとして大きな群れに集まり、共存しようとするはずだ。ところが、小さい群れしかない屋久島のほうで多くのオスが群れ内に共存する傾向がみられるのである。両方の地域でオス間の毛づくろい行動を比較した鎌倉女子大学の高橋弘之と京都大学霊長類研究所の古市剛史は、屋久島のオスのほうが仲よく毛づくろいする頻度も時間も多いことを報告している。なぜメスたちが小さくまとまる屋久島のほうがオスの共存志向が高いのか、これは少なくとも生態要因では説明することはできない。

さらに、東南アジアのスラウェシ島でムーアマカクの社会を研究した岐阜大学の松村秀一も、シャイクの仮説に反論している。ムーアマカクはニホンザルと同じように複雄複雌の群れをつくるが、群れ間競合が弱い。ところが、ニホンザルと比べると群れ内ではずっと平等主義的な関係をもっている。シャイクの説とは逆になるというのだ。松村はマカク属のさまざまな種の社会性を比べ、個体どうしが優劣の差のもとに結束する専制主義的傾向は系統的な近さを反映していることを指摘した。カニクイザル、タイワンザル、アカゲザル、ニホンザルは系統的に近く、似たような専制主義的な特徴をもっている。一方、ボンネットモンキー、トクモンキー、アッサムモンキー、チベットモンキーは別の系統群に分類され、すべて平等主義的な特徴をもつ。バーバリマカク、シシオザル、スラウェシマカク、ブタオザルも別の系統群をつくるが、ブタオザルだけが専制主義的な特徴を示す。だから、マカク属はおそらく平等主義的な特徴から出発し、ニホンザルを含む系統群、そしてブタオザルだけに専制主義的な社会性が発達したというのである。しかし、なぜそのようなちがいが生まれたのか、どのような環境条件がその社会性をつくったのかについて、明快な答えはない。

じつは、類人猿も食物条件と捕食圧ではなかなか説明できない社会の特徴をもっている。それは人間の食と社会の関連にもつながる問題である。そこで、今度は類人猿の食生活とその進化史を詳しくみてみることにしよう。

9 類人猿の食生活

霊長類の体重は食物の種類と強い相関をもつことを前に述べたが、この法則は類人猿にはあてはまらない。

類人猿は現生の霊長類のなかでもっとも体が大きく、なかでもゴリラのオスは最大で体重が二〇〇キログラムを超えることもめずらしくない。ついでオランウータンのオスが一〇〇キログラム前後、チンパンジーのオスでも五〇キログラム前後と人間並みに大きい。メスは比較的小さく、ゴリラのメスが一〇〇キログラム弱、オランウータンとチンパンジーのメスが三〇〜四〇キログラムであるが、これに匹敵するのはヒヒ類のオスぐらいでほかのどの霊長類よりも大きい。テナガザルは十数キログラムともっとも体重が軽いが、類人猿の祖先よりも矮小化が進んだためと解釈されている。類人猿の共通祖先と考えられる中新世初期のプロコンスルがすでに三〇キログラムを超える体格をしていたと考えられるからだ。

こうした重い体重から推察すれば、類人猿はもっぱら植物繊維を食べる葉食者や草食者であってよいはずだ。ところが、テナガザル、チンパンジー、オランウータンは果実をよく食べ、アリやシロアリなどの昆虫も食物メニューに入っている。ゴリラはたしかに葉や樹皮を食べることが多く、それが大きな体格に対応する食性だと考えられてきた。しかし、それはこれまで調査されてきたのが果実の少ない山地林にすむマウンテンゴリラだったためである。果実が豊富に実る低地の熱帯雨林で調査が進むと、ゴリラが多様な果実を食べて暮らしていることがわかってきた。こういった森には必ずといってよいほどチンパンジーも生息しているが、ゴリラはときにはチンパンジーをしのぐほど多くの種類の果実を食べている。しかもアリ、シロアリ、甲虫などの昆虫食も頻繁にみられる。昆虫食の霊長類はもっとも小型だったはずなのに、なぜ類人猿は大型なのか。これは類人猿がほかの霊長類とはちがう原理で体をつくっているからである。

昆虫や樹液を食べる小型の霊長類は歯が鋭く、胃腸が単純にできている。これは昆虫の殻を咬みやぶり、樹皮に傷をつけて、なかの内臓や樹液をすするためである。果実を食べる霊長類も柔らかい果肉を口のなかに入れれば、あとは果汁を吸収消化するだけなので胃腸に食物を貯める必要はない。しかし、葉や根などの植物繊維はバクテリアの力を借りなければならないので、胃か腸にバクテリアを大量に共生させる必要がある。葉食者の体が大きいのは、発酵タンクの機能をもつ大きな胃腸を体に収める必要があるからだ。

ところが、類人猿の胃腸の消化能力は狭鼻猿類や広鼻猿類に比べて弱い。タンニンなどの消化阻害物質が含まれる未熟な果実を食べられないし、アルカロイドなどの毒を含んだ花や芽もお手上げだ。ふつう葉食の真猿類はこういった化学物質を胃腸内のバクテリアが分解してくれるから、毒にあたらずにすむ。類人猿の胃腸はこういった能力が劣るので、体を大きくして化学物質の効果を薄めたと考えられるのである。ゴリラやチンパンジーの糞と葉食者のコロブスの糞を比べてみると、類人猿の糞には完全に消化しきれていない葉や髄などの繊維がたくさん混じっている。とくにゴリラの糞はゾウやウマの糞に似ている。ゾウもゴリラと同じく、あまり消化器系を特殊化させずに雑食の道を歩み、その代わりに体を巨大化させた哺乳類なのだ。葉食に適応したクロシロコロブスやテングザルは果実をあまり食べない。糖分をとりすぎるとバクテリアによって発酵しすぎて胃腸に障害を起こすからだ。類人猿は果実も昆虫も食べる雑食者である。類人猿の祖形も果実を好む雑食者だったと考えられている。つまり類人猿は、消化器系を果実食からあまり特殊化させることなく、体を大型化することによって植物の被食防御に対抗してきたのだろうと思われる。

さらに、オナガザル科のなかには頬袋という、食物をいったん貯めておくことができる袋を頬にもっている種がある。樹上ばかりでなく地上を歩くヒヒ類やマカク類はすべてこの頬袋をもっている。これは魅力的な食物に出会ったときに、それをまず消化せずに貯めておくための袋で、安全な場所に移ってからゆっくり口のなかに出して咀嚼し、胃のなかへ送り込む。これらのサルは大量の食物をすばやく頬袋に収め、採食樹から離れることができる。これは捕食者に対して長時間身をさらさずにすむという利点をもっている。類人猿はこういった頬袋をもたない。だから食物が口のなかでいっぱいになったら、それ以上つぎの食物を口に入れることができない。咀嚼して胃に送り込むまで待たねばならず、長時間採食場所にとどまらなければならない。そのため、少なくとも空からの捕食者である猛禽類に対抗するため、体を大型化させたのではないだろうか。

このように消化能力が弱い胃腸や頬袋をもたないという弱点を抱えた類人猿は、サルたちとはちがった採食の方法が必要になる。それは、できるだけ多くの食物を少しずつ摂取して、植物がもっている防御の影響を軽減する方策である。植物は種ごとに生産する化学物質がちがう。だから、同じ植物を大量に食べなければ、その化学物質が体内で蓄積するのを防ぐことができ、その影響を強く受けずにすむ。とくに、類人猿が好む果実は、完熟して化学物質の影響が消えないと食べることができない。ほかの霊長類は多少未熟な果実でも苦もなく食べていくから、類人猿はうかうかしていると食べられる熟果がなくなってしまう。そこで類人猿は、毎日多様な食物を探して食べ歩くとともに、好む果実をみつけるとなるべく熟果を多く摂取できるように行動する必要がある。たとえばチンパンジーは、好む果実が熟し始めると、個体単位で特定の果樹を頻繁に訪問するようになる。毎日果実は少しずつ実るからだ。一方、ゴリラは群れ単位で果樹を訪れ、すばやく多数の果樹を渡り歩く。この二つの遊動様式は、分散していて数の少ない完熟果実を個体単位、群れ単位でなるべく効率的に摂取するための方策と考えることができる。その結果、類人猿はその体や群れの大きさから予想される以上に、広い範囲の遊動域を利用することになるわけである。

10　類人猿社会の特徴

しかも、類人猿は採食能力の弱点を社会の特徴にも反映させて補っている。たとえばチンパンジーは個体の離合集散性が高い群れをつくる。果実が少なくなると分散して小さなサブグループで広い範囲を探索して歩き、果実が多くなると集まって大きなグループをつくる。ゴリラは果実の生産に影響されることなくいつもまとまりのよい群れをつくるが、なわばりをもたず、複数の群れが遊動域を大幅に重複させている。オランウータンはオスもメスも独立した遊動域をもつが、これはアジアの熱帯雨林の果実生産が年によって大きく変動することが原因だと考えられている。アジアの熱帯雨林には大型の肉食獣のトラがいて、類人猿はオランウータンもテナガザルも地上に進出できなかった。しかし、オランウータンのような大きな体を樹上で維持するためには広い遊動域が必要だ。群れで暮らしていては樹上でとても十分な食物を得られないから、単独生活を送らざるをえなかったというのである。たしかに、スマトラやボルネオでは果実の年変動が激しく、果実不足の年にはオランウータンの栄養条件がかなり悪化することが尿から採取したケトン体の分析からわかっている。体が飢餓状態になって、脂肪が燃焼されるとき、ケトン体が尿中に増える。オランウータンは果実不足の季節や年にこのケトン体が顕著に検出されるようになるのである。

こうした類人猿の社会の特徴は、真猿類一般に適用されてきた生態学のモデルにあまり合致しない。果実を好む傾向は、オランウータンやチンパンジーで強い。モデルにしたがえば、果実食の霊長類はメスどうしが結束して採食樹を独占しようとするはずである。ところが、オランウータンのメスは単独生活を送るし、チンパンジーのメスも単独で採食することが多い。逆に葉や地上性の草本をよく食べるマウンテンゴリラは、メスが集合する必要がないのにいつもまとまりのよい群れをつくっているし、単独で採食する傾向はまったくない。最近、低地熱帯雨林に生息するヒガシローランドゴリラやニシローランドゴリラが、よく果実を食べていることがわかってきた。しかし、彼らもマウンテンゴリラと同様にまとまりのよい群れで遊動する。なぜ、食物のちがいがゴリラのまとまりやメスの動きに影響しないのだろう。

それは、類人猿が食性とは関係なく、メスが分散する社会をつくるからである。類人猿の集まり方は属によって非常に異なる。テナガザルはペア生活、オランウータンは単独生活、ゴリラはまとまりのよい複雄複雌群、チンパンジーは離合集散性の高い複雄複雌群をつくる。しかし、メスが母親のもとを離れて繁殖生活に入るという特徴を共有している。葉食であろうが果実食であろうが、血縁関係にあるメスどうしが結束して有利な採食条件をつくろうとする傾向はほとんど認められないのだ。ここに注目した京都大学の伊谷純一郎は、真猿類の社会が母系と父系という対極の方向へ進化したと考えた。どちらの社会もペア社会に由来する。夜行性の単独生活からペアの社会をステップにして昼の世界へ進出した真猿類は、メスが血縁関係のもとに連合する母系社会と、メスが分散する父系社会へ収斂するように進化した。その収斂の理由を伊谷は明らかにしていないが、継承性のない社会から継承性のある社会に進化したのではないかという予測を述べている。ペアは息子も娘も成熟する前に親元を離れる。ペアより大きな群れも、息子や娘がすべて出ていってしまえば親が獲得した財産は子孫に受け継がれることはない。サルたちの財産というのは、自分たちが暮らす土地や食物についての知識、それに群れのなかでの社会的地位である。ニホンザルではメスが群れを離れず、娘は母親の優劣順位を受け継ぐから、母系的な継承性をもっていることになる。

息子も娘も親元を離れない場合も考えられるのだが、伊谷は実際には起こりえないとしている。その理由はインセストが起こるからである。継承性を保持しつつ、インセストが起きないようにするためには、オスかメスのどちらかが群れを出ていく必要がある。だから伊谷は、霊長類の社会構造を動かしているのはインセストを回避する機構だと考えた。これは卓見だと思う。しかし、なぜ類人猿はメスが分散する父系の社会をつくったのか。その理由を伊谷は明らかにしていない。類人猿の社会はペア型の社会に由来するからと指摘するにとどめている。そして、ニホンザルのような母系の群れからは類人猿の父系社会は生まれてはこないといいきっている。オスかメスの分散によって特徴づけられる社会の構造は、系統的に保守的であると考えたのだ。たしかに、これは霊長類の社会構造を系統に沿って並べたとき、現実とよく合う考えである。しかし、ヒヒ類やコロブス類のように同じ系統群のなかで母系の種や父系の種がみつかる場合もあり、すべてがこの考えに一致するわけではない。

11　ゴリラとチンパンジーの対照的な社会

さて、では父系の傾向をもつ類人猿の社会は、食物と捕食圧の影響をどのように解決しているのだろう。それは、ゴリラとチンパンジーがそれぞれ別々に暮らしている場所で、彼らの食性と遊動様式を比較することによって明らかになってきた。

もともとゴリラとチンパンジーの野外研究は、それぞれの種が単独で暮らしている場所で行われてきた。マウンテンゴリラの生息するヴィルンガ火山群にはチンパンジーが生息していないし、チンパンジーが人付けされて長期の調査が継続して行われてきたタンザニアのゴンベ、マハレ、ウガンダのブドンゴ、キバレ、ギニアのボッソウ、コートジボワールのタイにはゴリラは生息していない。これらの地域の調査成果から、ゴリラは地上性の草本を、チンパンジーは果実を好み、彼らの形態、生態、社会もその食性に合った特徴を進化させたと解釈されてきた。

ゴリラの大きな顎や歯は硬い繊維質の食物を咀嚼するのに適しているし、臼歯の歯冠部の咬頭が尖っているのも硬いクチクラ層で包まれた葉を破砕するために発達したと考えられる。前述したように、巨大な大腸はたくさんのバクテリアを共生させて大量の繊維を分解できるし、そもそも巨体は葉に含まれている毒物の効果を薄めるのに役立つ。地上性の草本はいたるところで得られるから、ゴリラは小さな遊動域で暮らしていける。果実とちがって葉や草は個体間の競合を高めないから、まとまりのよい群れを形成できる。群れどうしも食物をめぐって争う必要がないから、なわばりは発達せず、隣接する群れどうしで遊動域は大幅に重なり合っている。これは、一九五〇年代の終わりにヴィルンガ火山群で行われた（財）日本モンキーセンターの河合雅雄と水原洋城、シカゴ大学の動物学者ジョージ・シャラーらの調査結果とよく合う。シャラーの後にヴィルンガの調査を再開したアメリカ人のダイアン・フォッシーは、マウンテンゴリラが対等性を好む社会関係をもち、メスが群れを渡り歩く性質をもっていることを明らかにした。

一方、チンパンジーは一九六〇年にタンガニイカ湖畔のゴンベでイギリス人のジェーン・グドールによって調査が始められたのを皮切りに、いくつかの場所で餌付けや人付けによって詳しい観察が行われてきた。その結果、森林でも山地林でも乾燥したサバンナでもチンパンジーは果実を主とした食生活を送っていることがわかってきた。チンパンジーの臼歯は果実をすりつぶして果汁を搾りだすのに適しているし、口吻部が大きいのは果皮や果肉を口のなかで搾り、その搾りかすを捨てるようにできている。そのため、ゴリラのように果皮も果肉も種子も丸のみするのではなく、糖分に富んだ果汁だけを飲むことになるので、胃腸は比較的小さくてすむ。ただ、果実は得られる時期や場所が限られているから、すばやく広い範囲を動き回らなければならない。そのためチンパンジーは樹上でも地上でもすばしこく動けるロコモーションの能力を発達させた。体重の重いゴリラは木から木へ飛び移れないが、チンパンジーは長い腕を振り子のように使ってテナガザルに似た腕わたり(ブラキエーション)を行う。木やつるを伝って上下左右に自在に飛び回る。一日に動く範囲もゴリラに比べると格段に広い。

さらに、果実のなり具合に応じて個体の集まり方を変える。果実が少なければ単独や小さなグループで分散し、果実が豊富に実ると集まって大きなグループをつくる。集まり方には性差があり、メスは単独性が強く、オスはオスどうし連れだって歩くことが多い。ゴンベで調査を始めたころ、チンパンジーがあまりにもばらばらなので、グドールはチンパンジーには母子以外安定したつながりはないと考えた。霊長類学者のリチャード・ランガムもオスとメスで土地の利用様式が異なっているとし、メスは単独で小さな遊動域をかまえ、複数のメスの遊動域を含むようにオスたちが広い遊動域をつくるというモデルを提案した。これに対し、ゴンベから約一五〇キロメートル南のマハレに調査地を開いた京都大学の西田利貞と川中健二は、チンパンジーの一頭一頭を個体識別して隣接する二群の個体の動きを調べ、オスとメスの安定したメンバーシップが認められる単位集団が存在することを明らかにした。一見ばらばらに生活しているようにみえたメスたちは、徐々に遊動する地域を変え、隣の群れに移ることも確認された。チンパンジーは複雄複雌の構成をもつ群れをつくり、隣接集団どうしが時として激しく対立する社会で暮らしていたのである。対立するのはメスではなくオスで、オスたちは生涯群れを離れずに父系的なつながりを保ち、隣に遊動域をかまえる別の父系集団と土地とメスをめぐって敵対関係にあった。そして、オスたちが敵対する理由の一つに、希少価値の高い果実資源をたがいに占有しようとするチンパンジーの食性があげられた。

じつは、一九五〇年代の末と六〇年代にゴリラとチンパンジーが共存する地域でも短期の調査が行われたことがあった。シャラーはウガンダの山地林カヨンザの森で、スペインの霊長類学者ジョルジュ・サバタ・ピは低地熱帯雨林が広がる赤道ギニアの複数の地域で調査をしている。そして、二人ともゴリラとチンパンジーは同じ森にはすんでいるが、対照的な土地と食物の利用の仕方をしていてきれいにすみわけているると結論づけているのである。山地林のカヨンザでゴリラはもっぱら湿った谷間を使い、木性シダなどの地上性の植物を食べて暮らしていた。毎晩つくるベッドもほとんどが地上にあり、ゴリラはめったに木に登らないと考えられた。一方、チンパンジーは尾根にある木の上にベッドをつくり、主として樹上で果実を食べて暮らしていた。ゴリラとチンパンジーは生活空間も食物も重複させずに暮らしているというのだ。赤道ギニアでもカカオのプランテーションのそばで調査を行ったサバタ・ピは、ゴリラが二次林、チンパンジーは一次林をもっぱら遊動するので、両種は生活空間をほとんど重複させないと報告している。森を切り開いた後にはアフリカショウガやパラソルツリーなどのパイオニア植物が繁茂する。ゴリラはアフリカショウガの茎が大好きで、栽培されているバナナの茎も難なく折って食べる。キャッサバやサトイモも掘り起こして食べたと報告している。これに対し、チンパンジーはまだ人手の入っていない一次林で豊富に実る果実を探し歩き、高い樹上にベッドをつくって眠る。プランテーションのそばの開けた場所に地上性のベッドをつくるゴリラとは対照的だ。

シャラーとサバタ・ピの報告は、同じ場所に生息するゴリラとチンパンジーが、食性と形態特性のちがいを見事に反映した暮らしを送っているということを強く印象づかせた。サバタ・

ピはゴリラが意外にたくさんの果実を食べていることを書き残しているが、それは両種の圧倒的なちがいのなかに埋もれてしまっていた。その結果、ゴリラとチンパンジーはまったくちがう食物の好みにしたがって生態や社会を発達させ、ニッチを重複しないように分化させたのだとみなされたのである。

12 ボノボとチンパンジー

ところが、一九七〇年代の初めにアフリカ大陸の中央部にあるコンゴ盆地で新しい類人猿の調査が始まると、チンパンジー属が大きな変異の幅をもつことがわかってきた。ボノボは当初チンパンジーと同一視されていたが、一九二七年にチンパンジー属の別種として分類された。体つきがチンパンジーよりほっそりしていて手足が長く、顔つきも優しい。頭髪も長く真ん中から左右に分かれていて、禿が多いチンパンジーとははっきり区別できる。赤ん坊の顔の色も、チンパンジーでは白っぽい個体がいるのに対し、ボノボはすべて真っ黒というちがいがある。しかし、こういう形態的なちがいよりも研究者を驚かせたのは、ボノボの行動である。

野生のボノボの研究を真っ先に始めたのは、京都大学の加納隆至ひきいる日本の霊長類学者だった。コンゴ盆地の奥深くワンバに調査基地を設けた日本隊は、マハレのチンパンジーと同じように餌付けによってボノボの警戒心を解き、すべての個体に名前をつけて観察を始めた。

ボノボたちは餌場に出てくると、サトウキビをめぐって大騒ぎを始める。しかし、チンパンジーと比べるととてもおとなしい。チンパンジーは興奮すると全身の毛を逆立て、二足で立って腕を振り回して走り回る、木や石を宙に放り投げたり、板根や木の幹を叩いたりけったりする。まわりでみている仲間は金切り声をあげて逃げまどう。これに対してボノボは、毛を逆立てないし、声もか細い。あたりを叩いたり、走り回ったりしない。オスがサトウキビを独占するようなこともない。それどころか、オスはメスに気兼ねしていて、むしろメスのほうが優先的にサトウキビをせしめているようなのだ。

加納たちが驚いたのは、このように餌を前にして興奮が高まったとき、ボノボたちがとった奇妙な行動だった。メスたちが抱き合って性器を接触させたのである。ボノボのメスもチンパンジーのメスも、排卵日の前後二週間ほど陰部のまわりの性皮が大きくピンク色に腫れる。オスたちはこういう性皮の腫れたメスのまわりに群がって交尾を誘いかける。メスはやってきたオスたちとつぎつぎに交尾を繰り返すのだが、ボノボのメスはメスに対しても誘いかけるのである。たいがいは誘うほうが仰向けになって足を開き、腫れた性皮をみせて手を広げる。するとほかのメスが近づいて、誘ったほうのメスにまたがり、自分の性皮と相手の性皮を接触させる。そして、腰を横に振って性皮を擦り合わせるのである。下になったメスも腰を横に振って同調する。そして性的に興奮したような声をあげるのである。加納はこの行為を「ホカホカ」

と名づけ、メスどうしのホモセクシュアル行動とみなした。明らかにメスたちは性的に興奮していると考えられたからである。

しかし、いったいホカホカはなんのために行われるのだろう。食物をめぐる興奮が高まったとき、メスはオスに対しても性的な誘いをする。オスはこれに応じて交尾が起こる。また、オスどうしも後ろ向きになって尻をつけ合ったり、対面して勃起したペニスを触れ合わせるなど、性器を用いた接触が頻繁に起こる。つまり、ボノボは性行為を緊張を抑えるために用いていると考えられるのだ。サトウキビのようなおいしく、しかも希少な食物はボノボのあいだに競合を高め、緊張を生じさせる。性行為はたがいの宥和を促進し、その緊張を静める役割を果たしているというわけだ。たしかに、ホカホカや交尾の後では両者は仲よく食物を食べる。しかも、ホカホカの後に、自分がもっている食物を相手がとることを許容する場合がある。これは、セックスと食物の交換であり、「売春の起源」とみなす考えもある。

チンパンジーは食物をめぐる緊張を性行為を用いて減じることはない。しかし、食物を分配する行動は、ボノボに劣らず頻繁にみられる。とくに肉を分配する行動はよく知られている。肉食はヒヒ類やオマキザルなどほかの霊長類にも知られているが、カエル、トカゲ、リスなど小さな動物に限られている。チンパンジーはサル、ダイカー、イノシシ、ムササビなど中型の哺乳類を狩って食べる。とくにサルは大好物で、どの地域でもサルを獲物にする頻度が一番高い。アカコロブスがいるところでは狩猟する頻度が格段に高いので、このサルは狩猟しやすいのだろうと思われる。樹上で追い詰めて、つかみ捕りをするが、何頭かで協力して狩猟している可能性も指摘されている。なぜ協力するかといえば、肉は必ずといってよいほど分配されるからである。

チンパンジーの肉食への嗜好性はかなり高い。だれかが狩りに成功して肉を手にすると、たちまちのうちに仲間に取り囲まれる。群れでもっとも優位なオスがその肉を奪ってしまうことが多いのだが、そのオスも肉を独占することはできない。ほかのオスやメス、そして子どもたちが執拗に後を追い、そばに群がって手を差し出す。オスの顔をのぞき込んで分配をせがむ者もいる。肉の所有者はこうした要求を完全に拒むことはできない。自ら肉を差し出すことはしないが、下に落ちた食べ残しをほかのチンパンジーが拾うことを許し、口にくわえた肉の切れ端をとることを黙認するのである。

サルの社会では優位なサルが餌を独占することがルールになっているが、いったん手にした食物を優位なサルが奪うということはしない。これを「先行保有者優先の原則」という。しかし、チンパンジーが肉を食べる場合はこの原則が成り立たない。肉はいったん手にしたものが独占できるとはみなされていないからだ。チンパンジーは食物をもっても、それはまだ自分のものではなく、ほかの仲間が要求できる。ただ、チンパンジーは自分から仲間に分配することはない。手を伸ばしたり、顔をのぞき込んだりして催促しなければ、分配は起こらない。しかも、分け与えられるのは決まって、あまりおいしそうではない部分らしい。どうもチンパンジーはまだ自分が手に入れた食物に執着心が強く、人間の食物分配のようにはいかないようだ。

ボノボはめったに動物を狩ることをしない。ときどきムササビを狩るのが観察されているが、チンパンジーに比べて圧倒的に少ないし、サルなどの中型動物を狩ることはない。その代わり、サトウキビや大きな果実などの植物性の食物をよく分配する。チンパンジーでよく分配されるのはオスがよく狩る動物の肉だが、ボノボでは植物で、分配するのもメスが多い。なかでもメスどうしで分配されることがもっとも多く、もっぱらオスからメスに分配されるチンパンジーとは異なっている。

また、チンパンジーはアリやシロアリなどの社会性昆虫をよく食べる。この際、シロアリ塚や木の幹につくられたアリの巣に釣り棒を差し入れて釣り出すことが知られている。タンザニアのゴンベではシロアリを釣るが、カメルーンのカンポでは棒で塚を掘ってから釣りだす。コンゴのンドキでは掘る棒と釣る棒を分けている。このように場所によって道具の種類や使い方が異なることから、チンパンジーには文化圏とよべるものが存在するといわれている。ところが、ボノボはあまり熱心に昆虫を食べないし、道具も使わない。飼育下ではボノボはチンパンジーと同じように道具を使うし、言葉の習得能力ではむしろチンパンジーより高い能力を示す場合もあるので、知能が劣っているわけではない。

昆虫の代わりに、ボノボの群れはときどき湿原に入って泥を探り、ミミズを捕らえて食べるようだ。これはチンパンジーにはみられない。また、ボノボはアフリカショウガやクズウコンなど地上性の草本をよく食べる。これもチンパンジーにはあまりみられない特徴だ。そして、これらの食性のちがいはボノボとチンパンジーの社会性に反映されていると考えられている。

ボノボはチンパンジーに比べるとまとまりのよい採食集団をつくる。単独性が高いチンパンジーのメスとちがい、ボノボのメスはつねにほかのメスやオスといっしょにいる。これは、ボノボの生息地には果実が豊富であまり個体間の競合を高めず、つねに安定して得られる地上性の草本を食べるので分散する必要がないからと説明されている。さらに、性行動を個体間の緊張を緩和するために用いることで、複数の個体がまとまって遊動することが可能になっていると考えられる。

ボノボでは隣接集団間の関係も平和的で、チンパンジーのような殺し合いに発展するような激しい争いはみられていない。集団どうしが出会っても、異なる集団のオスやメスが混じり合い、ときには異なる集団のオスとメスが交尾をすることさえある。これは社会生物学の常識では理解できない。ボノボもチンパンジーと同じく、オスが集団に残り続ける父系社会をつくる。だから、集団のちがうオスどうしは血縁関係が薄い。遺伝的に近縁な自分の集団のオスならいざしらず、ほかの集団のオスに自分の集団のメスとの交尾を許容したら、自分の子孫を残す機会を失うことになる。なぜ血縁関係のあるオスたちが連合してほかの集団のオスたちを排除しないのか。これは後述するように、メスがオスと社会的に同等か優位な地位にあり、メスが移籍する性質をもっていることと関係がある。ボノボのオスたちにはメスを囲い込む力はなく、メスに逃げられてしまったら交尾の機会もなくなってしまうからだ。ボノボの徹底的な乱交社会は豊富な食物による競合の低さによって支えられ、オス間に性の競合のきわめて低い社会を進化させたということになる。

13　類人猿の共存と食生活

チンパンジーとボノボがなぜこんなにもちがう社会性を進化させたのか。それは、同じ生息地にゴリラがいるかいないかによって、食性にちがいが生じたからだという考えがある。これは、前述したようなゴリラとチンパンジーが異なるニッチにすみわけているという説から生まれた考えである。チンパンジーはゴリラがいるおかげで地上性の草本を主要な食物には組み入れなかった。しかし、生息域にゴリラがいないボノボは地上性の草本を食べて個体間の競合を減らし、まとまりのよい集団をつくることができたというのである。たしかに、一年中地上性の草本を食べて暮らしているマウンテンゴリラはつねにまとまりのよい集団で遊動する。マウンテンゴリラもあまり昆虫を食べないし、肉はまったく食べない。道具も使わない。つまり、ボノボはゴリラのニッチを使うことができたので、動物食も道具使用行動も発達させることなく、まとまりのよい集団を維持できたというわけだ。

でもこの考えは、山地林という果実がほとんど実らない場所にすむマウンテンゴリラの観察にもとづいていた。果実が豊富な低地の熱帯雨林でニシローランドゴリラやヒガシローランドゴリラの野外研究が進むと意外なことがわかってきた。まず、低地のゴリラは果実を非常に好む。山地にすむマウンテンゴリラは二〇年以上調査を続けても、食べる果実の種類は一〇種類に満たなかった。しかし、ガボンのロペやコンゴのンドキで調査が開始されるとわずか二、三年でニシローランドゴリラの食べる果実の種類は五〇種類を超えた。私は一九八〇年代にコンゴ民主共和国の東部にある低地熱帯雨林でヒガシローランドゴリラの調査を始めたが、やはり果実をよく食べることがわかった。どのゴリラの糞にも多種の果実の種子が含まれていたからである。しかもこれらの地域にはすべてチンパンジーが同所的に生息している。季節によってゴリラはチンパンジーより多種の果実を食べていることが判明した。

さらに、低地の熱帯雨林ではゴリラがシロアリやアリを日常的に食べていた。チンパンジーのように道具を使うことはないが、ゴリラはシロアリの塚を手で押し倒し、塚を崩してなかのシロアリをつまんで食べている。ハタオリアリやシリアゲアリは巣ごと手にとってムシャムシャ食べる。ヒガシローランドゴリラはハリアリという尻に鋭い針をもつ大きなアリを手で叩いて捕っていた。だいたいどこの地域でもゴリラの糞の約三〇％以上からこういった社会性昆虫が発見されている。チンパンジーほど量は多くないが、ボノボと同等か多い量の昆虫をゴリラは食べていると考えられる。低地熱帯雨林にすむゴリラは果実食とも、昆虫を含む雑食ともみなせるのである。

こうした食性を反映して、ゴリラの生活空間もチンパンジーと大幅に重複していることが判明した。ガボンのロペやコンゴのンドキでは、ニシローランドゴリラがチンパンジーと同じくらい一次林を利用していたし、樹上を採食や休息に用いていた。ガボンのプチロアンゴやムカラバで私が調査したニシローランドゴリラのベッドは半分以上が樹上につくられていた。また、コンゴ民主共和国のカフジの低地熱帯雨林では、ヒガシローランドゴリラが果実食の程度に応じて一日に歩く遊動距離を変えていた。果実を多く食べると遊動距離が延び、葉や樹皮を多く食べると遊動距離が短くなるのである。単独で遊動しているヒトリオスの遊動距離を山地のマウンテンゴリラと低地のヒガシローランドゴリラと比べてみると、果実があまり実らない時期は大きな差はなかったが、果実が豊富に得られる時期にはヒガシローランドゴリラのほうが三倍以上も長い距離を歩いていた。これらの観察結果は、果実が得られる場所ではゴリラはチンパンジー並みに果実食性を示し、樹上も地上も利用して暮らしていることを示している。マウンテンゴリラが地上性の葉食者なのは果実がほとんどないところで暮らしているためだったのである。

では、ゴリラとチンパンジーは似たようなニッチにいながら、いったいどうやって共存しているのだろう。生物の世界では系統的に近い複数の種は似たようなニッチに共存できないという原則がある。同じ生活空間で同じような形態や生理の要求があれば、当然種間の競合は高まる。どちらかの種が駆逐されてしまうか、たがいに特徴を変えて生活場所を分けるようになる。すなわちニッチ分化が生じる。ゴリラとチンパンジーとのあいだにはニッチが分化していないのだろうか。

そこで私は、コンゴ民主共和国東部のカフジ・ビエガ国立公園に同所的に生息するヒガシローランドゴリラとヒガシチンパンジーを調査し、食物環境の季節変動や年変動に応じて両種がどのように対応しているか調べてみた。ここは標高の高い山地林で、マウンテンゴリラの生息するヴィルンガよりは標高が低いが、チンパンジーにとっては分布域の上限にあたる。ゴリラは一平方キロメートルあたり〇・四頭生息しているが、チンパンジーは〇・〇二頭と少ない。それは果実の種類も量も少ないためである。糞の内容物の分析や直接観察によると、八年間に両種が食べた果実の種類は約七〇種類で、低地熱帯雨林に比べると半分である。しかも、地上性の草本やつる植物の果実が多く、量は少ない。

しかし、にもかかわらず、ゴリラとチンパンジーが食べる果実の種類は半分以上が共通していた。両種ともに好物である果実が少ない山地林という環境でも、種間でちがう果実を食べ分けてはいないのである。ではいったい、どのようにしてゴリラとチンパンジーは共存しているのだろうか。

ゴリラとチンパンジーが食べる果実の生産量を毎月測定して比べてみると、ゴリラは月変化の少ない果実をよく食べるのに対し、チンパンジーは季節や年によって大きく変動する果実を好んで食べていることが判明した。しかも、ゴリラは四〇平方キロメートルにおよぶ広い遊動域をほぼ均一に利用しながら暮らしているのに対し、チンパンジーはその約三分の一の小さな遊動域のなかの、果実が多く実る場所を繰り返し訪れていた。また、果実が豊富になる時期にゴリラは特定の果樹に執着せず、集団で多くの果樹を訪れる。これに対してチンパンジーは、個体単位や小さなサブグループに分かれて特定の果樹を繰り返し利用する。

このようにゴリラとチンパンジーが同じ果実でも異なる利用の仕方をするために、両種が出会うことはめったになかった。私は両種が同じ果樹で出くわした場面を三回目撃しているが、どちらの側にも敵対的な態度はみられなかった。一度はイチジクの木でチンパンジーが採食しているときにゴリラの群れが現れた。二度はサイジギウムという紫色に熟す実をゴリラが食べているときにチンパンジーが現れた。どの場合も先着したほうが食べ終わってその場を離れるまで後着したほうが待っていたのである。ゴリラもチンパンジーも他種を押しのけてまで強引に果実を食べようとはしないようである。イチジクの樹上でゴリラとチンパンジーが出会った例はコンゴのンドキでも観察されていて、この場合も敵対的な行動はみられていない。カフジと同じような山地林があるウガンダのブウィンディ（旧カヨンザ）ではチンパンジーが攻撃的な音声を発してゴリラを追ったことが一例報告されているが、接触することはなく、出会いも少ないようだ。

これらの事例からみると、ゴリラとチンパンジーが異なる採食戦略を採用していて、出会いの機会が少ないことが両種の共存を助けていると考えられる。ゴリラは草食に、チンパンジーは果実食に合った採食戦略をもっているのだ。草は一面に繁茂する性質をもっていて、動物に食べられ攪乱されることにより新しい芽生えを出す。しかし、一度攪乱されると再生するまで数カ月はかかるので、草食動物は繰り返し同じ場所を利用せず、数カ月後に再訪問するように遊動する。サバンナの有蹄類が草の生え具合に応じて広く季節移動を繰り返すのはそのためである。カフジのゴリラの遊動コースをよくみてみると、月間の遊動域を少しずつシフトしながら食べ歩いている。同じ場所を繰り返し利用することを避ける結果、年間をつうじて広い場所を使うことになるのだ。

一方、前述したように果実は動物に食べられるようにつくられている。熟した果実なら植物はいくらでも動物に食べてほしいはずだ。しかし、果実はいっせいに実ることは少なく、毎日少しずつ熟す。だから果実食の動物は毎日同じ果樹を訪れて熟した果実を探すことになるのである。鳥とちがってチンパンジーには羽がなく、多くの果樹を訪問するには地上を歩かねばならない。そのため、果実が少ないときは少数のグループに分かれてそれぞれちがう果樹を繰り返し利用するようにしているのだと考えられる。チンパンジーが個体単位で遊動採食するのに対し、ゴリラはつねに群れで遊動する。だからゴリラが同じ果樹を繰り返し利用していては食物が足りなくなる。そこで、一つの果樹の滞在時間を減らして、多くの果樹を訪問するように遊動する。実際、カフジでは果実を多く食べる時期はゴリラの遊動距離は有意に長くなる。これはニシローランドゴリラにもみられる特徴である。逆に、果実期にはチンパンジーの遊動する範囲は小さくなる。この異なる遊動様式が両種の出会いを減らす役割を果たしているのである。

14　補助食物と採食戦略の進化

ゴリラとチンパンジーの共存を支えているのは、果実をめぐる採食戦略だけではない。じつは、採食に関する形態や消化器官はその種が好む食物よりも、補助食物によって進化したという新しい説が登場した。咀嚼器官や消化器官の特徴が必ずしもその種が好む食物に合っていいないからで、ゴリラとチンパンジーはその好例といえる。両種とも果実を好むのに、特徴が大きく異なっているからである。補助食物とは好む食物が得られない時期に食べられる食物のことで、あまり季節変化を受けず年中大量に得られるが、栄養価が少なく、咀嚼や消化に特別な能力が必要である。補助食物には、一年中食べることができ、好物の食物が不足したときに一〇〇%頼れるような主要補助食物と、果実が不足したときにだけ利用が増えるその場しのぎ的な補助食物がある。カフジで調べた結果、ゴリラは主要補助食物として多種の葉や樹皮を利用し、チンパンジーはその場しのぎ的な補助食物として葉や昆虫などの動物を食べていることがわかった。

この補助食物のちがいは見事にゴリラとチンパンジーの採食能力に反映されている。ゴリラの強大な顎と大きな臼歯、長大な大腸は主要補助食物を食べるために効果的である。チンパンジーのすばやい移動能力は好む果実を効率よく採食するため、植物繊維を飲み込まずに口のなかで搾って吐き出す能力は葉から効率よく栄養を摂取するため、道具使用は硬い基盤に隠れていたり鋭い棘や口で防御する昆虫を食べるために発達したと考えることができる。

おもしろいことに、果実以外にゴリラとチンパンジーが共通して食べることが多い食物に地上性の草本がある。茎や髄を食べるのだが、ゴリラはすべてお腹のなかに入れて消化するのに対し、チンパンジーは繊維質の部分を口のなかで搾って吐き出す。これはボノボにも共通で、チンパンジーとちがってゴリラといっしょに暮らしていないボノボは、ゴリラ並みにたくさんの地上性草本を食べている。ということは、アフリカの類人猿は以下のようなシナリオで食に関する進化を遂げてきたと考えられる。

アフリカでは中新世の中期から後期にかけて気候が寒冷化して熱帯雨林が縮小し始めた。おそらく、アフリカ類人猿の共通祖先はこの熱帯雨林で豊富な果実を主要食物とし、果実が少ないとき地上性の草本を補助食物として利用していたのだろう。いまのボノボのような食生活を送っていたと考えられる。寒冷化・乾燥化によって熱帯雨林が小さな避難林に分断されると、ゴリラとチンパンジーの祖先は二つの異なる採食戦略を発達させた。一つは果実が少なくなると葉や樹皮の採食を増やし、そのための咀嚼器官や消化器官を発達させる方法である。この道を選んだゴリラは果実が少なく、水分に富んだ髄や樹皮が一年中得られる山地林にも生息するようになった。もう一つは、果実が少なくなる時期に昆虫食や動物食を増やして栄養を補う方法である。この道を選んだチンパンジーは川辺林を伝って乾燥域に足を延ばし、昆虫や動物を捕食する技術を身につけるようになった。昆虫や動物は乾燥域でも顕著に数を減らすことはない。ギニアのボッソウでチンパンジーの採食行動を調査した京都大学の山越言は、果実が少ない乾季にチンパンジーが道具を使って昆虫食をしたり、バナナの髄をきねで突き崩して食べたり、アブラヤシの硬い実を石で割って食べることが多いことを報告している。チンパンジーの動物食や道具使用行動は、補助食物を食べるために進化した可能性があるのだ。

ゴリラとチンパンジーの社会生態は、好物である果実と補助食物の組み合わせが大きな影響をおよぼしている。ゴリラは大量にあるけれど消化に時間のかかる葉や樹皮を補助食物にしたおかげで、草食動物のように群れ単位で採食することが可能になった。同じ場所を繰り返し利用することができず、量の少ない果実を食べるときは群れ単位で採食するとスクランブル競合が増して遊動距離を延ばさなければならなくなる。その結果、遊動域が広くなって隣接群との重複が大きくなる。

チンパンジーは分散した果実を探し回り、果実が少ない時期は個体単位で分散して昆虫などの栄養価が高い補助食物を捕食する。そのためチンパンジーの生息密度は果実の量に影響を受けやすく、乾燥域や山地林では極端に低くなる。果樹の利用をめぐってチンパンジーは集団間で敵対するので、生息密度の差は遊動域の大きさに反映する。ある程度の大きさの集団をつくらなければならないとすると、生息密度の低いところでは遊動域が広くなるからである。事実、熱帯雨林に比べるとセネガルやタンザニアの疎開林ではチンパンジーの遊動域は数十倍になる。山地林では生息密度が低いにもかかわらず遊動域が広くならないのは、地上性の草本が豊富にあるせいだろう。地上性の単子葉類の草本は葉に二次化合物をあまり含まないので大量に食べられる。また、生息密度が低いのは、山地林にチンパンジーが利用しない湿原や竹林があるためである。実際に利用している遊動域のなかで計算すれば、チンパンジーの生息密度はむしろゴリラより高くなる。

さて、ではアフリカの類人猿と祖先を共有する人類は、いったいどんな採食戦略を用い、熱帯雨林を出て分布域を広げていったのだろうか。

15 人類の食の特徴と進化

現在のアフリカ類人猿の分布域は熱帯雨林の周辺にあるとはいえ、ゴリラとチンパンジーで少しずれがある。両種の共存域でも、ゴリラが好む湿原や標高の高い山地にあまりチンパンジーは姿を現さない。これらの植生帯にはチンパンジーの好む果実が少なく、ゴリラの好む草本類が多いからである。東アフリカや西アフリカの乾燥疎開林にはチンパンジーだけが生息している。乾燥域ではゴリラが頼みの綱とする主要補助食物が乾季に枯れてしまうからである。チンパンジーはその不足を道具使用や動物食によってしのぎ、川辺林に沿って分布域を延ばした。おそらく人類の祖先も初めはチンパンジーと似た採食戦略で乾燥域に進出し、それからさらに乾燥した草原へと足を延ばしたのだろう。

では、人類の祖先が手にしたチンパンジーにはない採食戦略とはなんだったのだろう。それは人類の祖先が直面した二つの課題のたがいに相反する要求にこたえる能力だった。一つは非常に分散した食物の効率的な採食、もう一つは強大な肉食動物から身を守る防衛策である。前者はチンパンジーのように個体単位で分散して採食するのが有利になるし、後者は群れでまとまって遊動し、仲間と協力して捕食者に対処することが効果的になる。さて、人類の祖先はこの分散と集合の要請をどのように解決したのだろうか。

現代の知見によれば、人類の祖先はチンパンジーとの共通祖先から約七〇〇万年前に分かれたことになっている。最古の化石サヘラントロピス・チャデンシスがそのころの地層から出ているし、チンパンジーと現代人との遺伝的分化時間とも一致するからだ。サヘラントロプスに認められる人類的特徴は、直立二足歩行をしていたと推定されることと上顎の犬歯が小さくなっていることだ。この二つの特徴は食性にも外敵に対する防衛力にも関連がある。直立二足歩行がなぜ生まれたかについてはいまだに多くの議論が続いているが、①エネルギー効率をよくするため、②外敵への威嚇に用いるため、③食物を運ぶため、という三つの仮説が有力とされている。二足で立って歩けば、赤道直下の強い太陽光を頭だけで受けられるし、地面からの反射熱を腹で受け止めずにすむ。さらに立って歩くことによって風を受けて体を冷やすことができる。しかも、四足で歩くのに比べて敏捷性や速度こそ劣るが、時速四〜五キロメートルで歩くとエネルギー効率がよいし、長い距離を歩くほどエネルギーの節約率が増す。つまり、直立二足歩行は太陽の照りつける草原をゆっくりした速度で長い距離を歩くのに適しているというわけだ。初期の人類が分散した食物を採食するために遊動距離を延ばす必要があったとすれば、この歩行様式は有利に働いたにちがいない。

ゴリラもチンパンジーも二足で立つことがあるが、それはディスプレイのときである。ゴリラは両手で胸を叩くし、チンパンジーはあたりを叩き回り、石や枝を宙へ放り投げる。ボノボは枝を引きずって走る。これは自己を主張し、周囲の目を集める効果がある。どの種でもこのディスプレイは地上で行われる。地上では四足動物にとって顔の高さが体の大きさを表す。草原では体が草に隠れているから、立てば体を大きくみせる効果がある。このため、初期の人類が複数で草原を立って歩けば、肉食動物に脅威を与えることができたのではないかというわけだ。

さらに直立二足歩行の利点は手を自由にしたことにある。これは古くから指摘されており、最初は道具を製作し使っていたと考えられていた。しかし、最古の石器が出土するのが二六〇万年前なので、道具を器用につくったとは考えにくい。ただ、チンパンジーは親指が短くほかの指が長い、あまり器用とはいえない手でさまざまな道具をつくる。初期の人類も石器のような化石として残るものではなく、植物性の道具をつくっていた可能性はある。また、自由になった手の用途を無理に道具に結びつける必要はないとも思われる。そこで登場したのが、栄養価の高い小さな食物を手で運び、それを仲間に分けたという考えである。現在の熱帯雨林で暮らしている狩猟採集民は大きな葉でハチの巣や肉を包み、樹皮を割いてつくったロープで縛ってキャンプへもち帰る。手近にある植物性の材料だけで食物を運んで歩けるのだ。こういった道具を使わないでも、手で運びさえすればある程度の食物を仲間のもとへもっていくことができる。

犬歯の縮小は、男が武力を誇示する必要性の低下と食性の変化を示す。オスがメスより大きい霊長類は、オスの犬歯がメスより大きい。これはメスがオスに防衛力を期待して、犬歯の大きいオスを繁殖相手として選ぶ傾向が強いからだと思われる。それが人類で縮小したのは、人類の男が犬歯によって戦うことをやめたからだろう。これは直立二足歩行と連動している可能性がある。ヒョウなどの外敵と立ち向かうとき、チンパンジーのオスは二足で立って手を振り回し、棒や石を投げつける。ゴリラも二足で立って胸を叩く。おそらく人類の祖先も二足で立って手を使い、石や枝を投げて外敵を追い払ったのではないだろうか。さらに、類人猿では上顎の犬歯は下顎の犬歯と組み合わさって硬いものを咬み切り引き裂くために使われる。ゴリラでは樹皮をはがす際に、チンパンジーでは硬い果皮や茎を咬み割る際に使われる。初期の人類ではこうした用途が手に移り、犬歯の役割が減ったのではないかと考えられるのである。

では、熱帯雨林を出て乾燥した疎開林や草原で暮らし始めた初期の人類はいったいなにを食べていたのか。現在の狩猟採集民の暮らしぶりから察すると、おそらくイモ類を掘ったり、季節的に大量に実るスイカのような大型の果実や、川辺林に点在するイチジクのように季節を問わず大量に実をつける果樹を利用しながら暮らしていたと思われる。こうした川辺林にはサルも生息しており、チンパンジーがサルを捕食するところからみて、初期の人類も小動物を捕らえて肉食をしたと推測される。もちろんシロアリ、アリ、ハチの幼虫、蜂蜜なども好んで利用したにちがいない。ただ、チンパンジーは日々のカロリー摂取のわずか三％しか肉から得ていないのに対し、現代の狩猟採集民はじつに一二〜八六％のカロリーを肉から得ている。おそらく初期の人類にとって、肉食はチンパンジーとあまり変わらない量だったと思われる。それは、肉食が脳の大きさと関係がありそうだからである。

16 脳の増大と食の改変

最初の人類の祖先は、直立二足歩行をして小さい犬歯をもっていたとはいえ、脳の大きさはチンパンジー並みだった。脳が大きくなり始めるのは約二〇〇万年前に登場したホモ・ハビリスからで、直立二足歩行を始めてから五〇〇万年もたっている。じつは、脳容量が増加し始める少し前の二五〇万年前の地層から大量の石器がみつかっている。人骨は出ていないが、ホモ・ハビリスの発見された場所に近いことから、この人類が使ったと推測されている。しかも、この石器といっしょにカットマークがついた獣骨がみつかっている。明らかに石器は動物の骨から肉をはがすために使われたのである。石器で骨を割って骨髄を食べた可能性も指摘されている。脳が大きくなる前に、人類は肉食を始めていたのである。石器は狩猟には使われてはいないので、おそらく肉食動物が食べ残した獲物から肉をとったのだろう。しかし、肉をメニューにとりいれたことが脳の発達にとって重要だった。

現代人の脳は体重の二%しかないのに、休息しているときの基礎代謝率の二〇%も消費している。人間以外の動物では多くても一〇%に満たない。しかも、成長期にある子どもはなんと四〇〜八五%のエネルギーを脳に回している。人間の基礎代謝率はほかの霊長類と変わりがない。これほど高価な脳を手に入れるためには、食生活を改善することが不可欠だった。動物質の食物は葉の一〇〜二〇倍、果実の二〜五倍のカロリーを含んでいる。つまり少しの量で必要なカロリーが賄え、余分を脳に回すことができるのだ。

もう一つの方策は消化器官の改善だ。ゴリラもチンパンジーも日中の時間の半分以上も食物の探索と消化に費やしている。とくに葉や樹皮など消化に時間のかかる補助食物を大量に食べるゴリラは、長い休息時間をとって腸内のバクテリアの活性を高めている。この消化にかかるコストを減らすことができれば、より多くの時間を食物の探索に費やし、高カロリーの食物を摂取することができるはずだ。

イギリスの人類学者レスリー・アイエロとピーター・フィーラーは、現代人の消化器官がほかの霊長類に比べて著しく小さいことに注目した。体の大きさから予測される内臓の大きさを算出してみると、肝臓、心臓、腎臓の比率はほかの霊長類と変わらないのに、胃腸は約半分の大きさしかなかった。これは人類が食物の消化率を高めて胃腸の働きを軽減した結果だという。おかげで胃腸に回していたエネルギーを脳に費やすことができるようになり、脳を大きくすることができた。胃腸の縮小と脳の増大はトレードオフの関係にあるというのである。アイエロたちは、復元されたルーシー（アウストラロピテクス・アファレンシス）の上半身の骨格を現代人、チンパンジーと比較し、ルーシーの胸郭はチンパンジーに似ていることを指摘している。大きな胃腸を収容するために胸郭の下部が広がっているからだ。アウストラロピテクスたちはまだチンパンジーと同じようなものを食べており、消化率が向上して胃腸が縮小したのはホモになってからと考えられる。これは脳が大きくなり始めるのと一致する。

では、初期の人類はどうやって消化率を向上させて胃腸を縮小したのか。肉はたしかにカロリーが高いが、簡単に消化できる食物ではない。事実、肉食動物は長い時間を消化にあてているし、人間並みに脳が大きいわけではない。おそらく、人類の祖先は火を使ったのではないか、というのが一つの解決策である。現在のところ、火を日常的に用いていたという最古の証拠は八〇万年前のホモ・エレクトスであるが、人類が用いたと思われる焦げた木片、炉で熱された石、焼けた骨などがアフリカ各地の一〇〇～一八〇万年前の地層からみつかっている。また、アフリカのサバンナはよく野火が発生して、自分でつくれなくてもたびたび利用できる機会がある。イモ類も火が通れば毒性も消え、消化しやすくなる。野火の後に焼跡に燃え残ったイモ類をみつけてその味を知り、利用するようになった可能性もある。

もう一つは、高カロリーで消化のよい食物を採集して食べるという採食戦略である。蜂蜜、甘い果実、シロアリや種々の昆虫など、高カロリーで消化しやすい食物はたくさんある。しかし、一ヵ所にかたまっては得られないので、広範囲に歩き回って集める必要がある。直立二足歩行はエネルギー効率のよい歩行様式で、とくに長距離をゆっくり歩くときにその効果を発揮する。人類は高カロリーの食物を集めるために特殊な歩行様式を発達させたのではないだろうか。

17 食物の分配と共食

しかし、多くの人々がいっしょに食物を探し歩くのは効率が悪い。身重の女や子どもなど長距離を歩くことが困難な者もいる。そこで人類は能力のある者が散らばって食物を集め、それを仲間のもとへもち帰って食べる習性を身につけたにちがいない。前述したように、木々の少ない開けたサバンナは肉食動物に狙われやすい危険な場所である。走力の劣る子どもたちが長時間食物を探して歩いていたら、肉食動物の格好な獲物になる。そのため、人類は食物を集めた場所で食べずに、安全な場所にもち帰ってみなといっしょに食べることを始めたのだろう。これは現代の狩猟採集民に限らず、農耕民や漁労民、都市に住む人々などすべての人間に共通な行動である。共食は人間にとってあたりまえの行為であり、人間社会を支える根本原理である。それが人類の進化の初期の時代に現れたと考えても不思議はない。

だが、食物を分配していっしょに食べるという行為は、人間以外の霊長類ではほとんどみられない。植物食の霊長類にとって食物はそれぞれがとても小さく、手に入れるのにむずかしい技術はいらない。しかも植物は動かない。だから、食物を分けるよりも、食物のある場所の占有権を決め、たがいに離れ合って食べる社会性を発達させたのである。食物を分配するのは類人猿と南米にすむオマキザル、タマリン、マーモセットに限られる。

食物の分配行動はチンパンジー属でもっとも頻繁に観察されている。チンパンジーではオスから他個体へ、ボノボではメスから他個体へ分配されることが多い。これはチンパンジーではオスが、ボノボではメスが社会的に優位であることを反映している。食物は優位な個体が分配することが多いのだ。では、なぜ優位な個体がせっかく捕った自分の食物を仲間に分け与えるのか。それは、彼らの社会的地位が仲間の協力と支持によって維持されているからである。たとえ優位な個体であってもひとりではその地位を守れない。みながこぞって攻撃すれば、最優位なオスも大けがを負って集団を追われてしまう。父系社会に生きるチンパンジーのオスは自分の生まれ育った集団を離れては生きていけない。少なくともほかの集団に加入することはできない。このため、オスは仲間から見離されないように振る舞う必要がある。食物の分配もその一手段だというわけだ。なかでも肉は必ずといってよいほど分配の対象になる。これはチンパンジーの肉への嗜好性が高く、なかなかメスや子どもでは捕れない食物であることによるのだろう。

タンザニアのマハレで肉の分配行動を分析した鎌倉女子大学の保坂和彦によると、肉を手にしたオスはわざわざ仲間のところにやってきて、みせびらかすように肉を食べ始めるそうだ。オスは肉がみなの注目を集め、それを分配することが自分の権威を高めることを知っているにちがいない。その結果、肉のもち主のまわりに仲間が群がって、分配にあずかりながら共食するという光景が生まれる。ライオンやジャッカルなど群れをつくる肉食動物は必ず仲間と獲物を食べる。これは捕るのに技術や仲間の協力が必要で、獲物が大きすぎてひとりでは食べきれないためであるが、チンパンジーの肉食とも相通じる点がある。チンパンジーによるサルの捕獲はオスの数が多いほど効率がよく、狩猟でオスどうしが協力することもあるからだ。協力の報酬は肉の分配で、あるいは別の機会に協力を得ることによって了解されているのかもしれない。人類の祖先も肉食によって分配と共食の習性を発達させた可能性は高いと思われる。

ただ、チンパンジーの分配と現代の狩猟採集民の分配とでは、明らかに大きなちがいがある。

まず、チンパンジーは要求されなければけっして食物を分配しないのに対し、人間は乞われもしないのに自分から積極的に分配する。チンパンジーの分配は食物を得た場所に限られているのに対し、人間は食物を採集して仲間のもとへもち寄る。ひとりひとりで食べられる食物を仲間と共食するためにわざわざ集めるのだ。人間にとって食物を探す行為には、すでに仲間と共食することが前提として含まれているのである。

18 平等な社会

アフリカ中央部の熱帯雨林に住むピグミー系の狩猟採集民は「森の民」として知られている。古くからその平等主義的な社会性が徹底的な食物分配によって支えられていると指摘されてきた。狩猟はもっぱら男の仕事で、女はヤムイモや昆虫などの採集活動と男女の分担がはっきりしている。収穫した食物はキャンプに集められて平等に分配され、すべての仲間にいきとどくようになっている。興味深いのは肉の分配だ。狩猟は弓矢や槍、ネットを使うが、捕った獲物はまず狩猟具のもち主や捕獲者の取り分を分け、残りは参加したものによって分けられる。そしてさらにそれが各家族によって調理され、みんなの食事の場に出されるから、けっきょくはみんなに平等にいきわたることになる。しかも槍やネットの所有者が得をしないように、自分でももっているのにわざわざ仲間から借りて狩猟へ出かける者もいるという。さらに、肉や食物を分配するのにその所有者が直接手渡しすることを避け、子どもを使って渡したり、地面や屋根の上におく。これは貸し借り関係が表面化するのを嫌うからだという。大きな獲物を捕ってキャンプにもどってきたハンターは、けっしてはしゃいだり自慢げに振る舞ったりせず、かえってめだたない態度をとる。こういった傾向はカラハリ砂漠で生きるブッシュマンにもみられ、大きな獲物を捕って帰ってきたハンターをキャンプの者はさんざんにけなす。獲物が小さいとか、捕るのに時間がかかりすぎて迷惑したとか悪口をいい、それをハンターは黙って受けるのである。その肉が魅力的な食物であり、ハンターの高い能力の賜物であることはみなわかっている。それをだれもが承知のうえでこのような振る舞いをするのは、肉の取得者に権威が集中することを防ぎ、平等社会を維持しようとするためと解釈されている。まさにチンパンジーとは反対のことを肉の所有者はやっているわけである。

もっとも南米の熱帯雨林に住むヤノマモなどの狩猟採集民は、これほど控えめな態度をとらない。大きな獲物をしとめたハンターは人気者になり、たくさんの女の注目を浴びる。たとえ自分からその成果を吹聴しなくても、その能力は女と子どもを十分に養えることをだれもが知ることになる。その結果、多くの女性から性のパートナーとして選ばれ、多くの子孫を残せることにつながるという指摘もある。いずれにしてもどの社会でも狩猟が男に偏った生業様式であり、その獲物が女や子どもたちにとってたいへん魅力的な食物であることに変わりはない。

人類の祖先は肉をとりいれることによって、分配と共食への道を広げていったのだと考えられる。

ただし、食物の分配は肉食だけとは限らない。肉を食べないゴリラやタマリン、マーモセットでも食物を分配することがあるからだ。これは子育てに関係がある。自分の口から相手が手で食物の切れ端をとることを許すチンパンジーとちがって、ゴリラは自分の落とした切れ端を相手がとることを許したり、採食場所を譲ったりする。タマリンやマーモセットでも、とった昆虫や果実を口移しで分けることが知られている。ただし、これらの食物分配はもっぱらオスから子どもに対して行われる。これらのオスは子育てをすることで共通している。ゴリラのオスは乳離れ前後の子どもを、タマリンやマーモセットのオスは授乳中の赤ん坊を離乳して自立するまでことさら熱心に育てる。食物の分配は乳離れを始めた子どもたちの自立的な食生活を補助する役割があり、子育ての一環だと考えることもできる。また、ゴリラの母親は自分が採食中に、その食物を近くで子どもがじっとみつめ、奪うのを許すことがある。これも、離乳したばかりの子どもが食物や採食法を学ぶ手助けをしているとみなされている。チンパンジーの分配とちがっているのは、これらの子育てが見返りを求めないことである。オスの子育ての能力がメスからの支持を高め、繁殖成功につながっているとも考えられるが、少なくとも分配による直接的な利益を求めてはいない。人類の食物分配にはこういった行動特性も反映されている可能性がある。

人類の祖先に食物の分配行動が発達したのは、オスの子育てへの参入がその促進要因になったためかもしれない。これはアメリカの人類学者オーウェン・ラブジョイの仮説に合致する。彼は直立二足歩行が食物の運搬能力を高め、特定の男女のきずなを強めたと考えた。その仮説にいくつかの新しい考えをとりいれることは可能だろう。直立二足歩行は長距離歩行を可能にし、カロリーの高い食物の探索力を高め、捕食圧は多産性を強めて女の負担を重くし、食物の採集活動における男女の分業を生みだし、消化器の縮小によって脳を大きくする道を開いた。その結果、人類は頭でっかちで成長の遅い子どもをたくさん抱えることになり、家族をつくって共同保育することが不可欠になったのである。食の共有はそのための必要条件だったと思う。つまり、人類の祖先が家族をもつためには、チンパンジーにはない食物の分配が社会に深く根づく必要があった。それは見返りを求めず食をともにするという社会性である。この特徴は、たがいの競合を避けるために距離をおくか、たがいの優劣を了解して優位なほうが食物をとる、というほかの霊長類の社会特性とは明らかに異なっている。

そして、食の共同性はもう一つの人間の重要な特性である性の特徴と表裏一体となっている。食に比べ、人間は性交渉を公にはせず、仲間の目から隠すという習性をもっているからだ。これも、仲間の目の前で堂々と性交渉を繰り広げるほかの霊長類とは対照的である。人類の祖先はいつのころか食を公開し、性を隠ぺいしたのである。それはいったいいつ、どのような理由によってつくられたのか。今度は人類の性の進化を追ってみることにしよう。

第3章
性と社会の進化

1　性ホルモンと交尾

一九世紀の社会人類学者たちは、人類の家族は親子や兄弟姉妹間のインセストを禁止することによってつくられたと考えた。裏返していえば、動物は親子や兄弟姉妹の区別なく性交渉の相手を選んでいるとみなしていたわけだ。それどころか、人間以外の動物はすべて本能のおもむくままに、相手を選ばずに交尾をしていると考えていたように思う。そのもっとも大きな理由は動物には発情期があって、そのときしか交尾がみられないのに、人間にはそういった現象が欠如していたからである。つまり、動物たちはつねに生理的な要請にしたがって性交渉を結ぶのに対し、人間は理性の力によって自由な意思で恋愛をする。そこに動物と人間との越えられない大きな境界があるとみなしていたのである。

しかし、はたしてそうだろうか。動物たちはつねに生理的な必要性によってのみ性的な活動をしているのだろうか。人間は生理的な要請とはまったく切り離された意思によって性交渉を行っているのだろうか。そこには人間がつくりあげた社会に深く根ざす進化の歴史が刻まれているのではないだろうか。そこで、ここでは人間に近い霊長類の性の生理について、その特徴を整理してみることにする。

霊長類の性行動は、ほかの哺乳類と同じようにホルモンの影響を強く受けている。性行動とホルモンの関係はラットやマウスでよく調べられているが、霊長類でもこの関係は基本的に同じである。メスは卵巣周期をもち、真猿類では人類と同じように月経がみられるため、これを月経周期とよぶ。

月経周期は性ホルモンの変動によって生じる。卵胞刺激ホルモンが分泌されて卵胞が発達すると、排卵直前にエストロゲンが急激に増加し、排卵後は黄体が形成されて黄体ホルモン（プロゲステロン）が徐々に増加する。メスがオスを性的に受け入れるのは、血中エストロゲン・レベルが高い排卵前後に限られている。すなわち、メスでは卵巣から出るエストロゲンが性行動を発現させ、プロゲステロンがそれを抑制する効果をもつのである。オスでは主として睾丸で生産されるアンドロゲン、とくにテストステロンが性行動を引き起こす。

ホルモンの分泌は脳からの指令によって制御を受け、体内時計によって周期性が確保されている。季節的な発情を示す種では、エストロゲンの量は交尾期に限って変動し、非交尾期には低いレベルに抑えられている。オスの血中のテストステロンの量も交尾期に増加し、睾丸もめだって大きくなる。交尾に季節性がない種では、メスは月経周期にしたがって発情し、オスはメスの発情によって刺激されてテストステロンのレベルを上げる。

性ホルモンはフェロモンの分泌にも影響する。リスザル、アカゲザル、ニホンザル、ベニガオザルでは、メスの膣分泌液にカプリンとよばれるフェロモンが多量に含まれていることが知られている。エストロゲンは、この膣分泌を増やしてオスの嗅覚を刺激し、プロゲステロンは逆にこの嗅覚信号を減らしてオスの発情を抑える働きをする。

霊長類の多くの種では、メスが妊娠するとオスを性的に受け入れなくなる。ヒヒのメスは交尾に季節性がなく、月経周期にともなって排卵前後に性皮が腫脹する特徴をもっている。妊娠すると性皮が腫脹しなくなり、交尾もみられなくなる。そこで、腫脹が止まった月に妊娠期間を足すとかんたんに出産日を予測することができる。これは、妊娠して黄体が形成され、プロゲステロンが増加するとともにエストロゲンが低いレベルにとどまる結果、発情が抑制されるからである。また、メスが出産し赤ん坊が授乳するようになると、やはり性行動が発現しなくなることが多い。これは、プロラクチンという母乳の産生を促進するホルモンが出て、エストロゲンの分泌を阻止するためである。プロラクチンは排卵を抑制することも知られていて、授乳中に交尾をしても妊娠に至ることは少ない。

ラットやマウスをはじめとする哺乳類、そして原猿類の性交渉は、性ホルモンの働きに強く影響を受けている。ラットのメスは四〜五日の卵巣周期のうち排卵する二〜三時間しかオスを受け入れないし、マダガスカルにすむキツネザルでは一年のうちほんの二〜三日しか交尾が起こらない。これは性ホルモンの助けがなければ膣が完全に閉じてしまって、物理的に交尾が不可能になるためである。

だが、真猿類の性行動はこうしたホルモンの作用に完全に支配されているわけではない。発情ホルモンが増加しても性行動が促進されなかったり、ホルモンが低いレベルにとどまっていても交尾が起こったりすることがよくあるからである。また、霊長類のオスやメスは明らかに発情していても、異性の相手との性交渉を拒否することがある。とくにメスは特定のオスを選ぶ傾向が強く、気に入らなければ誘いかけられても交尾に応じない。オスは交尾を強要することはあるが、メスが拒否すれば交尾をすることはむずかしい。オスでも、執拗に誘いかける発情メスにそっぽを向いていることがよくある。こうした現象はなぜ生じるのだろうか。

アカゲザルの生殖生理を調べたフランク・ビーチは、性行動を積極性、受容性、誘引性に分けて、ホルモンとの関係を調べた。積極性はメスが積極的にオスを求める状態、受容性はメスがオスを受け入れるが積極的に求めはしない状態、誘引性はメスはオスにとって魅力的だが、積極的にオスを求めることも受け入れることもしない状態に対応する。ホルモンを投与してメスの反応を調べた結果、エストロゲンはメスの積極性と誘引性を高め、プロゲステロンは誘引性を低める効果をもつことがわかった。また、アンドロゲンを大量投与すると、メスからオスへの馬乗り行動（マウンティング）が増加し、メスがオスに交尾を催促するようになる。しかし、どのホルモンによってもメスの受容性は変化を受けなかった。つまり、ホルモンはメスの積極性や魅力を増し、オスの積極性を喚起するものの、交尾が成立するにはホルモン以外の要因が作用していることが示唆されたのである。

アカゲザルのメスは約二八日間の月経周期をもち、卵胞期後半から排卵期前後の八〜九日間だけオスを性的に受け入れ、黄体期には交尾がみられない。このことから、エストロゲンがメスの性行動を発現させる効果をもつことがわかる。しかし、アカゲザルのメスの性行動は個体差が大きく、月経出血の最中でも、閉経した老メスでも発情して交尾をする。さらに、卵巣を摘出してホルモンの分泌を抑えても性行動は発現するのである。

ニホンザルのメスは、約三カ月間の交尾期に平均三回の周期で発情を繰り返す。これはエストロゲン・レベルの上昇に対応していると考えられる。ところが、メスの妊娠時期を調べた(財)日本モンキーセンターの和秀雄は、メスの多くが最初の発情で妊娠していることを確かめた。妊娠したメスの卵巣には妊娠黄体があるだけで、新たな成熟卵胞の発達や排卵はみられなかったので、エストロゲン・レベルも低いままに保たれているはずである。つまり、ニホンザルのメスは妊娠後も、ホルモンの変動とは無関係に発情し交尾していることになる。また、赤ん坊に授乳しているあいだはプロラクチンによって発情が抑えられるはずだが、明らかに授乳中の赤ん坊を抱えたメスが発情して交尾するし、その結果、妊娠することさえある。

オスの場合には、視覚・聴覚・嗅覚による刺激が重要である。オスの性ホルモンはメスのように周期的に変動することがない。とくに交尾期をもたない種では、オスはつねにメスとの交尾に応じられる状態にあり、メスの発情による刺激を受けてテストステロン・レベルを上げ、発情して交尾をすると考えられるからである。

アメリカの霊長類学者トム・ゴードンとアーウィン・バーンスタインは、アカゲザルのオスばかりの飼育群を二つつくって、一方の群れをメスが含まれている両性群の近くにおき、他方の群れをこの両性群がまったくみえない場所に隔離した。交尾期になると、両性群ではオスもメスも顔や性皮が紅潮し、さかんに交尾が起こった。両性群の近くにおかれたオス集団でも、オスたちが発情徴候を示してホモセクシュアルな交渉を結んだ。ところが、両性集団から視覚的に隔離された集団では、オスたちがまったく発情徴候を示さず、ホモセクシュアルな交渉も発現しなかった。この実験は、オスの発情にはホルモン・レベルの上昇だけでなく、メスの発情や交尾の目撃という視覚的な刺激が不可欠であることを示唆している。チャクマヒヒの研究でも、メスの性皮の腫脹が血中のエストロゲンの上昇によって起こり、その視覚的な刺激だけがオスの発情を引き起こすという報告がある。少なくとも昼行性の真猿類のオスにとって、発情するには視覚的な刺激が必要なのである。

ただ、オスの性ホルモンは、非性的な刺激によっても増減する。アカゲザルのオスどうしの闘争後、テストステロンの血中濃度を測ると、敗者では低く、勝者では通常の三倍に上昇することが確かめられている。優位なオスは劣位なオスに比べてテストステロン・レベルが高いという報告もある。オスはたがいの社会関係や周囲の状況によって性ホルモンのレベルを増減し、発情を促進したり抑制したりするのである。

また、真猿類のオスは幼児期に交尾行動を学習しないと、成熟してもメスとうまく交尾ができないといわれている。幼児期に隔離されて育ったオスの多くは、メスと交尾を行えないことも知られている。雌雄ともに交尾相手をえり好みする傾向は、交尾の学習と経験が性行動の発現に重要な役割を果たしていることを示唆している。こうしたことから、真猿類の性行動には大脳の働きが大きな影響をおよぼしていると考えられるが、詳しいことはよくわかっていない。しかし、類人猿以前の真猿類の段階で、すでにホルモン支配から逸脱した性行動がみられることは記憶しておいたほうがよいだろう。

類人猿では、さらにホルモンの影響を脱した性交渉がみられるようになる。しかし、その逸脱の様相は種間で大きく異なっている。それは、類人猿が異なる生殖生理をもつように進化を遂げた結果であると考えられる。

類人猿に共通なのは、繁殖に季節性がなく、周年交尾をすることである。交尾はオスがメスを抱きかかえて腰を前後に動かし、そのまま射精に至る。何度もメスに馬乗りになってスラストを繰り返すニホンザルやアカゲザルの交尾とは異なっている。また、アフリカの大型類人猿は、メスの妊娠中もふつうに交尾がみられる点で共通していて、妊娠中に交尾が起こらない多くの霊長類と一線を画している。妊娠中でも発情して交尾が起こるニホンザルでも、それは発情期に限られていて妊娠期間をつうじて起こるわけではない。しかし、私はマウンテンゴリラのメスが妊娠中ずっと周期的に性交渉をもち、出産する前日にオスと交尾したのを目撃したことがある。チンパンジーでも、妊娠したメスは自ら交尾を誘うことはないが、オスに誘われると非妊娠時よりも交尾をする頻度が増すという報告がある。おそらく、これはホルモンによって影響を受けないメスの受容性が高まるために起こる現象だろうと思われる。類人猿の性行動は、この特徴ですでにホルモン支配を逸脱しているのである。

さて、では人類はいったいどのような性の特徴を示すのだろうか。まず、女性が月経周期をもつ点は真猿類と変わりがない。いかに理性によって制御されている人間であっても、排卵の周期性はほかの霊長類や哺乳類と同じように保たれているのである。しかし、人類の女は、形態的にも行動上も発情と非発情のちがいが定かではない。しかも、自分の排卵日さえ自覚できない人が多い。性交渉にも周期性がなく、毎日性交渉を結ぶこともできるし、ずっと性交渉に無縁でいることもできる。妊娠中でも夫婦のあいだで性交渉が営まれているし、出産後も数日から数週間で性交渉に応じられるようになる。また、授乳中でも性交渉は起こり、人によっては妊娠することさえある。これらの特徴は、真猿類から類人猿へ至る過程で起こったホルモン支配からの逸脱傾向を受け継ぎ、さらにその影響を脱して受容性の幅を広げたものと解釈できる。いいかえれば、人類の女はホルモンの支配を受ける生理的な周期性をもちつつも、その表現様式を自由に操れるようになったのである。

霊長類の性の特徴は、生理的な周期性をもつという点では驚くほど共通している。だが、その表現形は種によってじつに多様である。これは、霊長類がその社会構造とともにさまざまな繁殖戦略を発達させてきたことを反映している。おそらく人間は繁殖戦略を多様化させるにしたがって、性の表現の幅を広げてきたと思われる。では今度は、その性の表現についいて検討してみよう。

2　性的二型と性皮

霊長類のオスとメスがもつ身体特徴は、性の特徴や社会構造と不思議な相関をもっている。まず、オスとメスが一頭ずつでペアの群れをつくる種は、身体のサイズや犬歯のサイズにおいて雌雄差が小さい。これに対して、ワオキツネザルなど原猿類のいくつかの種を除き、オスが複数のメスと群れをつくる種は、オスの数にかかわりなく雌雄差が大きい。つまり、単雄複雌群でも複雄複雌群でも、オスがメスより体も犬歯も格段に大きい。これは、オスが複数のメスと群れをつくる場合は、オス間にメスをめぐる強い競合が生じ、オスらしい身体特徴が発達することを示唆している。

ところが、オスの体の大きさに対する睾丸サイズの比率は、ペアと単雄複雌群では小さく、複雄複雌群で大きい。オスが単独でメスと群れを構成する種では、メスの数にかかわりなく睾丸サイズは小さい。複数のオスが一つの群れに共存してメスと交尾するような種では睾丸サイズが大きく、たくさんの精子を生産できる能力を発達させていることがわかる。複数のオスが共存すれば、一頭のオスがメスとの交尾を独占することはできず、オスたちは乱交的な性交渉をメスと結ぶ。この場合は、オスどうしが身体や犬歯の大きさで競ってほかのオスを排除するのではなく、より多くの精子を生産してメスを妊娠させる能力で競うことになる。これを精子競争とよぶ。

一方、メスは性周期のなかでどのくらい発情するか、発情に季節性があるかどうか、性皮が腫脹したり顔や尻が紅潮するといった発情徴候を示すかどうかが、種によって異なっている。ペアの群れをつくる種はほとんど例外なく発情徴候を示さない。そして、メスは排卵日にあたる二、三日間だけオスを誘って交尾をする。発情に季節性がある種は複雄複雌の構成をもつ群れをつくる。ある季節に複数のメスがいっせいに発情するので、とても一頭のオスではすべてのメスを囲い込んで交尾をすることはできない。複数のオスがメスと乱交的に交尾をして、必然的に複雄の群れになるのである。

性皮の腫脹などメスの顕著な発情徴候も、複数のオスをひきつける効果をもっている。これらの種は発情する期間が長く、ふつう排卵まで一〇日から二週間ぐらい発情徴候を示す。ところが、これらの発情徴候が顕著な種には、複雄複雌の群ればかりでなく、単雄複雌の群れもみられるのである。単雄複雌の群れでメスが顕著な発情徴候を示せば、多くのオスを引き寄せることになり、必然的にオス間の競合が増す。こういった種ではオスがメスを囲い込む行動が発達している。マントヒヒのオスは離れようとするメスを追いかけ、首を咬んで連れもどす行動が発達している。マンガベイやオナガザルはオスが大きな声で鳴いて、ほかのオスを排除する。しかし、発情したメスのまわりに集まってくるオスたちをつねに排除するのは至難の技で、ときにはほかのオスに群れから追い出されてしまうこともある。

また、メスが顕著な発情徴候を示さない種に複雄複雌の群れがみられることもある。マカク属のサルはどの種も複雄複雌の群れをつくる。しかし、ブタオザルやクロザルは性皮が腫脹するのに対し、ボンネットザルやシシオザルは外形的な発情徴候を示さない。オスとメスの繁殖戦略に直接関係すると思われる身体特徴は必ずしも一致していないのである。これは、霊長類の繁殖戦略や社会構造が進化史のなかで比較的短期間に変わることを示唆している。

事実、メスの顕著な発情徴候は、霊長類の複数の系統で独立に発現している。ヒヒやマンガベイの系統はすべての種の性皮が腫脹するが、オナガザルやマカクは一部の種だけに性皮の腫脹がみられる。葉食性に特化したコロブスの系統も、アカコロブスやオリーブコロブスが性皮を腫脹させるのに、クロシロコロブスは腫脹しない。一方、アジアの葉食性霊長類であるリーフイーターは、テングザルもシシバナザルもキンシコウもすべての種が性皮を腫脹させない。ヒト科では、チンパンジー属（ボノボを含む）だけが性皮を腫脹させる。アジアの類人猿テナガザルやオランウータンは性皮をまったく腫脹させないし、ゴリラは若いメスがわずかに性皮をピンク色に腫脹させるだけである。もちろん人間は性皮を腫脹させることはない。

こういった変異が生じた原因は、そもそもオスとメスの繁殖戦略が大きくちがうことにある。オスにとっては同性との競合に勝ち、より多くのメスと子孫を残すことが繁殖成功につながる。そのため、身体の強さで競うか、精子の生産能力で競うかという二つの道に分かれる。前者は単雄複雌群に、後者は複雄複雌群になりやすい。

ところが、メスにとってはなるべく良好なオスの遺伝子をとりいれて安全に子どもを産み、育てることが繁殖成功となる。しかも、前述したように昼行性の真猿類は例外なくオスがメスより大きな体をもち、メスが単独生活を送ることはきわめてまれである。すなわち、メスはオスと離れて暮らすことはなく、オスどうしを競わせてよいオスを選ぶという選択肢しかもたない。性皮の腫脹は、メスの配偶者選びに大きく貢献する特徴と考えることができるのだ。

重要なことは、メスの性皮が腫脹するか否かにかかわらず、オスはメスの排卵日を正確には感知できないということだ。性皮が腫脹しない場合は、メスは排卵日のごく近い時期に短期間オスを受け入れ、交尾の多くはメスの誘いによって起こる。オスは行動的な指標や、おそらく匂いによってメスの発情を知る。性皮が腫脹する場合は、オスは発情徴候を示すメスに接近して交尾を誘う。しかし、性皮を腫脹させる時期は約一ヵ月の月経周期の半分近くもあり、交尾をしても受精には結びつかないことが多い。精子は放出した後、膣のなかで二、三日しか生きていないので、排卵前の三日前以前の交尾や、排卵後の交尾はメスを妊娠させることはないのである。

3　メスとオスの繁殖戦略のちがい

ではなぜ、メスは性皮を腫脹させて受精に結びつかない交尾をするのだろうか。それは、顕著な発情徴候によって多くのオスをひきつけ、そのなかから優良な遺伝子をもったオスを選んだり、複数のオスとの交尾によって精子競争を起こさせ、受精能力の高い精子を確保するためだと考えられている。実際、ニホンザルの交尾を詳しく観察した結果、メスが排卵日に交尾する相手は、それ以外の日に交尾するオスとはちがうという報告が多い。オスには排卵日がわからないので、メスは受精する可能性の高い日に、オスに悟られずに自分の好むオスを選んで交尾していると考えられるのである。メスは成熟したオスより体が小さいから、なかなか自由にオスを選べない。群れ内に複数のオスがいて、オス間に優劣の順位がある場合、ふつう最優位のオスが交尾相手を独占しようとする。メスが低順位のオスと交尾しようとしても、優位なオスにじゃまされて交尾できない。そこで、メスは受精に結びつかない時期は最優位のオスと交尾し、排卵日になると優位なオスの目を盗んで好みのオスと交尾をする。優位なオスが交尾を迫っても、メスが腰を上げなければマウンティングして交尾をすることはできない。メスは排卵日に限ってはお目当てのオスとだけ交尾をすることが可能なのである。また、ふだんは最優位のオスとだけ交尾し、排卵日になると複数のオスと乱交的な関係を結ぶメスもいる。これは精子競争を助長する結果になっていると考えられる。

サルの体毛や糞からＤＮＡを抽出して、マイクロサテライト法によって父子判定をしてみると、けっして優位なオスがたくさん子どもを残しているわけではないことがわかってきた。優位なオスはほかのオスを制して優先的にメスに接近できるから、発情メスといっしょにいる時間や交尾の数は多い。しかし、メスが実際に妊娠しているのは劣位なオスや群れにやってきたばかりの新顔のオスが相手であることが多いのである。京都大学の井上英治は京都市の嵐山モンキーパークで餌付けされているニホンザルの群れで父子判定を行い。オスは滞在期間が長くなると子どもを残さなくなることをみいだした。ニホンザルはオスが群れ間を渡り歩き、群れに加入したばかりの新顔のオスはたいがい最下位の順位に組み入れられる。やがてオスはつぎつぎに群れを離れていくので、滞在期間が長くなると順位も上がる。井上の結果は、メスが滞在期間の長い、順位が高いオスを排卵日の交尾相手として選んでいないことを示している。なかにはほとんど交尾をしていないオスが子どもを残している例もあった。ただ、この傾向はすくさんの交尾をすることが自分の子孫を残すことにつながってはいない。ただ、この傾向はすべてのニホンザルの群れで一致しているわけではない。餌付けをしていない屋久島の群れでは、高順位のオスのほうが多くの子どもを残しているという結果が出ているからである。屋久島では、外からのオスが最低の順位ではなく最高位で加入して群れを乗っ取ることもあるので、オスの順位が必ずしも滞在期間に対応しない。そのため、滞在期間の短いオスが高順位で多くの子どもを残していた可能性がある。

ただし、餌付け群でも自然群でも、ニホンザルのメスは特定の限られたオスではなく、毎年ちがうオスの子どもを産む傾向がある。これはアカゲザルでも知られている。その原因としてはまず、オスが短期間で群れを渡り歩くので毎年交尾相手になるオスが変わるということが考えられる。しかし、京都大学霊長類研究所の放飼場で、オスの出入りができない環境にしても、メスは毎年ちがうオスの子どもを産んでいたという報告がある。おそらく、メスは父親の異なる複数の子どもを産むことで遺伝的な多様性を確保しているのだろうと考えられる。

また後述するように、霊長類の多くの種ではオスが新生児を殺すという行動がみられる。授乳している母親のお乳を止めて発情を再開させ、交尾をして自分の子どもを残そうとするオスの繁殖戦略と考えられている。性皮の腫脹はこれに対抗するメスの戦略で、複数のオスと交尾をすることによって生まれる子どもの父性をあいまいにし、子殺しの動機を減じる効果があるともみなされている。また、乱交的な交尾はどのオスにも自分の子どもと思わせ、オスから子どもの世話を引き出したり、群れ内のオスの数を増やして防衛力を高めているという説もある。

ヒト科類人猿のなかでは、前述したようにチンパンジー属だけが顕著に性皮を腫脹させる。これは明らかにチンパンジーやボノボの乱交的な性交渉と強く結びついた特徴である。チンパンジー属のオスも大きな睾丸をもっていて、一回の射精で放出される精子の数もゴリラやオランウータンの一〇倍に達する。複雄複雌の群れでメスが複数のオスと乱交的な交尾をするチンパンジーやボノボでは、オスが精子競争に適合した能力を発達させているのである。

4　ヒトの繁殖戦略

じつは奇妙なことに、人間の男は精液一ミリリットル中に含まれる精子の密度はチンパンジーの一〇分の一（ゴリラの三分の一）で、オランウータン並みに少ない。ところが、一回の射精で放出される精子の数はチンパンジーの四分の一から半分に達する。これは精液の量がチンパンジーの二倍から五倍もあるからである。このことから、人間の男の性的特徴はゴリラ的なのか、それともチンパンジー的なのかという論争が生まれた。人間の男はもともとゴリラのように力でメスを囲い合うような繁殖戦略から、精子競争が高まるような道を歩んだとする説。それに対して、もとはチンパンジーのような乱交的で精子競争の強い繁殖戦略から、しだいに性の相手を限定して精子の生産能力を減じたとする説がある。

それにともなって、人間の女の発情徴候や性交渉についてもいくつかの進化史が考えられるようになった。もともと発情徴候を示さず、特定の相手と性交渉を結んできたとする説。いったんチンパンジーのように発情徴候が顕著な性質を発達させたが、特定の男と性の契約を結ぶ繁殖戦略をもつとともに発情を隠ぺいするようになったとする説である。前者は人類の祖先はペア型か単雄複雌型の社会をつくっていたという考えにつながり、後者は複雄複雌の社会から出発したという考えになる。どちらが有力なのだろうか。

人類の祖先の化石からは発情徴候の有無や睾丸の大きさを推測することはできない。ただ、前述したように古い祖先の体格上の性的二型が現代人並みに小さかったということを考慮すると、性的二型が大きいゴリラやオランウータンのような社会や繁殖戦略ではなかったことがうかがえる。では、人類はチンパンジーのように性皮が腫脹し、造精能力が高い乱交社会を過去にもっていたのだろうか。

残念ながら、系統樹分析をしてみると、人類はむしろゴリラ型の繁殖戦略から出発したという推測が成り立つ。顕著な発情徴候は、霊長類の各系統で独立に比較的短期間に現れたり消滅したりしている。そこでストックホルム大学の進化生態学者シュレーン・トルベリたちは、霊長類の社会構造と発情徴候との関係を系統樹に沿って分析してみた。発情徴候をゴリラのように若いメスだけがわずかに示すタイプとチンパンジーやヒヒのように顕著なタイプに分けてみると、ペア型の社会構造には顕著なタイプはまったくみられないし、わずかなタイプも一種しかみられない。系統樹分析の結果は、ペア型の社会構造からは発情徴候が顕著なタイプは発現してこないことが判明した。ここからトルベリたちは、ヒト科類人猿の祖形はおそらくわずかな発情徴候を示す単雄複雌型の群れをつくっており、それが発情徴候を失って現代人の社会のようなペアを基本とする社会が生まれたのではないかと推測している。

人間の女が発情徴候をまったく示さないことはペア社会の特徴と合致している。しかし、なぜ男の造精力能力はゴリラより高いのだろう。人類の祖先は精子競争を高めるような繁殖戦略を発達させたのだろうか。これについては興味深い報告がある。現代人の夫婦で生まれた子どもの父子判定をした結果が二地域でまとめられているが、配偶者以外の子どもを残した割合はスイスで一%、メキシコで一二%と大きなちがいがある。いろいろな大学で聞き込み調査をした結果では、女性は排卵日が近くなると性的パートナーの選択性が高くなる。しかし、現在のパートナーとはちがうタイプの男性に性的魅力を感じる傾向があるという。人類は社会や文化によってペアの永続的な結合を強めるような方向にも、乱交を許容して精子競争を高めるような方向へも変異の幅をもっているということができる。

ただ、どの社会や文化もチンパンジーほどには乱交や精子競争の志向性を高めなかったということは明らかである。おそらくこれは、人類の祖先が複数の家族を内包した共同体という不思議な社会を築いてきたせいであろう。家族の成立はペアの配偶関係の確立を保証して発情徴候や造精能力の発達を抑え、複数の家族を含む共同体の成立は配偶者以外の相手との性交渉の可能性を高めて精子競争を引き起こしたのではないだろうか。人類の女に発情徴候が発達しなかったのは、女がちがう方法で男をひきつけることを始めたからである。それは、発情という生理状態に拘束されない媚態とコミュニケーションだったはずである。複数の家族がまとまって暮らす共同体のなかで、人類の女は環境条件によって媚態をふりまく必要にも性交渉を封印する必要にも迫られたと考えられるからである。そして、そういった必要性を規範として明確化したのがインセスト・タブーだったというわけである。

5　外婚とインセスト

インセスト・タブーは、一九世紀に社会進化論を唱えた人類学者たちが人間家族の形成にもっとも重要と考えた規範だった。二〇世紀半ばに人間社会を構造的にとらえようとしたレヴィ＝ストロースもこのタブーを「自然から文化へと移行する原初的な制度」とみなした。それは、自然の要請にしたがってつくられたものではなく、その制度があることによって社会が大きく変わるような大きな影響力をもつ規則という意味である。たとえば、「人を殺してはならない」という規則は個人の生命維持に不可欠なものだ。しかし、「近親者と性交渉をしてはならない」という規則は、個人やその仲間が暮らしていくために不可欠とはいえない。たしかに親子のあいだで子どもをつくれば、遺伝的に劣勢である可能性が高い。しかし、性交渉は子どもをつくるためだけに行われるわけではない。妊娠することだけを避ければよいので、性交渉そのものを禁止する必要はないはずだ。しかも、遠い血縁のいとこどうしや血縁のない義理の親子にまで性交渉を禁止する必要はない。だから、これは生物学的な理由というより、社会学的な理由によるものと考えられる。つまり、このタブーによって人間社会の枠組みを支える根本原理がつくられているというわけなのだ。

その根本原理とは「交換システム」であるとレヴィ＝ストロースは考えた。人間社会は交換という交渉によって成り立っている。マルセル・モースの「贈与論」に影響を受けた彼はそう考え、インセスト・タブーもまた交換を支える規範の一つとみなした。つまり、インセストを禁止することで、親族のなかには性交渉が可能な相手が限定される。その結果、女の不足が生みだされ、別の親族とのあいだで女を交換する婚姻というシステムが成立する。女が二つの親族のあいだで交換される婚姻を「限定交換」、ある親族に女を嫁入りさせ、別の親族から嫁をめとる婚姻を「一般交換」とよぶ。一般交換では嫁を出した相手の親族から嫁をとらないが、どこからか嫁をもらっているわけで、広くみれば交換が成立しているというわけだ。婚姻は本来利害を異にする親族間を結びつける人間社会に固有な制度で、これがあるからこそ家族は孤立せずに大きな組織に発展することができる。モースと同じくレヴィ＝ストロースは、人間社会の根本には貨幣による経済に還元できない「交換」の原理が強く働いていると考えたのである。

しかし、インセスト・タブーはじつは純粋に社会的な制度だったのではなく、生物学的な現象として哺乳類一般に共通な性質をもっていたのである。一九世紀末にそれを予言していた人類学者がいた。前述したエドワード・ウェスターマークである。彼は当時調べられていたさまざまな民族の子どもの成長分析から、どの社会でも幼少期に同じ生活環境でいっしょに育った異性とは思春期以降に性的な交渉を避けるようになる、と結論づけた。ただ、不幸なことにこの説は、同時代に活躍したオーストリアの精神分析学者ジグムント・フロイトやフランスの社会学者エミール・デュルケームによって批判され、長いあいだ黙殺されていた。「幼児性愛」という幼児が異性の親に抱く性的衝動を人類の一般的な性向として提示したフロイトにとって、ウェスターマークの説はとうてい受け入れることができなかったのである。

ところが、ウェスターマークの説は思わぬかたちで復活を遂げることになる。その前奏となったのはニホンザルをはじめとする人間以外の霊長類の研究だった。

一九四〇年代の終わりに今西錦司たちは動物社会学という新しい学問を始めた。動物の一頭一頭に名前をつけて、各個体の社会関係をそれぞれの行動をつうじて描き上げようとしたのである。当時、京都大学動物学教室の学生だった徳田喜三郎は、京都市動物園でアカゲザルとカニクイザルの混じった飼育群を観察していた。秋の交尾期になると、サルたちはさかんに交尾を始める。オスのなかでもっとも優劣順位の高いオスが発情したメスとの交尾を独占し、複数のメスとつぎつぎに交尾を繰り返す。逃げたり、隠れたりする場所のないサル山での交尾は、順位の高いオスにとって有利だった。

ところが、この最高位のオスがけっして交尾しなかったメスがいる。母親である。このメスは授乳中ではなく、それほど老齢でもなかったので、ほかのメスと同じように発情した。しかし、このメスも最高位のオスを誘うことはなく、ほかの順位の低いオスと交尾をした。徳田はその後、宮崎県の幸島で餌付けされたばかりのニホンザルを観察し、やはり群れのなかで最高位のオスが母親と思われるメスと交尾をしなかったことを報告している。彼はこの交尾回避が人間のインセスト・タブーにつながる現象であることを指摘するとともに、回避を引き起こす心理的な背景についても言及している。当時、相手の腰に背後から馬乗りになる交尾姿勢はマウンティングとよばれ、交尾期以外にも、同性どうしのあいだにもみられることが知られていた。そして、マウンティングは交尾姿勢を用いた優劣順位の確認行動であり、馬乗りになったほうの順位が上だとみなされていた。徳田は、息子が母親にマウンティングするのは心理的に抵抗があり、交尾姿勢をとれないのではないかと考えたのだ。しかし、その後マウンティングは優劣の確認ではなく、社会的な緊張を緩和する行動だということがわかって、この考えはあまりとりあげられなくなった。少なくとも母と息子のあいだでは交尾を回避するという現象がニホンザルにもあるということはわかったものの、血縁関係のどこまで、どんな要因で交尾が回避されるのか、大きな謎が残った。

その後この現象は、ニホンザルの餌付け後三〇年近くたって親子関係が追跡できるようになるまで、詳細に分析されることはなかった。謎の解明に挑んだのは、京都府の嵐山でニホンザルの性行動を観察した京都大学の高畑由紀夫である。彼は二つの交尾期にわたって交尾がみられた雌雄の組み合わせを調べ、いとこにあたる四親等までの母系的な血縁内ではほとんど交尾が起こらないことを報告している。またこの研究は、血縁関係にはないが、ある特殊な関係にある雌雄にも交尾回避が起こることを明らかにした点で重要である。

それまで餌付けされて個体数の増えた嵐山や高崎山の群れでは、優劣順位の低いメスたちが優位なオスたちのまわりに群がり、ついて歩くことが観察されていた。餌場では順位の高いサルがまかれた餌を独占してしまうので、順位の低いサルは餌がとれない。そこでメスたちは順位の高いオスと仲よくなり、そのオスを後ろ盾として優先的に餌をとろうとしたのである。このオスとメスたちはつねに近接していて、まるで単雄複雌の群れのように動いているので、「特異的近接関係」と名づけられた。特異的近接関係にあるオスとメスたちとのあいだに血縁のつながりはない。ところが、交尾期になるとこの特異的近接関係にあるオスとメスたちは、血縁関係にある雌雄と同じように、交尾を回避する傾向がみられた。

おもしろいことに、特異的近接関係はそもそもオスとメスの交尾関係をつうじて形成されていた。つまり、ある交尾期に交尾をつうじてつくられた親密な関係が交尾期が終わっても持続し、やがてその雌雄は交尾をしなくなるというのである。このことから高畑は、雌雄のあいだにつくられる「親しさ」が交尾の阻害要因になるのではないかと考えた。ニホンザルは血縁を認知しているのではなく、育てられたり、いっしょに育ったり、交尾関係を持続したりして親しい関係がつくられることが交尾の回避につながるというのである。

やがて、ほかの種のサルでも個体識別にもとづいて長期研究が始まると、三親等から四親等の血縁内で交尾が回避されていることがわかってきた。また、サルの血液や糞から抽出したDNAを解析することによって、母系ばかりでなく父系の血縁関係もわかるようになった。バーバリマカクの飼育群では、母系と父系の血縁でどちらが交尾回避をしているかが調べられている。結果は、母系の血縁ではニホンザルと同じように四親等までほとんど交尾が起こっていなかったが、父系的な血縁ではふつうに交尾が起こった。父と娘のあいだでさえ、血縁関係にない雌雄のように交尾が起きていたのである。

ただ、バーバリマカクでも血縁関係にないのに交尾回避が起きている雌雄があった。バーバリマカクのオスは生れたばかりの赤ん坊を抱き上げて熱心に世話をする。この赤ん坊のメスが性的成熟に達したとき、ベビーシッターをしたオスと交尾を避けるようになったのである。バーバリマカクはニホンザルと同じような複雄複雌の群れをつくり、オスだけが群れを渡り歩く。ベビーシッターをするのは群れに加入したばかりの若いオスが多く、こうした新参者のオスは順位が低いのでいじめられやすい。赤ん坊と親しくなれば、いじめられると赤ん坊が泣き叫ぶので、その母親が加勢してくれる。ベビーシッターをすることはオスの社会的地位の向上にも役立ち、しだいにメスの支持を得て交尾もできるようになる。オスと赤ん坊とのあいだに血縁のつながりはない。日中の活動時間のうち三%の時間を親密な接触に費やし、それが六カ月間続けば交尾回避は起こるらしい。

重要なことは、サルたちには生まれつき血縁を認知するような能力はないということである。生後、子育てをつうじて親と子の関係が生まれる。そしてその親子関係は、実際に血縁関係がなくても、子どもの性的成熟にしたがって交尾を回避するように働くのである。この子育てをつうじて形成される親密な関係は、高畑のいう交尾によって形成される「親しさ」とは性質のちがうものだと私は思う。ニホンザル以外の種では、交尾をつうじてつくられる関係が必ずしも交尾を回避する要因とはならないからである。たとえば、ペアの群れをつくるテナガザルは長年一対の雌雄が連れ添って配偶関係をつくるが、交尾回避は起こらない。複雄複雌の群れをつくるアヌビスヒヒでは、群れのなかの特定のオスとメスとのあいだに交尾をつうじた連れ立ち関係が形成される。これはニホンザルの特異的近接関係に類似しているが、交尾回避は起こらないようだ。

おそらく、交尾をつうじて形成される関係には種間で大きなちがいがある。一方、子育てをつうじてできる親子や、同じ親をつうじてできる兄弟姉妹のような関係は共通していて、多くの種で交尾回避に結びつく傾向がある。そしてその機能は、思春期に達した子どもを親もとから分散させることだと考えられる。

6 子育てとインセストの回避

霊長類はもともと夜行性の単独生活者から出発した。そこでは母親だけが子育てをする。子どもが思春期に達すると、娘は母親との反発を強め、息子は母親との交尾回避を起こして分散する。昼行性のペアの群れができたとき、息子も娘も同性の親との反発関係を強め、異性の親との交尾回避を起こして分散する傾向を発達させた。やがて個体数が増えて群れが大きくなったとき、母系的な群れをつくる種では母親に子育てが任されるようになり、交尾回避は息子が分散するように働くことになった。子育てにかかわらないオスは、群れを渡り歩いて多くのメスと交尾関係をもとうとする。そこで、母系的な血縁内に交尾回避が起これば、父系的な血縁にも交尾は起こりにくくなる。なぜなら、オスは性成熟を迎える前に生まれた群れを出て、加入した群れで娘をつくっても、その娘が性成熟に達する前にその群れを離脱してしまうからである。ニホンザルのオスは平均二年ほどしか一つの群れに滞在しない。メスの初発情は三歳か四歳だから、妊娠期間を入れれば、自分の娘と交尾をする機会はめったにないはずである。

しかし、父系的な群れをつくる種では条件が異なる。オスが子育てをするとは限らないし、メスは子どもを産むと群れを渡り歩かずに一つの群れにとどまって、子育てに励むようになるからである。ここに息子と母親、娘と父親のあいだにインセストの機会が生じる。

実際、チンパンジーの父系的な群れではインセストが起こっているようだ。チンパンジーのオスは積極的に子育てをすることはないので、父親と娘のような関係が形成されることはない。タンザニアのゴンベでもマハレでも、息子と母親、母親を同じくする兄弟姉妹間でまれではあるが交尾は起こっている。そのほとんどはオスのほうが交尾を誘い、メスは拒否しようとしている。兄が妹を追いかけて交尾を強要した例も知られている。マハレで長年チンパンジーの交尾を観察してきた京都大学の西田利貞は、近親のあいだの性交渉はメスのほうで拒否する傾向が強いことを指摘している。また、チンパンジーでは母親と離乳期の息子とのあいだで交尾がよく起こり、ペニスの挿入もある。これは母親も拒まない。しかし、息子が成長して造精能力がついてくると交尾は起こらなくなるという。

チンパンジーの社会では、オスは生まれた群れを出ていかないし、メスが分散するのは交尾回避が直接の要因とはいえない。なぜチンパンジーのメスたちは分散するのか。その理由はまだはっきりとはわかっていない。メスは母親のもとを離れて、新しいオスたちと繁殖生活を送るような性質をもっているとしかいいようがない。ただ、メスは妊娠、出産、子育てと大きな負担を背負うことになるので、移動は繁殖上のコストになりかねない。そのため、環境条件によってはメスが生まれた群れを離脱せずに、母親とともに母系的な集団をつくって暮らすこともある。こういう場合は、母系ばかりでなく父系的な血縁内でインセストが必然的に起こることになると考えられる。

それは、オスとメスの両方が生まれた群れから分散するゴリラの社会でも同じことだ。ルワンダのヴィルンガ火山群では、四〇年以上にわたってマウンテンゴリラの個体識別にもとづく観察が行われていて、血縁関係がわかっている。その結果、ゴリラにはインセストを回避する傾向も、インセストを起こす傾向もあることが明らかになったのである。

ゴリラのオスは離乳期にある幼児を母親から預かって子育てをするので、父親と娘のような関係がつくられる。そのあいだに、母親と息子のような交尾回避が起こる。父親も娘も双方が交尾を避けようとするが、娘のほうがより強く避ける傾向がある。そして、それが若いメスの生まれた群れを離脱する直接の要因になっている可能性がある。つまり、娘が思春期を迎えたとき、父親以外に成熟したオスがいなければ、群れの外に交尾相手を求めて群れを出ていくと思われるからだ。実際、父親以外に性成熟したオスがいれば、娘は出ていかない。この場合、娘は兄弟にあたるオスと交尾をすることになる。父親は娘との交尾を回避し、息子にあたる若いオスが娘と交尾するのを許容する。糞からDNAを採集して父子判定をした結果、リーダーにあたる年長のオスが約八五％の子どもの父親であり、残りはリーダー以外のオスが残した子どもであることが判明した。そのなかには兄弟姉妹間のインセストの産物も含まれている。ゴリラのメスもチンパンジーと同じく親元から分散する傾向があるが、条件によっては分散しなくなる。その場合にインセストが起こるし、インセストによる交尾関係がメスの分散を妨げる要因ともなるのである。

もっとも、メスの移動が妨げられるのはオスによる子殺しが原因だという説もある。子殺しは、オスが自分の子どもではない乳児や幼児を殺してその母親の発情を再開させ、交尾関係を結んで自分の子どもを残そうとする繁殖戦略とみなされている。ゴリラのメスが出産後に乳児や幼児を連れて別の群れに移籍すると子どもを殺される危険が高いし、オスの保護能力が弱いとほかの群れと出会った際にやはり子どもが殺される。そこで、複数のオスを含む群れにいる場合はなかなか移籍しなくなるというのである。複雄群には交尾相手が得られるから分散しないのか、手厚い保護が得られるからなのか、はっきりした理由はわからない。ただ、子殺しの頻繁に起こるヴィルンガ火山群には、あまり起こらない他地域に比べて複雄群が多いことから察すると、子殺しを防ぐためという理由のほうが強いと思われる。

このように霊長類社会のインセスト回避の傾向をみてみると、育児やいっしょに育った経験が交尾回避を引き起こす要因になっている種が多い。ウェスターマークの説は、人間以外の霊長類の社会ですでに成立していたのである。しかし霊長類では、オスが分散する母系社会に比べて、メスが分散する父系社会ではそれが個体の分散につながらず、インセストが起きやすい傾向がある。もしかしたら、父系社会の特徴を類人猿との共通祖先から引き継いだ人間の社会は、インセストが起きやすい傾向をもち、それを防いでメスの分散を促進するためにタブーとして制度化したのかもしれない。

霊長類の研究でこういった議論が起こると、人間の社会でもウェスターマークの説に合う例を探そうという試みが出始めた。その最初の例となったのが、イスラエルのキブツである。キブツは家族を否定し、子どもを親から引き離して集団で育てることを始めたコミュニティである。親たちは、子どものころからいっしょに育った男女が結婚してキブツの将来を担ってくれるように望んでいた。しかし、キブツ出身者二七六九組の結婚を追跡調査したイスラエルの心理学者ジョゼフ・シェファーは、同じキブツ出身者どうしの結婚はそのうちのわずか一三組にすぎず、そのなかの九組は六歳まで別々に育てられていたことを報告している。親たちが望んだにもかかわらず、キブツの子どもたちはいっしょに育った異性の仲間を結婚の相手とはみなさなかったのだ。

また、台湾でシンプアとよばれる幼児婚を調べたアメリカの人類学者アーサー・ウルフも、ウェスターマーク効果の好例をみいだしている。シンプアとは、父系社会をつくる台湾で昔から息子の嫁を幼児のうちに決め、息子の家に引き取ってその家のしきたりや慣習を学ばせる風習である。数千例におよぶ幼児婚を調査したウルフは、この結婚をした夫婦はほかの結婚に比べて子どもの出生率がめだって低く、離婚率が高いことを報告している。幼少期からいっしょに育てられた子どもたちは夫婦になっても、性交渉を結ぶことに支障があったのではないかと推察されるのである。ウルフはそれまでに報告された人間以外の霊長類の交尾回避の事例をあげ、人間における現象と同じであることを示唆している。

こういった事例はその後も多くの社会でみつかっている。幼少期に異性と触れ合うことが厳格に禁止されている社会では、インセストが強く禁止されているということも指摘されている。つまり、近親者であっても幼児のころに親密な関係を築けなければ、思春期以降に性交渉が起きやすくなる。そこで、インセストを制度として強く禁止するというわけである。

人間の社会での観察事例が増えるにしたがい、ウェスターマーク効果が実在することがたしかになった。そして、それは霊長類から受け継いだ生物学的性質なのだということも明らかになった。ではなぜ、人間の社会はインセストをタブーとして制度化する必要があったのだろう。それは、レヴィ＝ストロースが予言したように、インセストを禁止することによって人間の社会が自然の要請にもとづかない新たな枠組みを創造できるからだ。おそらく複数の家族を共同体に組み込む過程で、性交渉を保証される男女と禁止される男女を区別する必要が生じたのだろうと思う。家族はその両方から成り立っている。家族のなかで夫婦は性交渉を独占し、ほかのいかなる組み合わせにおいてもそれは禁止されるからである。それが守られている限り、家族はいくらでも大きくなることができ、ほかの家族と手を組むことができる。そして、家族の再生産に欠かせない結婚は、インセストの結果生みだされた女の不足によって促進されることになった。それはそもそも類人猿の父系社会において、交尾回避が子育てによって引き起こされ、メスの分散に寄与する可能性を引き継いだ人間社会の工夫だったと思われる。

しかし、なぜ人間社会は類人猿のような単層の群れ社会ではなく、複数の家族を組み合わせた重層の共同体をつくる必要があったのだろう。そこには、類人猿にはない人間の生活史の特徴が大きな役割を果たしている。それを類人猿との比較から分析してみることにしよう。

第4章

生活史の進化

1 さまざまな生活史

生活史というのは、人間社会において個人が一生のなかで経験するさまざまなイベントの時期や長さのことである。たとえば、日本人はある家族に生まれ、成長するにしたがって保育園や幼稚園、小学校、中学校と義務教育を経験し、それからすぐ就職する人、職業訓練校、高等学校へ行く人などに分かれ、大学や短大、さまざまな会社へと進路が分かれていく。若いころ結婚して子どもをつくる人もいれば、遅く結婚したり、一生結婚しない人もいる。そういった人生に起こるできごとの節目を生物学的にみてみると、成長、繁殖、子育て、老化といったイベントがどのように組み立てられているかということになる。

ふつうに考えると、大きな動物ほど成長に時間がかかり、寿命が長く、繁殖もゆっくりしていると思われがちだ。たしかに体の小さいネズミの寿命は二年、わずか一カ月ほどで性成熟する。体の大きいゾウは約七〇年生きるし、一五歳すぎにやっと初産を迎える。でも必ずしも体の大きな動物がゆっくり生きるとは限らない。たとえば、イノシシは一歳半で性成熟に達するが、それよりずっと体重の軽いニホンザルは四、五歳にならないと子どもを産めない。寿命もイノシシはせいぜい一五年、二〇歳を超えるニホンザルより短い。なぜこんなことが起こるのか。それは種の生活史のなかで、成長、繁殖、生存がたがいにトレードオフ（駆け引き）になっているからだ。

哺乳類では、成長に時間をかけるかどうかは、幼児死亡率の高さに関係がある。成長に時間をかけているうちに死んでしまう確率が高ければ、後世に子どもを残せない。だからイノシシやシカのように捕食圧が高い動物は、なるべく早く成長して子どもを産めるように淘汰圧がかかる。一度に産める子どもの数は、どれだけの赤ん坊を安全に育てられるかという条件にかかっている。イノシシは平均五頭の子どもを産むが、シカは一頭しか産まない。イノシシは草や葉で、あるいは穴を掘って巣をつくり、子どもを安全な場所で育てようとする。一方、シカは巣をもたずに行動域を広く歩き回るので、すぐに四本の脚で立って母親についていける成長した子どもを一頭だけ産むようになっているのだ。

生涯につくる子どもの数は、一度に産む子どもの数だけでなく、産む回数にも左右される。一度にたくさんの子どもを産むのは大量のエネルギーが必要なので、何度もそんな大仕事はできない。だから多産の動物は寿命が短い。しかも、たくさん子どもがいては十分な子育てができないので、子どもは成長が早く、親の手を借りずに成長する。それに、環境条件によってはいっぺんに子どもを失うことになりかねない。一頭ずつちがう時期に子どもを産み分ければ、失ってもまたつぎの子どもをつくることができる。しかも、親がしっかり子どもを育てれば、子どもの生き残る確率も高くなる。こういった動物は、親の生存力がそのまま子どもの生存率に影響するから、寿命も長くなる。霊長類は一産一子で、成長に時間がかかり、哺乳類のなかでは体格の割には寿命が長い、という特徴をもっている。つまり、長い生涯に一頭ずつ、何度も子どもをつくる、ゆっくりとした生活史戦略を進化させてきたということができる。

しかし、こういった生活史戦略は霊長類のなかでも、種によってさまざまなちがいがある。夜行性の原猿類は一般に体が小さく成長が早く、寿命も一〇年前後と短い。一度に複数(一〜四頭)の子どもを出産する種が多い。これは、これらのサルたちが樹上の洞などを用いて巣をつくり、そこに子どもを残して採食に出かけるためである。昼行性になると原猿類でも体が大きくなり、ワオキツネザルのように二〇年以上も生きる種が出てくる。ふつう一産一子だが、双子を産むこともある。真猿類ではヨザル以外は昼行性で、ほとんどの種が一産一子である。ただ、巣をつくり、オスが熱心に子育てをするタマリンやマーモセットには、双子や三つ子を産む種がいる。夜行性のヨザルは一産一子なので、一度に複数の子どもを産むのは、母親が巣や仲間の手を利用して複数の子どもを安全に育てられるという条件が必要であることがわかる。

真猿類のなかでも生活史は体の大きさに対応するとは限らない。オナガザル科のサルでは、森林にすむ種のほうが草原にすむ種よりもゆっくりした繁殖をする。熱帯雨林の樹上にすんでいるアカオザルとサバンナにすむミドリザルは、体重が三〜四キログラムとほぼ同じ体格をしている。しかし、アカオザルのメスの性成熟は四〜五歳、出産間隔は二年あるが、ミドリザルのメスは栄養条件さえよければ三歳で出産し、隔年か毎年出産する。もう少し大きなパタスザルとブラザザルを比べてみても、同じ傾向にある。サバンナ性のパタスは三歳で性成熟を迎え、隔年で出産するのに対し、ブラザは四歳で性成熟し、二年おきに出産する。これは、森林に比べてサバンナのほうが強力な捕食者に狙われやすく、幼児死亡率が高いことに起因していると考えられる。捕食者は幼児を狙うからだ。サバンナ性のミドリザルやパタスザルは幼児の成長を早め、出産間隔を短縮して、高い幼児死亡率に対処しているのである。

2　オナガザル類と類人猿のちがい

類人猿は霊長類のなかでもっとも大きな体格をしている。だから、体の小さなサルより初産年齢が遅く、妊娠期間も長い。しかし、類人猿は体の大きさがあまり変わらない森林性のオナガザルに比べても、ずっとゆっくりした生活史の特徴をもっている。森林性のオナガザル科で最大のマンドリル（メスの体重は約一五キログラム）が初産年齢五歳、出産間隔が一〜二年なのに対し、ずっと体の小さいシロテテナガザル（メスの体重は約四キログラム）でも初産年齢が八歳、出産間隔は三年ある。体の大きなチンパンジー（メスの体重は約三五キログラム）だと、初産年齢は一三〜一四歳、出産間隔は五〜六年もある。類人猿の化石を調べてみると、二〇〇〇万年前のプロコンスルのメスが一〇〜一五キログラム、一〇〇〇万年前のドリオピテクスやシバピテクスのメスは二〇キログラムを超える。サルに比べて成長が遅かったと推測されている。どうも祖先の時代から類人猿は体が大きく、ゆっくりした繁殖を特徴としていたと考えられるのである。

このゆっくりとした繁殖の特徴が、オナガザル科に森林での繁栄の座を明け渡す一因になった。初産年齢も早く、出産間隔も短いサルたちのほうが、類人猿よりも早い速度で数を増やすことができるからだ。しかも、消化能力が優るサルたちは、類人猿には食べられない未熟な果実や消化阻害物質の多い葉を多量に食べることができる。この二つのちがいがしだいに熱帯雨林のなかでオナガザル科の数を増加させ、類人猿の数を減らす結果になったのであろう。しかも、オナガザル科のサルは森林を出て、類人猿のいないサバンナまで生息域を広げている。彼らは類人猿よりずっと多様な環境に適応した霊長類なのだ。

現在、アジアとアフリカの熱帯雨林で生き残っている類人猿たちは、そうしたオナガザル科の拡大にかろうじて生き残ってきた種である。彼らはいったいどのような特徴を発達させてニッチを守ったのだろう。

その秘密は社会の特徴に隠されていると私は思う。類人猿とオナガザル科の社会構造を比べてみると大きくちがう点がいくつもある。まず、類人猿の社会はオナガザル科のほとんどの種が示す母系の特徴をもたない。メスは思春期に達すると、必ず母親のもとを離れて繁殖生活を送るという共通点があるのだ。そして、どの類人猿もオナガザル科のサルにはない集合パターンをもっている。オナガザル科のサルたちはすべて単雄複雌か複雄複雌の構造をもつ群れをつくる。群れはまとまりがよく、それぞれの群れは一定の地域を遊動して隣接する群れとその一部を重複させている。ところが、類人猿はどの種をとってもこうした群れの構成や動きとは異なる特徴をもっているのである。

テナガザルは、どの種もオスとメスのペアでなわばりをつくって生活している。これは夜行性の原猿類にみられる生活様式で、昼行性のサルにはまれである。オナガザル科のサルにはみられない。これはおそらくテナガザルが発達させた独特な移動様式と声に関連がある。テナガザルはブラキエーション（腕わたり）をしながらすばやく枝から枝へ飛び移り、なわばりの端から端まで自在に到達することができる。果実を好み、このすばやい動きで果樹をかけめぐって効率よく熟した果実を採食する。大きな声でなわばりを主張し、それぞれのペアがたがいになわばりを重複させないように空間的なすみわけをしている。東南アジアの熱帯雨林のもっとも高い樹冠にニッチを占め、地上には下りない。樹上性のサルと同等か少し大きめの体をしている。テナガザルが類人猿の共通祖先より小型化したのは、おそらくこの特異な生活様式にあったのだろうと思う。熟果を主食としながら熱帯雨林で生き抜くために、最低限必要な広さをなわばりとして分け合い、できるだけ競合を起こさずに繁殖もできる単位の群れをつくったのである。彼らは樹冠の居住者なのだ。

オランウータンもテナガザルと同じような熱帯雨林に生息しているが、ボルネオ島とスマトラ島だけで大陸にはいない。おそらく大陸ではオナガザル科の進出に対抗できなくなって絶滅したのだろう。オランウータンも単独生活という、夜行性の原猿類にしかみられない生活様式をもっている。これはオランウータンが体を小型化させなかったためであろう。ボルネオでもスマトラでも年によって果実の生産量に大きな変動がある。これらの島では、大きな体をしながらペアで生活できるほど十分な果実を得ることはできないのである。体を大型化させたおかげで、オランウータンはサルたちに追い払われることはないし、群れをつくって外敵から身を守る必要もない。しかし、木から木へと移動する速度はのろいのでサルに先を越されてしまうことがある。そのため、オランウータンはなるべく熟した果実のある木やその近くにベッドをつくって眠る傾向がある。果実は毎日少しずつ熟すので、朝一番にその果実を手にしようというわけだ。

チンパンジーやボノボは樹上も地上もすばやく移動して、広く果実を探索する能力をもっている。しかも、果実のなり具合に応じて採食集団の大きさを変える。体を大きくして、捕食者の脅威から単独で身を守れるので、一時的に単独で遊動することも可能なのである。オナガザル科のサルで単独遊動が可能なメスはいない。メスが自由に集団を移動できるという性質をもつ、チンパンジーに独特な集合パターンである。離合集散の程度は、発情メスの存在や授乳中の赤ん坊の有無によっても変わるし、地域によっても大きなちがいがある。また、チンパンジーは道具を用いて、オナガザル科のサルには採食できない昆虫を食べる。肉食もする。アカオザルやアオザルなども格好の餌食となる。

ゴリラは、オナガザル科のサルのようにまとまりのよい単雄複雌の群れをつくっているようにみえる。しかし、ゴリラの遊動域はいくつもの群れのあいだで大幅に重複しており、一つの群れが占有するような地域がみられない。ニシローランドゴリラの生息域には「バイ」とよばれる湿地があるが、ここにはハイドロカリスという栄養価に富んだ水草がある。コンゴ北部には三〇を超える群れが共通して利用するバイがいくつもある。こういった共有地があるのもオナガザル科のサルにはみられない特徴だ。サルたちが群れをつくる理由の一つは、共同で遊動域をかまえ、そのなかの食物資源を優先的に利用しようとするためである。ゴリラの群れはそれを放棄してしまっているのだ。これもゴリラのメスが群れを出て、ほかの群れを渡り歩くことができるという能力にもとづいている。ゴリラのメスは決まった土地に縛られることなく、新天地を求めて出ていくことができるのだ。

おもしろいことに、これらの現代に生き残った類人猿たちの社会構造はそれぞれまったくちがう。オナガザル科のサルたちが非常に似通った社会構造をもっているのと対照的である。それは、類人猿がそれぞれの分類群で社会の仕組みに工夫を凝らすことによって、オナガザル科のサルとの共存を可能にしてきたことを反映しているのだろうと思う。

では、それぞれの類人猿に独特な社会構造は、ゆっくりした生活史とどのように対応しているのだろうか。近年、各地で類人猿の長期研究が進み、個体の成長や繁殖について多くのデータが蓄積されるようになった。そこで、類人猿の生活史の特徴を地域や種間で比べてみると、どういった要因が成長や繁殖を早めたり遅らせたりしているのか推測できるようになったのである。

3　類人猿の生活史戦略

ヒト科類人猿のそれぞれの属のあいだで生活史を比べてみると、その特徴はあまり体重と相関していないことがわかる。オランウータンのメスの体重（約三七キログラム）はチンパンジーのメス（約三五キログラム）と大差なく、ゴリラのメス（八〇キログラム）よりはるかに軽い。しかし、繁殖はオランウータンがもっともゆっくりしていて、ゴリラがもっとも早い。たとえば、初産年齢はオランウータンで一五～一六歳、チンパンジーで一三～一四歳、ゴリラは一〇～一一歳である。出産間隔も、オランウータンで八～九年、チンパンジーで五～六年、ゴリラで四～五年と同じ傾向をもつ。これはおそらく、メスが単独で子どもを育てる程度によるのではないかと私は思う。

単独生活をしているオランウータンは、子育てもメスが単独で行う。離乳が遅く、授乳中は排卵が抑制されるから妊娠ができない。チンパンジーは複数のオスとメスが共存する群れをつくるが、基本的に子育ては母親任せである。ただ、祖母や年上の子どもが子育てに加わることがあるし、まれにオスも子どもと遊ぶ。このため離乳がオランウータンより早く、したがって出産間隔も短い。ゴリラのメスは、赤ん坊がお乳以外のものを口にし始めると、赤ん坊をその群れのリーダーオスのそばにおく。赤ん坊はしだいにオスに馴れ、オスの近くにいるほかの子どもと遊び始め、やがて母親の不在を気にかけなくなる。ゴリラのオスは赤ん坊に寛容で、よく遊び相手になる。オスの子育てへの参加によって離乳が早められ、ゴリラの出産間隔も短くなっているというわけだ。

樹上性の程度も、母親離れの時期と関係があるかもしれない。霊長類では一般的に樹上性の種のほうが地上性の種よりも繁殖がゆっくりしている。これは、樹上が霊長類にとって安全な場所なので、地上にいる種よりも幼児死亡率が低いことが要因となっている可能性がある。また、地上よりも樹上のほうがより複雑な移動の技術や能力が必要なので、母親への依存が長くなるのかもしれない。

また、より果実食性の強い種のほうがゆっくりした繁殖傾向があるという説もある。これは、熟した果実を探すのは葉や樹皮を探すより高い技術と能力が必要であるとの考えをもとにしている。たしかに、オランウータン、チンパンジー、ゴリラの順に果実への依存度が低くなる傾向にある。これは、オランウータンやゴリラのそれぞれの属内で比べてみても合致する傾向だ。スマトラのオランウータンはボルネオより果実食性が強く、平均の出産間隔が一・六年長い。ヒガシローランドゴリラはマウンテンゴリラより果実食性が強く、やはり平均出産間隔が〇・七年長い。しかし、ボノボはチンパンジーより果実食性が強いにもかかわらず、平均出産間隔は一年前後短い。

繁殖の早さには、環境要因よりもむしろ、社会的な要因が効いているという説もある。単独生活をするオランウータンのメスは、母親から離れた後、自分の遊動域を確立し、交尾相手をみつけなければならない。隣接する遊動域をもつ仲間に認めてもらうために長い時間がかかる。チンパンジーとゴリラのメスは自分の群れを離れた後、ほかの群れに加入するので、その群れでちがう仲間とどのようにつき合っていくかが繁殖上の課題となる。チンパンジーのメスもボノボのメスも、加入した群れで古顔のメスからいじめられることがある。チンパンジーのメスはパントグラントとよばれる声を出して古顔のメスに挨拶し、グルーミングをしてごきげんをとる。ボノボのメスは腫脹した性器をみせて、古顔のメスをホモ・セクシュアル交渉に誘う。新顔のゴリラのメスは、加入した群れのリーダーオスがかばってくれるので、あまりほかのメスからいじめられることはないが、それでもメスのなかでもっとも低い順位に位置づけられる。これらのメスにとって、交尾相手をみつける前に、まず新しい群れでメスたちとの関係をつくることが必要なのだ。

オスたちの繁殖戦略も、メスの繁殖の速度に重要な影響を与える。これはそれぞれの属のなかで、種間のちがいや地域差に反映されている。

4 オスの繁殖戦略による影響

オランウータンの成熟したオスには、外形からはっきり区別できる二つのタイプがある。一つは両頬に平たいパッド（肉襞）、喉に大きな共鳴袋が発達し、体の毛が長くなるオス（フランジオス）である。もう一つのタイプはこういった特徴が発達せず、若いオスの特徴をそのまま残して成熟したオス（非フランジオス）だ。どちらも精子を放出してメスを妊娠させることができる。フランジオスは複数のメスの遊動域を囲む広い遊動域をもっていて、隣接する遊動域をもつほかのフランジオスと張り合っている。ロングコールとよばれる大きな声で吠え、ほかのオスを制するとともに、メスをひきつけて交尾をする。非フランジオスはこういったなわばりをつくらず、ロングコールも発声しない。複数のフランジオスの遊動域を自在に動き回り、出会ったメスと強制的に交尾をする。メスは抵抗するが、たいがいねじ伏せられて交尾に応じることになる。非フランジオスはずっと若いオスの特徴のままというわけではなく、フランジオスが死亡してなわばりが空くと、そこへ入り込んでたちまちフランジオスの特徴を現すという。つまり、非フランジオスはフランジオスの存在によって、まだ成熟オスの特徴を発現できていないオスなのである。

じつは、果実の豊富なスマトラ島は、ボルネオ島に比べてオランウータンの密度が高く、非フランジオスの数が多い。したがって、非フランジオスによる強制的な交尾が多くみられることになる。これが、スマトラ島でメスの繁殖が遅くなる原因になっているというのだ。子持ちで授乳中のメスは交尾の対象とはならないからである。スマトラ島のメスは、好適なフランジオスと交尾機会が熟するまで、非フランジオスとの交尾を避ける手段として子どもを手放さないのかもしれない。

チンパンジーとボノボでは、オスの繁殖戦略がまるでちがう。チンパンジーのオスはメスより圧倒的に優位で、オスのあいだにも明確な優劣順位がある。もっとも優位のオスが発情したメスに優先的に接近して交尾をする。順位の低いオスにも交尾のチャンスはあるが、優位なオスの前で交尾をすることはできない。発情メスの数が少なければ、なかなか交尾の機会はめぐってこず、発情メスと示し合わせて恋の逃避行を試みるオスもいる。生まれた子どものDNAを抽出して父性判定をした結果では、半分以上が最優位のオスの子どもであった。

一方、ボノボのオスは柔和であまり戦いを好まず、たがいの優劣順位はあるものの、あまりその地位を誇示することはない。メスに対して攻撃的ではなく、むしろメスのほうが優位に振る舞うことが多い。交尾は完全に乱交的で、メスはどのオスとも交尾をするから、交尾相手をめぐって争うことも少ない。

こういったオスの態度や社会関係のちがいが、メスの繁殖の開始に影響を与えている。チンパンジーのメスは出産するとオスを避けるようになり、単独で遊動することが多くなる。授乳中は交尾も妊娠もしない。子どもが離乳して発情を再開すると、オスのいるサブグループに頻繁に顔を出すようになる。ボノボのメスは出産してもオスを避けることなく、多くの仲間といっしょに過ごす。授乳中にもかかわらず、出産後一年ぐらいで発情を再開して交尾を始める。授乳中は妊娠しないが、やがて子どもが離乳するとすみやかに妊娠すると考えられる。こうしたちがいを反映して、ボノボの出産間隔（四・五年）はチンパンジー（五・二〜五・八年）より平均して一年短くなっている。初産年齢はボノボが一四歳、チンパンジーが一三〜一四歳で変わりがないから、両種のちがいは離乳から交尾の再開、そしてつぎの妊娠へ至る期間にあることがわかる。両種とも離合集散するとはいえ、ボノボはつねにオスとメスが混在した大きな集合をつくるし、赤ん坊は母親以外の仲間とよく触れ合う。こういった社会的な環境が、単独性の強いチンパンジーの母親より離乳を早めている可能性もあるだろう。

ただし、チンパンジーのなかにもボノボ並みに繁殖が早い地域がある。西アフリカのボッソウである。ここでは一九七〇年代から京都大学霊長類研究所の杉山幸丸、松沢哲郎らによって一群のチンパンジーが人付けされ、現在まで個体の移出入や繁殖状況が詳しく調べられている。それによると、出産間隔は五・三歳とほかの地域のチンパンジー並みだが、初産年齢が一〇・九歳と非常に若い。これはじつに動物園などの飼育下のチンパンジーの初産年齢（一一・二歳）に匹敵する。

この理由はおそらく、ボッソウのチンパンジーの群れが単雄複雌の構成をしていることにある。飼育下では、複数のオスのチンパンジーをメスといっしょにできない。逃げたり隠れたりできない場所で、メスをめぐるオス間の争いが激化してしまうからだ。メスはパートナーを選べず、決まった相手と交尾を繰り返す。ふつう自然の生息地では、若いメスは出産前に出自群を出て、ほかの群れを渡り歩き、パートナー選びをする。この旅が初産年齢を引き上げていると考えられる。ボッソウのチンパンジーの遊動域は小さな森とその周辺に限定されていて、ほかのチンパンジーの生息域とサバンナによって隔てられている。こうした環境条件が一頭のオスの独占的な交尾を許し、若いメスの妊娠を早めているのではないだろうか。ボッソウのチンパンジーは、あまりほかの地域のチンパンジーのように離合集散せず、いつもまとまった単雄複雌群で移動している。こういった群れのまとまりのよさも、若いメスの交尾開始を早める結果になっているのかもしれない。

ゴリラの場合は、チンパンジーと少し事情が異なる。ゴリラはむしろ、複雄群のほうが単雄群より繁殖が早くなる傾向があるからだ。ゴリラはアフリカ中央部の西と東に分かれて分布し、それぞれニシゴリラ、ヒガシゴリラという二種に分類される。この種はそれぞれクロスリバーゴリラとニシローランドゴリラ、ヒガシローランドゴリラとマウンテンゴリラの亜種に分類される。クロスリバーゴリラはまだよくわかっていないが、ほかの三亜種で比較してみると、マウンテンゴリラにだけオスを複数含む複雄群が多く、繁殖が早いというちがいがあることがわかってきた。

もちろん、マウンテンゴリラとほかの二亜種とのあいだには環境条件のちがいもある。ニシローランドゴリラやヒガシローランドゴリラは低地熱帯雨林をおもな生息域としており、山地に暮らしていてもマウンテンゴリラより標高が低い。低地には果実が多く得られるから、葉や草をおもな食物としているマウンテンゴリラと比べて栄養条件がよいといえる。しかし、ニシローランドゴリラとヒガシローランドゴリラのあいだにも低地と山地のちがいにもとづく栄養条件の差があるのに、繁殖の早さにはあまりちがいがみられない。しかも、どちらにも複雄の群れはまれである。なぜか、マウンテンゴリラには複雄の群れが全体の半分近くもみられるのだ。

最近、その理由はオスの繁殖戦略にあることがわかってきた。ゴリラのオスは、ふつう思春期に達すると生まれ育った群れを出てヒトリオスとなる。しばらく単独で森を放浪してからほかの群れに接近し、メスを誘いだして自分の繁殖群をつくる。ところが、マウンテンゴリラのオスは性成熟に達しても群れを出ていかないことが多い。ヒトリオスになるかわりに群れに残って、若いメスと交尾をするようになる。それはリーダーのオスが若いオスの交尾を許容しているからだし、複数のオスのいる群れにメスが好んで加入してくるからである。ほかの二亜種では、リーダーオスは若いオスにメスとの交尾を許さない。そのため、若いオスは群れを出てヒトリオスになるのだ。マウンテンゴリラでは若いオスが若いメスを相手に交尾をするので、初産年齢が下がっている可能性がある。また、複数のオスと交尾をするため、メスの交尾機会が増して発情を再開しやすくなっている可能性もある。

ではいったいなぜ、マウンテンゴリラのリーダーオスは若いオスの交尾を許容するのだろう。そして、なぜメスは複数のオスのいる群れに好んで加入しようとするのだろう。そこには、オスの子殺しという霊長類ではじめて発見された不思議な現象が深く関与していたのである。

5　子殺しのもつ意味

中央アフリカのヴィルンガ火山群で、マウンテンゴリラの長期研究を成し遂げたダイアン・

フォッシーは、調査開始後六年目の一九七三年に最初の子殺しに出くわしている。事件はフォッシーが調査していた群れが単独生活をしているヒトリオスと衝突した後に起こった。リーダーオスとヒトリオスが激しくぶつかり合い、リーダーオスばかりでなく三頭のメスが咬み傷を負った。群れは下痢便を落として逃げ、その途上に一〇カ月齢の赤ん坊の死体が転がっていた。咬み傷は一〇カ所あり、腸の傷が致命傷となって即死したと考えられた。母親は初産で、二年前に隣の群れから移籍してきた若いメスだった。このメスは、子殺しの後に別の群れと出会った際、もう一頭の若いメスとその群れへ移籍した。

それ以後一九八五年までに、ヴィルンガでは一二例の子殺しが報告された。ヴィルンガ全体でもゴリラの数は三〇〇頭前後、人付けされているゴリラの数は五〇頭ほどだったので、ずいぶん頻繁に子どもが殺されたことになる。犠牲者はすべて乳児で、殺害者は一例を除くとすべてオスである。状況がわかっている一三例のうち、一一例がほかの群れやヒトリオスとの出会いの際に起こっており、そのうち九例は犠牲者の群れに成熟したオスが不在だった。つまり、その乳児を守ることのできるリーダーオスが病気や密猟のために死んだ直後に、血縁関係のないオスに襲われて乳児が殺されているのである。

こうしたことから、マウンテンゴリラの子殺しはオスの繁殖戦略の一つと考えられるようになった。ゴリラのメスは一度出産すると、赤ん坊にお乳をやる三年間は発情しない。排卵が抑制されているから、たとえ交尾をしたとしても妊娠しない。しかし、子どもを失うと約二週間後に発情を再開して、交尾をするようになる。だからオスの子殺しは、授乳中の母親に発情を再開させて交尾し、自分の子どもを産ます戦略というわけだ。

では、このオスの子殺しによる繁殖戦略がなぜ複雄群の形成と関係があるのか。それは、単雄群では子どもを子殺しから守りきれないとメスがみなすからなのだ。

マウンテンゴリラの群れどうしの出会いや、群れとヒトリオスが出会った事例を分析したイェール大学の霊長類学者デビッド・ワットは、子殺しが成熟したオスの不在と深い関係にあることをつきとめた。成熟したオスが健在な場合は二〇八回の出会いのうち一度しか子殺しは起きていない。ところが、成熟したオスが不在のときはじつに二回の出会いに一回の高頻度で子殺しが起きていたのである。メスが複雄の群れへ好んで移籍する理由はここにある。もし加入した群れに成熟オスが一頭しかいなかったら、そのオスが死んだとき、自分の子どもは子殺しの危険にさらされる。複数のオスがいれば、たとえ一頭が死んでも子どもを守るオスがいてくれるのである。事実、複雄群では子殺しはめったに起きていない。また、メスがオスの子どもを守る能力を重視していることは、単雄群で子殺しが起きると犠牲者の母親は必ず群れを離れることからもわかる。自分の子どもを守れなかったオスを、メスは見限って出ていくのである。

このようにメスが複数のオスのいる群れを好むようになると、オスたちもたがいに反発し合ってばかりいられなくなる。ヒトリオスや単雄群でいるより、ほかのオスと複雄群をつくったほうがメスを獲得できるからである。そこで、オスたちは血縁の近いオスと共存する道を選んだ。群れの外からオスを迎え入れるのではなく、群れのなかで育ってきた若いオスと共存したのである。ゴリラのオスは思春期になると自分の生まれ育った群れを離れ、単独生活を送った後、ほかの群れからメスを誘いだして自分の繁殖集団をつくる。いったん群れを離れたオスがもといた群れにもどることはめったにないし、新しい群れに加入することはない。まれに、思春期を過ぎても生まれた群れを離れずに残るオスがいて、もとからいるオスが病気やけがでもとで死んだ場合にリーダーの地位を引き継ぐことがある。マウンテンゴリラのオスたちは、このまれだったオスの残留を増やして、年上のオスが健在でも若いオスが残れるように許容力を高めたのだろうと考えられるのだ。

ヴィルンガのマウンテンゴリラはいつから複雄群の多い社会をつくっているのだろうか。一九五〇年代の終わりにヴィルンガで調査をしたシカゴ大学のジョージ・シャラーや京都大学の河合雅雄たちは、あまり多くの複雄群を報告していない。ただ、シャラーの調査した群れに四頭の成熟したオスを含む群れがあった。昔からヴィルンガには多くのオスを含む群れがいた可能性はある。一九八〇年に私も参加したヴィルンガ地域一帯の総合調査では、ゴリラの新しいベッドをくまなく数えた。成熟したオスのベッドには、ひときわ大きい糞と背中の白い毛が残されているのですぐわかる。このときは、複数のオスを含む群れは全体の約三〇％にすぎず、群れあたりの成熟オスの数も三頭が最大だった。それが、一九八九年の総合調査では四七％に増え、群れあたりの成熟オスの最大値は五頭に増えた。一九九〇年代、二〇〇〇年代は群れの約半分が複雄群という状況が続き、オスの最大値は九頭になっている。

マウンテンゴリラは、ヴィルンガ火山群から二五キロメートル北方のブウィンディ森林にも約三二〇頭が生息している。ここでも約四〇％のゴリラの群れに複数のオスが含まれていることがわかっている。一方、ヴィルンガから二〇〇キロメートル南方のカフジにはヒガシローランドゴリラがいるが、ここでは複雄群は全体の八％にすぎず、群れあたりのオスの最大値も二頭である。さらに低地にすむヒガシローランドゴリラやニシローランドゴリラでは、ほとんど複雄群の存在は知られていない。どうやら複雄群はマウンテンゴリラに独特な特徴で、オスの子殺しという繁殖戦略の発現に応じて、メスが複雄群を選んで移籍することによって生じてきたと考えることができそうである。

6　カフジで起きた事件

ところが、最近になってカフジ山のヒガシローランドゴリラで新しい事実が判明した。ここの山地林には約二六〇頭のゴリラが生息し、一九七〇年代の初頭からゴリラ・ツアーのために二〜四群のゴリラが人付けされてきた。一九九〇年代には私たちが研究目的で人付けした群れも合わせて五群のゴリラ約一二〇頭が個体識別され、その動向が追跡されてきた。これらの人馴れしたゴリラたちの多くは、一九九七年の内戦によって国立公園の機能がマヒし、密猟が横行した際に殺害された。ゴリラ・ツアーに使っていた四群はすべて、リーダーオスが殺されて壊滅し、二〇〇〇年の調査では山地林のゴリラも一三〇頭まで減ってしまったことが確認された。その後、密猟の手を逃れた単独オスたちが散り散りになったメスたちをかり集め、つぎつぎに新しい群れができた。そうした新しい群れで、カフジとしてははじめての子殺しが起こった。しかも、三つの子殺しが立て続けに起こり、そこから意外なゴリラの繁殖戦略が浮かび上がってきたのである。

子殺しは三つとも、チマヌーカとよばれる一八歳のオスが一年前につくった群れで起こった。このオスは人付けされた群れで生まれたので、年齢がはっきりしている。一四歳のころに親元を離れて単独オスとなり、一七歳で二頭のメスを得て自分の群れをつくった。最初の子殺しは、このチマヌーカ群と隣接するムガルカ群とが出会った際に起きた。ムガルカは一七歳のオスで、チマヌーカとは別の群れに生まれた。その群れが密猟によって解体した際に、残ったメスといっしょに新しい群れをつくったのである。チマヌーカもムガルカも成熟してまもなく、背中は白くなっているが、まだ後頭部が突出していない。六月から一〇月にかけて両群は何度も衝突し、ムガルカは負傷して、一二頭のメスのうち一一頭がつぎつぎにチマヌーカのもとへ移籍した。この際に、チマヌーカが突然赤ん坊を胸に抱いていたメスに突進し、赤ん坊を奪って顔と胸を咬んだのである。赤ん坊は即死し、死体は衝突現場に放置された。母親は殺害者のチマヌーカの群れに加わった。ここまでは、ヴィルンガで何度も観察されたマウンテンゴリラの子殺しと同じである。しかし、つぎの二例はちがっていた。

最初の子殺しがあったとき、チマヌーカ群へ移籍したメスは九頭で、そのうちの二頭は妊娠していた。父親はおそらく移籍前に所属していた群れの唯一のオスであるムガルカだったと考えられる。移籍後、一カ月目に一頭のメスが、二カ月目にもう一頭のメスが出産した。するとチマヌーカは、二頭の赤ん坊とも咬み殺してしまったのである。いずれも出産後数日で起こり、母親は赤ん坊を奪い返そうと追いかけたが、チマヌーカを止めることはできなかった。

ところが、二番目の出産があった同じ月に、別のメスが出産した。このメスは一年前にチマヌーカのもとへ移籍してきたメスだった。生まれた赤ん坊はおそらくチマヌーカの子どもである。そして、チマヌーカはこの子にはまったく手をかけることはなく、赤ん坊は無事に育った。子殺しがあって一年後にはベビーブームとなり、八年間に一四頭の子どもが生まれたが、新たな子殺しは起きていない。なぜチマヌーカは最初に生まれた二頭の子どもだけを殺したのだろうか。

これまで知られているマウンテンゴリラの子殺しでは、メスが移籍先へ連れていった赤ん坊だけが殺されている。移籍先で生まれた赤ん坊が殺されたのはカフジがはじめてである。きっとチマヌーカは、これらの子どもが自分の子どもではないことを知っていたのだろうと私は思う。チマヌーカが犠牲者の母親と交尾をしたかどうか、はっきりしたことはわからない。でもゴリラの妊娠期間は二五八日と長い。たとえ移籍後に交尾をしても、一、二カ月で出産するのは短すぎる。この短さによってチマヌーカは、生まれた子が自分の子ではないと判断したのではないだろうか。それを証拠に、母親の移籍後一年たって生まれた赤ん坊は殺されていないからである。これがたしかだとすると、ゴリラのオスは交尾から出産までの期間を指標にして、自分の子であるかないかを判断し、ほかのオスの子だけを選んで殺害していることになる。

これはあながち過大評価とはいえない。ネズミのオスの子殺し行動は、そのオスが交尾をしたメスの産んだ子どもに対して抑制される。抑制は交尾後にだんだん強まり、妊娠期間にあたる三週間目にピークを迎える。そして、その子が離乳すると抑制は解かれるという。明らかにネズミでも交尾の有無と、交尾と出産との間隔が子殺しの発現に影響しているのである。ゴリラ以外の霊長類でも、交尾後の出産までの期間によってオスの子殺しの発現が左右されるという報告がある。単雄複雌群をつくる種では、外からやってきたオスが群れのリーダーオスを追い払って新しいリーダーになり、その直後に子殺しをする例がよくみられる。メスが抱いている乳飲み子は前リーダーの子であるし、その子を殺せば母親は発情を再開して、新リーダーの子を産ませることができるからだ。しかし、新リーダーが交尾をした後にメスが妊娠して産んだ子は殺されない。これは交尾後の日数によって決まる。アカコロブスは八〇日以上、ハヌマンラングールは六〇日以上、アオザルは四五日以上たって生まれれば、子殺しは起こらない。また、交尾後にメスをオスから引き離してしまうと、十分な日数がたっていても子殺しが起きるという。これらの霊長類種では、交尾をするだけでなく、交尾後の妊娠期間をオスが見定めなければ、オスに子殺し行動が引き起こされるのである。

もう一つ、興味深いことがある。それは、カフジで子殺しがあった後、それを目撃したと思われるメスの態度に変化が生じたことである。ムガルカ群には、子殺しがあった後も残っていたメスとその三歳の子どもがいた。このメスは、ほかのメスがチマヌーカ群へ移籍したとき、子どもが殺されたのを目撃している。三カ月後、このメスもチマヌーカのもとへ移籍したが、その際自分の子どもをムガルカのもとに残していったのである。三歳のゴリラはまだお乳を飲んでいて、母親への依存が強い。カフジではメスが移籍する際にこういった授乳中の赤ん坊は必ず連れていく。これまでは子殺しがなかったので、メスは子連れで移籍するのがふつうだった。おそらく、このメスは子殺しを目撃して、自分が赤ん坊を連れて移籍すれば殺されるということを悟ったのだろう。ゴリラの社会はふだん子殺しが起きていなくても、そういったポテンシャルをもっていて、一度発現すればメスはすぐに学習して行動を変えられるのかもしれない。

7 子殺しの起きる種と起きない種

オスによる子殺しは、哺乳類のなかでも霊長類にもっとも多くみられる行動である。いままでによく調べられている種のうち約三分の一に報告されている。子殺しは夜行性の原猿類や単独生活者、ペアの社会をつくる種には知られていない。このことから、子殺し行動は霊長類が昼の世界へ進出し、ペアより大きな群れをつくるようになってから発現したことがわかる。これらの昼行性の大きな群れをつくる霊長類は、メスが単独やメスだけの群れをつくる一般の哺乳類とちがって、必ずメスがオスといっしょに暮らすという特徴をもっている。それは、オスによる子殺しを防ぐためのメスの対抗戦略かもしれない。つまり、同種のオスに赤ん坊を殺されないために、特定のオスを保護者として雇ったのである。

この仮説は、これまで食物の量や分布と捕食圧という環境要因だけでは説明できなかった霊長類の群れを、子殺しという内在的な社会要因によって解釈することを可能にした。たとえば、葉食で捕食者のいないマウンテンゴリラがなぜ、まとまりのよい両性群をつくるかという問いだ。これには、マウンテンゴリラのメスはオスによる子殺しを防ぐため、特定のオスのもとに身を寄せる傾向をもつからと説明できる。ホエザルやクロシロコロブスなどの樹上性で葉食の種の群れも、同じ要因で説明できる。

ただ、昼行性で大きな群れをつくる種にも、子殺しが起きない、あるいは起きにくい種がある。それは、ニホンザルのように、ある季節にいっせいに発情する種である。こういう種では、オスが子殺しをしても、その母親と交尾ができるのはつぎの発情期となり、子殺しによって発情を早めることはできない。たしかに、ニホンザルはこれまでいくつもの場所で数十年にわたって観察が続けられているが、オスによる子殺しはわずか数例しか報告されていない。また、メスが複数のオスと乱交的な性交渉をする種では子殺しが起こりにくい。子殺しをして母親が発情しても、そのオスが交尾できるとは限らないからだ。さらに、出産後の授乳期が短く、すぐに交尾を再開できる種では子殺しが起きていない。

類人猿の社会や交尾の特徴と、子殺しとの関連を調べてみると、驚くべきことがわかる。ペアをつくるテナガザルや単独生活をするオランウータンには、子殺しが報告されていない。そして、乱交的な交尾を好むボノボにも子殺しはみられない。ペアのテナガザルは、メスが交尾の相手を一頭のオスに限定し、子どもの父性を確立する方向に社会を進化させた種だ。逆にボノボは、完全な乱交によって子どもの父性をあいまいにする繁殖戦略をとっている。この父性の保証か否定という二つの極には子殺しが起きていないのだ。その中間、つまりオスが父性を完全には確立できていない、あるいは父性を完全にはあいまい化できていない種のゴリラとチンパンジーで子殺しが起きているのである。

もう一つ、奇妙なことがある。子殺しが起きていないオランウータンとボノボのメスは、性的許容性がきわめて高いのである。オランウータンのオス、とくに非フランジオスはメスと出会うと交尾を強要することは前述した。ほかの種の霊長類ではオスが交尾を強要しても、メスが拒否すれば交尾は成立しない。オランウータンで強制的とはいえ交尾が成立するのは、結果的にメスが交尾に応じるためである。つまりオランウータンのオスは発情していないメスに性的関心を向け、交尾を迫り、その要求をメスは受け入れていることになる。ボノボのメスは、チンパンジーのメスと同じように、出産後五年間の授乳期間中は妊娠しない。しかし、その期間はオスと交尾をしないチンパンジーのメスとちがって、ボノボのメスは出産後一年で交尾を再開するのである。ボノボのオスも、排卵していない、あるいは発情していないメスに性的関心を向け、交尾をしていることになる。

こうしたメスの高い性的許容性はなぜオランウータンとボノボにみられるのか。ひょっとしたら、オスの父性をあいまいにし、オスの子殺し行動を抑制するために発達したのかもしれない。複数のオスに囲まれて暮らすこれらのメスにとって、交尾する機会を増やしてどのオスにも生まれた子が自分の子である可能性をもたせることが、赤ん坊の安全をはかるうえで効果的だったのだろう。

8　ゴリラとチンパンジーに子殺しを引き起こす要因

さて、ゴリラとチンパンジーには子殺しがみられる、といっても、その発現の仕方は異なるし、地域によるちがいもある。チンパンジーの場合も、乳児を連れてメスが新しい群れに加入すると、その子は殺される確率が高い。しかし、自分のいる群れで交尾をし、明らかにその群れのオスが父親と思われる子どもを産んだのに、殺されてしまうこともある。チンパンジーのオスは成熟しても生まれた群れを離れないから、同じ群れに共存するオスたちは血縁関係があることが多い。だから、その群れで生まれた子どもとも血縁関係があると考えられる。なぜ血縁関係にある子を殺すのか。それは、オスが将来の競合者を排除しようとしているのだ、という説がある。マハレでもゴンベでも、子殺しが多くみられる地域では犠牲になる乳児がなぜかオスに偏っている。将来オスが増えれば、交尾相手のメスをめぐる競合が増し、自分の繁殖機会を失うかもしれない。そのために、乳児のうちに競合者を除いておこうというのである。

また、チンパンジーの子殺しにはほかの種にはみられない特徴がある。チンパンジーは殺した子どもを食べてしまうのだ。赤ん坊の頭を咬んだり、枝や石に叩きつけて殺した後、かぶりついて骨まで残さず食べてしまう。しかも、ほかのチンパンジーがその肉の分配にあずかろうとして集まってくる。そして、肉食のときと同じように、カーニバルが始まるのである。さすがに犠牲者の母親はその宴には加わらないが、兄弟姉妹などの近親者がその肉を食べることもあるという。赤ん坊以外の個体が死んだときや、子殺しとはちがう理由で赤ん坊が死んだときは、死体を食べるということは起こらない。なぜチンパンジーだけに子殺しと肉食が合わさって起こるのか。その理由は謎に包まれたままだ。

子殺しの発現には地域差がある。チンパンジーの子殺しはタンザニアやウガンダに生息するヒガシチンパンジーに多い。西アフリカのギニアやコートジボワールにすむニシチンパンジーには知られていない。ギニアのボッソウのニシチンパンジーに子殺しが起こらないのは、ここの群れが単雄複雌群であることによるのだろう。オスが一頭なら、生まれた子どもはすべて自分の子であるし、子どもとの年齢差が大きいので将来の競合者にはなりにくい。息子が成熟するころ、自分はもう老齢に達しているからである。コートジボワールのタイ森林にいるニシチンパンジーに、なぜ子殺しが起こらないのかは謎である。ここのチンパンジーは複雄複雌群で暮らしているし、肉食も肉の分配も頻繁に起こる。群れの伝統によるちがいなのか、あるいは子殺しの起こるなんらかの条件が欠落しているのか、どちらかであろう。

ゴリラの子殺し行動にも大きな地域差がある。ニシゴリラは中央アフリカ、コンゴ、ガボンの数カ所で調査されているが、子殺しが起こったのではないかと疑われたのは三例にすぎない。

すべて、リーダーオスが死亡して、メスたちが新しいオスを受け入れた直後に赤ん坊が死亡したと考えられる例である。直接観察はない。ヒガシローランドゴリラでも、前述したように最近まで子殺しは知られていなかった。頻繁に起こっているのはヴィルンガのマウンテンゴリラだけなのだ。そしてこのちがいは、メスの繁殖スケジュールにちがいをもたらしている可能性がある。ヴィルンガのマウンテンゴリラはカフジのヒガシローランゴリラより、初産年齢が低く、出産間隔が短いのである。また最近、ニシローランドゴリラはマウンテンゴリラに比べて一・五歳ほど成長が遅いということが報告されている。子殺しのあることがメスの繁殖を早めていると思われるのである。

子殺しの有無に環境要因がからんでいる可能性もある。カフジでは、内戦によって大規模な密猟が増加し、多くの成熟したシルバーバックが殺されたことが原因となっている。成熟したオスが多ければ、メスたちは単独生活をする若いオスたちに移籍することはない。成熟オスが極端に減ったおかげで、生き残った若いオスたちがメスたちをめぐって激しく競合し、それが子殺しを引き起こす結果になったと考えられるからだ。

じつはヴィルンガでも同じようなことが起こったことがある。一九六〇年にシャラーが去ってから、ヴィルンガ一帯は戦場になった。おそらく多くの兵士や難民が逃げ込んで、ゴリラは密猟の餌食になったと思われる。一九六〇年代の終わりには、ルワンダ側の国立公園の約四〇

％が農地に変換された。コンゴやウガンダでも保護区内に畑がつくられ、ウシやヤギが放牧されて森は荒らされた。おかげでマウンテンゴリラは標高の高い地帯へと移動し、狭い地域に多くの群れがひしめき合って頻繁に衝突するようになった。その結果、一九六〇年に約五〇〇頭と推測されていたマウンテンゴリラは一九七八年には二七〇頭に激減した。カフジと同じように、ゴリラの数は半減したのだ。

この間、なにが起こったのか。注目すべきは、一九五〇年代にシャラーがみたゴリラと一九六〇年代の終わりにフォッシーがみたゴリラと、印象が大きくちがっていることである。シャラーは隣り合う群れどうしが平和な出会いを繰り返し、ときには二つの群れが混じり合って休息することを報告している。シャラーは子殺しもみていない。ところがフォッシーは群れどうしの出会いは敵対的で、オスどうしがぶつかり合い、ときには死ぬことさえあるといっているのだ。この大きなちがいはどうして生まれたのか。おそらくフォッシーは、内戦と開墾によって生息地を狭められ、敵対的な衝突を繰り返しているゴリラをみたのだろう。子殺しはこの変動の渦中で引き起こされた。やはり若いオスが多くの子殺しに関与している。メスたちはこの事態を乗り切るために、繁殖を早めて複数のオスのいる群れで出産するようになった。こうしたメスたちの行動に反応して、若いオスたちは出自群を離れなくなり、多くのオスが共存する複雄群が増えた。そしておもしろいことに、大きな複雄群が増えた一九九〇年代には子殺しがまったくみられなくなったのである。つい最近の二〇〇八年に新たに子殺しが起こっているが、じつに二〇年近くにわたって子殺しは報告されなかった。

これらの観察事実をつなぎ合わせると、子殺しという現象を引き起こす要因と、ゴリラたちがそれを抑制するために行動を変えた様子が浮かび上がってくる。ヴィルンガでもカフジでも、人為の手が加わって急激に生息域が縮められ、多くの個体、とくに成熟したオスが失われて群れ間の社会関係が敵対的になったことが、子殺しを引き起こす結果となった。その後、ヴィルンガではメスが複数のオスのいる群れで出産するようになって繁殖が早められ、複雄群が増加して、子殺しは減少した。これは、複雄群で年長のオスが血縁関係のある年下のオスの交尾を許容した結果、オス間のメスをめぐる競合が弱められたためであろう。ヴィルンガでは、こういった子殺しの発現と複雄群の増加が交互に起こっており、その結果としてメスが早く繁殖する傾向があるのではないだろうか。一方、低地に生息して果実を多く食べるヒガシローランドゴリラやニシゴリラでは、食物をめぐる競合が高い。群れが小さくて複数のオスが一つの群れに共存することはむずかしく、子殺しが起こってもメスが複雄群で出産するという選択肢がない。このため、メスの繁殖スケジュールはマウンテンゴリラよりも遅くなる傾向があるのだろう。

このように、環境条件の変化に応じてゴリラは社会関係を変え、繁殖スケジュールを早めたり遅らせたりする。そのカギとなる行動がオスによる子殺しなのである。じつは人間にもこういった特性がひそんでいる可能性がある。人間の社会はオランウータンのような単独生活でもテナガザルのような排他的なペア社会でもなく、ボノボのような乱交乱婚の社会でもないからだ。むしろ、男どうしが女をめぐって激しく競合する特徴を備え、子殺しが起こる危険がある社会といえるのではないだろうか。人間の女性の発情徴候の欠落と、排卵に限定されない性交渉の許容力は、オランウータンのメスによく似ている。ひょっとすると、この特徴は子殺しの防止策として人間の女に発達したのかもしれない。そして、人間の家族も子殺しを防止する社会構造上の特性として役割を果たしているのかもしれない。なぜなら人間の家族は夫婦に性を限定し、家族内でほかの関係には性を禁じることによって、複数の男の共存を許容する仕組みになっているからだ。つまり、たとえ母親がパートナーを失っても、子どもを守る男たちがいるという仕組みを家族はもっているのである。

しかし、人間の生活史の特徴は子殺しよりもまず、森林から草原へと出ていった歴史を反映していると考えられる。今度はそこを詳しく検討してみることにしよう。

9　人類の生活史と進化

現在の人間の生活史の特徴を見定めるのは注意が必要である。出産率、初産年齢、出産間隔といった特徴には、多くの場合、社会的な規制が加えられているので、なるべくその能力が自然なままに発揮される例をみつけなければならないからだ。たとえば、日本では結婚できる年齢の下限を法律によって定めており、男子は一八歳、女子は一六歳にならないと結婚できない。そのため、初産年齢もこの法律の影響を受けて、実際に産める年齢よりも高くなる傾向がある。そこで、こういった法律のない社会で調べる必要がある。そういった例として、現代の狩猟採集民の資料がよく用いられる。彼らの性成熟年齢は一七歳とされているので、この特徴は類人猿よりさらにゆっくりした繁殖傾向をもっているといえる。

出産間隔も、計画出産などで妊娠をコントロールする場合があるので、自然の能力をそのまま反映しているとはいえない。狩猟採集民では三〜四年とチンパンジーより短くなっている。ただ、現代の狩猟採集民は栄養条件の悪い環境に暮らしていることが多く、農耕民や都市に居住している人々ではずっと短くなる。一年おきに産むことはあたりまえだし、年子もめずらしくない。こうしたことを考慮すると、人間の出産間隔は類人猿よりずっと短くなっているとみなしてさしつかえないだろう。これはおそらく、オナガザル科のミドリザルやパタスザルのように、森林ではなくサバンナの環境へ適応した形質だろうと思う。

人類の祖先が森林からサバンナへと進出した際に、大型の肉食獣に狙われて幼児死亡率が増加した。かつて先史人類学者のレイモンド・ダートが発見したタウング・チャイルドとよばれるアウストラロピテクス・アフリカヌスの幼児は、猛禽に捕食されて死亡したことがわかっている。人類の祖先が進出したころのアフリカの草原には、いまよりずっと大きなライオンやハイエナ、犬歯ネコなど多くの肉食獣が徘徊していたのである。そのため、出産間隔を短縮して子どもを量産する必要性が生まれたにちがいない。

では、どのようにして人類の祖先は出産間隔を縮めたのか。その一番効果的な方法は、子どもを母親から引き離すことである。出産間隔の長い類人猿でも、動物園で人工保育にすれば立て続けに子どもを産ませることができる。動物園に飼育されている類人猿のメスは子どもを産んでも自分で育てないことがある。授乳や子どもの扱い方を親や群れの仲間から学ぶ機会に恵まれないためである。そこで、飼育員は乳を飲ませない母親から赤ん坊をとりあげて、ミルクをやって育てることになる。すると、母親の乳が止まり、二週間ほどで発情が回復する。母乳の産生を促進するプロラクチンが減少し、発情ホルモンが分泌し始めるためである。交尾が起こり、つぎの子を身ごもることができる。野生では出産間隔が三年のテナガザルも、日本の宝塚動物園で二〇年間に二〇頭産ませた記録がある。私が職員をしていた(財)日本モンキーセンターでは、チンパンジーが年子を産んだ。最初の子を人工保育にした後、すぐに発情を回復し、交尾して妊娠したのである。人類の祖先もこの方法を用いたにちがいない。

しかし、母親が自分から赤ん坊に乳をやることをやめるのはむずかしい。そこには母親以外の手が加わったはずである。おもしろいことに、大型類人猿のなかでもっとも授乳期が短いのは、もっとも体格が大きいゴリラである。ゴリラのメスは体重が九〇キログラムもあるのに授乳期間は三年である。チンパンジーよりずっと短い。それは、ゴリラのオスが子育てを引き受けるからである。赤ん坊が一歳を過ぎると、母親はその群れのリーダーオスに近づき、赤ん坊をオスのそばにおく。オスは赤ん坊に寛容で、そばで遊んでいる年上の子どもたちも赤ん坊に優しく接する。やがて赤ん坊は自分で母親から離れて、このオスについて歩くようになり、自然の食物の味を覚える。その結果、母親は早く子どもを離乳させることができるというわけだ。

類人猿では、メスの単独性が高まると赤ん坊の離乳が遅れる傾向がある。もっとも遅くまで母親の乳を吸っているのは単独生活をしているオランウータンで、七年かかる。つぎに、メスが子どもをもつと単独でいる時間が多くなるチンパンジーで五年、出産後も仲間のオスやメスと過ごすボノボは四年、もっとも短いのがオスに子どもを預けるゴリラで三年となる。チンパンジーやボノボはほかのメス、とくに祖母が子育てを手伝う場合もあるが、ゴリラのようにオスが子育てをするほうが離乳は早くなるのだろう。リーダーオスは子どもに安全を保証し、母親以上に頼られる存在になるからである。ゴリラの子どもが自分のベッドをつくって眠るのは離乳の時期で、母親ではなくオスのそばに自分のベッドをつくることが多い。離乳しても母親となかなか離れないチンパンジーの子どもとは対照的である。

おそらく人類の祖先は、森林から捕食者の多いサバンナへ踏みだしたとき、幼児を保護するために男が積極的に育児に参加し、それが結果的に子どもたちの離乳を早めることになったのではないだろうか。そして、早期の離乳によって母親の排卵周期が回復し、交尾が再開してつぎの子どもを妊娠するようになる。人類は多産への道を踏みだしたのである。

しかし、類人猿に比べて離乳時期は早くなったものの、人間の幼児がおとなと同じものを食べられるわけではない。チンパンジーも人間も、永久歯は第一大臼歯から生えてくる。チンパンジーは三〜四歳、人間は六歳と少し遅い。つまり、チンパンジーの子どもは離乳するころにはもうおとなと同じ硬いものが食べられる歯をもっているのに、人間の子どもは離乳しても硬いものが食べられないということになる。いまでこそ、人工的な食材や加工食品があって、華奢な乳歯でも食べられる離乳食に事欠かない。でもチンパンジーとあまり変わらない食環境にいた初期の人類は、離乳した子どもに食べさせる食材に困ったはずだ。離乳食の候補としては、糖分に富む甘い果実や蜂蜜、シロアリなどの動物タンパク質が考えられる。しかし、母親がこういった子どもを抱いて、自分の必要以上の食物を探して歩くのは容易なことではない。そこで、子育てを手伝う仲間や、子どもに必要な食物を運んできて与える仲間が必要になった。

アメリカの形質人類学者オーウェン・ラブジョイは、人類の祖先が直立二足歩行を始めたのは、多産になるために母子に男が食料を手でもって運ぶためだったと推測している。肉食獣に狙われやすい幼児を抱いて、食物を探し歩くのは母子にとってたいへん危険である。このため、母子を安全な場所に隠し、男が広く歩き回って高栄養の食物を集め、それを母子のもとへもち帰って分配したというのである。直立二足歩行はゆっくりした速度で長い距離を歩くのに適している。それに加えて、自由になった手を利用して食物を運び、離乳を早めた幼児に食べさせることによって人類の多産に貢献したのである。これが人類に家族という社会単位を創造させるきっかけになった。

レイモンド・ダートが発見したタウング・チャイルドは三～四歳の幼児と推定されている。すでに第一大臼歯が生え始めていたから、歯の萌出年齢はチンパンジー並みだったと思われる。離乳を早めたとしても、アウストラロピテクスの親たちは現代人並みに長い期間子どもに特別な食物を与える必要はなかっただろう。その後、ホモが出現してから子どもの成長は徐々に遅くなっていったのだろうと考えられる。いまから一六〇万年前の地層からみつかったトゥルカナ・ボーイとよばれる化石がある。ケニアのトゥルカナ湖畔でみつかった少年の化石なので、こう名づけられた。ホモ・エレクトスに分類され、例外的に保存状態がよく、骨格の六六％が揃っていた。九歳くらいで、第一大臼歯と第二大臼歯が生え揃っている。第二大臼歯はチンパンジーでは六歳、現代人では一二歳で生え揃うので、ちょうどその中間というところだろうか。ボーイの脳の大きさは八八〇ｃｃ、おとなになると九〇〇ｃｃを超えるだろうと推測された。

じつはこの脳の大きさに、子どもの成長が遅れた理由が隠されている。

10　脳の大きさと生活史の変化

現代人の成人の脳は約一五〇〇ccで、ゴリラの脳の三倍である。ところが、生まれるときの脳の重さは三五〇ccで、ゴリラの一・四倍しかない。ゴリラの赤ん坊の脳は四歳で二倍になっておとなの大きさになる。人間の赤ん坊の脳は生後一年で二倍になり、五歳までに成人の脳の九〇%の大きさに達し、それから徐々に大きくなって一二〜一四歳ごろにやっと成人の脳になる。人間の脳はなぜ、こんなへんな成長の仕方をするのだろうか。

それは、人類の脳が大きくなり始めたとき、すでに直立二足歩行が完成していたことと関係がある。類人猿の骨盤は細長いかたちをしていて産道が大きく、赤ん坊はやすやすと産道を通って生まれてくる。赤ちゃんの頭が出たと思ったら、お母さんゴリラはそれを手につかんで引きずりだし、お産はあっという間に終わる。ところが、現代人のお産は時間がかかり、難産で母親が死ぬことさえある。これは赤ちゃんの頭の大きさに比べて産道が狭く、なかなか赤ちゃんの頭を通すことができないからだ。直立二足歩行を始めたことによって、人類の骨盤はお皿のようなかたちに変形した。これは内臓や上半身の重さを支えるためである。しかも、足を前後に平行に出すため、骨盤を横には広げられない。そのため、産道を広くすることができず、大きな頭の赤ちゃんを産むことが不可能になっていたのである。

そこで、人類は胎児の状態の赤ん坊を産んで、生後に赤ちゃんの脳を胎児の成長速度で増加させた。その後はゆっくりとした速度で脳を長期間かけて大きくすることにしたのである。現代人の赤ん坊は三キログラムを超える体重で生まれてくるのに、離乳時の体重は一〇キログラムに満たない。ゴリラの赤ん坊は二キログラム弱の体重で生まれ、離乳時は二〇キログラムに達している。このちがいはなにか。現代人の赤ん坊の体脂肪率は二五〜三〇%、ゴリラは五%である。脂肪は急速な脳の成長を支える燃料タンクだ。現代人の五歳以下の子どもは、摂取エネルギーの四五〜八〇%を脳の成長に回している。ゴリラの子どもは人間ほど大量のエネルギーを脳にとられないので、大半を体の成長へ回すことができる。そのちがいが、人間とゴリラの出生時と離乳時の体重のちがいとなって現れるのである。トゥルカナ・ボーイはゴリラと現代人の脳のちょうど中間ぐらいで、体の成長もそれに応じて少しゴリラより遅れる傾向にあったのだろうと思う。

さて、人間の脳の奇妙な成長パターンは、思春期に不思議な現象を引き起こす。現代人の女の子は一〇歳ぐらいから、男の子は一二歳ぐらいから数年間にわたって身長や体重が急速に増加する時期がある。これを思春期スパートとよぶ。性差のある特徴が顕著に現れるのもこの時期である。性ホルモンの分泌が始まり、女の子は体つきが丸みを帯び、乳房やお尻が大きくなるし、男の子は筋肉がついて髭が生え始める。声変わりが起こるのもこのころだ。これは、それまで脳の成長に回されていたエネルギーが、脳の成長が止まるとともに体に回されるようになるために起こる。十分なエネルギーを得て、体の成長が加速するのである。

しかし、女の子と男の子とではこういった特徴の現れ方が異なっている。どちらもまず脳内で性ホルモンの分泌が開始されるのだが、女の子の場合は成長にしたがい、体つきが女の特徴を示し始める。だが、初潮を迎えるのは成長速度がピークに達して下降し始めてから一年後だし、おとなの排卵頻度が達成されるのはピークから四年以上たってからである。つまり、体はすぐに女らしくなっても、なかなか子どもを産めるようにはならないのだ。

一方、男の子は性ホルモンの分泌後、二年ほどして精子の生産が始まる。だが、筋肉が増強して男らしい体になるまでには、さらに三年以上かかる。男の子はすぐに繁殖できる体になるが、外形的にはしばらく子どものままなのである。これは、女の子と男の子でちがう淘汰圧がかかったことを示唆している。女にとって出産は大事業なので、それまでに女の体になってパートナー選びや社会関係をうまく構築しておく必要がある。男の子は体がすぐにおとなになると、男たちの争いに巻き込まれて傷つく危険がある。だから、自分の生殖能力を発揮できる機会があるまで子どもの体でいるようになっているのだ。

思春期スパートは、類人猿でもみられ、とくにオスではっきりしている。時期は人間より早く、メスには思春期不妊といって数年間妊娠しにくい時期がある。しかし、人間よりも早く出産を始める。オスは人間と同じように、生殖能力がついても体はなかなかおとなにならない。ゴリラのオスは一三歳を過ぎると筋肉がついて、成熟したオスにみられるような背中の毛が白銀色に変化する。しかし、前腕の毛が長くなり、後頭部が突出して完全に成熟するのは二〇歳を超えてからである。オランウータンは、前にも述べたようにずっと成熟した外見を示さずに若くみえるオスがいる。近くに成熟したオスがいると、外形的な発達が抑えられるのだ。人間の男の外形的な成熟にも社会的な抑圧が働いているかもしれない。少なくとも、外形的な成熟を示す時期について過去に社会的な淘汰圧が働いたと考えられる。

11　老年期の進化

こうした人間にとくに顕著にみられる早期の離乳と思春期スパートのほかに、もう一つ人間に固有な生活史の特徴がある。それは、繁殖から引退した後の長い老年期の存在である。現生の類人猿も人間も閉経する年齢に大差はない。四〇～五〇歳に排卵が止まり、妊娠できなくなる。しかし、類人猿のメスが閉経後すぐに寿命を終えるのに対し、人間の女はそれから二〇年も三〇年も生きる。なぜだろうか。

アメリカの人類学者クリスチャン・ホークスは、人間の女は娘の繁殖を補助することによって子孫の繁栄に貢献したという仮説を立てた。人間はほかの類人猿に比べて多産なのに、子どもの成長に時間がかかる。母親は子どもが自立するまで、長いあいだ食物を与え続けなければならない。子どもを抱えて母親が食物を探し歩くのはたいへんだ。だから、繁殖を終えてまだ体力のある祖母が娘の子育てを手伝い、食物を分配して孫の生存率を高めたというのである。これを「おばあちゃん仮説」という。

たしかに、人間は難産という危険を背負っている。狭い産道にできるだけ大きな頭の赤ん坊を通そうとするから、時間もかかるし、母体にも赤ん坊にも大きな負担がかかる。死ぬ危険がともなうし、加齢とともに生存能力の乏しい子どもが生まれる確率も増す。だから、そんな危険を冒して子どもを産むより、自分の娘の出産や育児を手伝ったほうが自分の繁殖成功度を上げることができる。事実、現代の狩猟採集民アチェ（パラグアイ）、ヒウィ（コロンビア）、ハッザ（タンザニア）の調査から、若い女や子育て中の女より閉経後の女のほうが多くの食料を採集してキャンプへもち帰ることがわかっている。また、男は若いころから狩猟に出るので栄養価の高い肉をもち帰るが、年をとると五〇歳を境に急速にその量は減る。しかし、植物性食物を採集する能力は体力ではなく、経験と知識がものをいうので、女の採集能力は七〇歳近くまで落ちない。このため、おばあちゃんは娘や孫たちに食物を供給して、生存率を上げることに貢献できると思われるのだ。

おばあちゃんばかりでなく、老齢期にある人は若い世代より多くの経験と知識をもっている。地震、火災、洪水など、まれにしか起こらない自然現象も体験している場合がある。そんな災害に直面したら、どんな危険に気をつけたらよいのか、どう行動したら安全なのか、経験者がいたら乗り越えられる可能性も増す。社会問題や人間関係でも、経験者の知恵は重要な解決策を与えてくれる。まして、性的なトラブルであれば、その当事者にはならない高齢者の発言が大きな効果を発揮することがある。思春期スパートを迎えた若者たちは、急速に成長する体をもてあまして危険な行為に出たり、軽はずみな挑戦をしがちである。それを抑制し、安全な方向へと導くには、もはや若者たちとは張り合う必要のない高齢者の助言が必要なのである。

こうしてみると、人間の老年期の延長は栄養条件と安全性の向上によって引き延ばされただけでなく、人間に固有な子ども期や青年期を支えるために実現したという可能性がある。おもしろいことに、閉経と老年期の延長は人間に近縁な類人猿にはみられないが、系統的に離れている鯨類にみられる。シャチやコビレゴンドウのメスは四〇歳前後で繁殖をやめ、六〇歳ごろまで生きる。これらの鯨類は母系の社会をつくり、祖母が子持ちの娘たちといっしょに暮らす。肉食で、水中で獲物を捕る際に知的な技法を用いたり、仲間と協力することが知られている。まだ詳しい観察は知られていないが、祖母の存在や行動が若い母親や幼児の生存率を上げている可能性がある。

人間の家族の重要な特徴は、家族どうしが密接なつながりをもつということだ。類人猿のような父系の社会であっても、家族どうしが交流すれば、祖母が娘の育児協力をすることも可能になる。また、夫の母親が妻の育児協力をすることも考えられる。父性がたしかならば、この場合も自分の繁殖成功度を高めることになるからだ。人間は家族をもつことによって、鯨類のような母系社会にみられる祖母の育児への参入を可能にしたのかもしれない。

人間の子どもの成長期は長い。二歳前後で離乳しても、永久歯が生え始める六歳、脳の成長が止まり思春期スパートが起こる一二歳を経て、じつに二〇歳に達するまで食物を与えられ、さまざまなことを学びながら成長する。母親以外に多くの育児の手が必要になる。なかでも壮年期にある父親は食物の供給や安全を確保するうえで、もっとも重要な役割を果たす。それに祖母をはじめとする老齢者の協力が加わって、子どもたちの栄養補給や教育が支えられたのだと考えられる。現在わかっている化石証拠からは、子ども期は約二二〇万年前、青年期は約八〇万年前には始まっていたと推測される。つまり、脳の増大が始まったホモ・ハビリスのころにはすでに早期の離乳と身体の成長遅滞が起こっている。そして、現代人並みの脳の大きさが達成されたホモ・ハイデルベルゲンシスでは、思春期スパートが起こっている。人類の祖先は、脳の増大とともに人類に特有な生活史の特徴を身につけていったことが示唆されるのである。

では閉経後の老年期の延長はいつごろ現れたのか。アメリカの人類学者レイチェル・カスパリとサンヒ・リーは、世界各地で発掘された七六八体の化石人類の第三大臼歯の萌出とその摩耗状態からおとなの若年個体（一五〜二〇歳）と老年個体（三〇歳以上）に分類し、遺跡ごとにその比率（老年個体数／若年個体数）を調べた。すると、オーストラロピテクス（〇・一二）、ホモ・エレクトス（〇・二五）、ネアンデルタール（〇・三九）、前期旧石器時代のホモ・サピエンス（二・〇八）と、老年個体の比率がしだいに増加しており、とくにサピエンスの遺跡で著しく増えていることが判明した。最長の年齢がどれくらいかは不明だが、明らかに現代人になってから急に寿命が延びていることがわかる。おそらく、老年期は人類の進化をつうじて徐々に延びてきたものの、現代人が文化の力をもつようになってそれが顕著になり、その結果として爆発的な人口の増加がもたらされたのだろうと考えられる。

第5章 家族の進化

1　ダーウィンの難問

進化論の提唱者チャールズ・ダーウィンは、一八五九年に出した『種の起原』では人間のことにはほとんど触れなかった。当時の西洋社会は神による創世の神話が支配的で、なかでも人間は最後に神によって特別な地位を与えられて登場する。ほかの生物と同格のものとして論じるには、世論からの強い抵抗を覚悟せねばならなかった。ダーウィンはそれを怖れたのだろうと思う。しかし、進化論は驚くべき速さで人々の世界観や人間観に影響を与えていった。イギリスの人類学者トーマス・ハックスリーはすぐにダーウィンの説に賛意を表明し、一八六三年に著した『自然界における人間の位置についての証拠』で類人猿と人間との解剖学的類似性を示して、人間の祖先がこれらの類人猿と共通の祖先をもつことを主張した。

満を持していたダーウィンが『人間の由来と性に関する淘汰』を世に出したのは一八七一年である。彼はまず、人間がほかの生物種と同様、いまは絶滅してしまっているなんらかの形態のものから由来したことを説いた。そして、身体的特徴だけでなく、感覚や感情、模倣、記憶、想像力といった心的能力においてもほかの霊長類と連続していることを主張した。そのうえで、人間と動物とを分けるもっとも重要なちがいは道徳観念または良心の存在である、と彼は考えた。ダーウィンが注目したのは、自分の仲間を助けるためには、一瞬のとまどいもなく自らの命を危険にさらすような行動である。しかも、人間は自分と血のつながりのない赤の他人でも、助けるために自分を犠牲にして労力を注ぐ。血縁関係のある親族を助けるならば、それはけっきょく自分の子孫を増やすことにつながるのだから自然淘汰によって残る理由がある。しかし、なぜ自分とまったく関係のない他人に対して自己犠牲の精神を発揮するのか。ダーウィンはその理由を自然史の立場からはじめて解こうとしたのである。

ダーウィンはまず、道徳とは動物にもある一般的な社会本能に由来すると考えた。「社会本能は仲間といっしょの社会にいる喜びを感じさせ、仲間に対していくらかの共感を抱かせ、彼らに対してさまざまな奉仕をさせるように導く」(『人間の進化と性淘汰I』長谷川真理子訳、文一総合出版、一九九九年、七〇ページ)。また、心的能力が高度に発達すれば、過去の行為や動機が頭をよぎるようになり、言語能力の獲得によって公共の善のための行動指針がかたちづくられるようになる。それが道徳や良心として発達したというわけだ。

社会本能は共感の発達によって高められる。共感の基礎は、私たちが以前に感じた苦痛や快楽を長く覚えていられることに根ざしている、とダーウィンは考えた。そして共感にもとづいて他人に親切な行動を示した場合、そのお返しが期待されているので、自分にとって利益を得られる結果につながる。そのため、自然淘汰によってもっとも共感的な個体をもっとも多く有する集団がもっとも栄え、より多くの子どもを残したにちがいないと想定した。

自分の行いを後悔する能力は人間とほかの動物とで大きく異なっている。人間は過去の印象が連続的に心をよぎるのを止めることができない。行動の瞬間にはより強い衝動にしたがうので、他人を犠牲にして自分の欲望を満足させることもある。しかし、それが満たされた後に、自分の行為を仲間に対する善の意志の本能と比較して不満足な感情を抱くようになる。これが良心であり、それが強い場合には後悔となり、弱い場合には呵責の念となる。良心という行動指針は、仲間の称賛や非難によって高められる。すなわち、道徳は利益を共有する共同体の内部でのみ通用することになる。ダーウィンは殺人、強盗、裏切りなどの行為が部族のなかでは不名誉な烙印を押されることになるが、外に出ればそういった感情をよび起こすことはないとしている。道徳感情はもともと所属集団に限定的なものであった。それは、共感が同じ部族のメンバーに限られていたからであり、理性の力が十分でなく、自己抑制の力が弱かったからだ。道徳が部族の壁を超えて広がるためには、教育や宗教によって強められる必要があるというわけである。

なぜ、ダーウィンはこれほどまでに道徳の進化にこだわったのだろうか。それは当時の社会が道徳について再考することを強く求めていたからにほかならない。ダーウィンが生きた時代は、ヨーロッパ各地で産業革命が進行し、農村から都市へと人々が移動して工業化に合った新しい社会が急速に編成されつつあった。人々はそれまでの農業中心の大家族から、都市の労働力の集約化をめざした核家族へと価値観を変えようとしていた。地域に根ざした共同体中心の道徳から、都市の市民としての道徳観へと意識を拡大しつつあった。人間の進化について語るとき、ダーウィンはどうしてもその社会が抱える大きな問いに対して答えを用意しなければならなかったのである。

しかし、はたしてダーウィンの考えたように、人間は群れをつくる動物に共通な社会本能に由来する共感を、記憶能力や言語によって高めた結果、良心や道徳をもつようになったのだろうか。その発展の過程に、原始乱婚から血縁家族、父権的単婚家族という歴史、自由や平等への希求が大きな影響をおよぼしているのだろうか。近年、人間以外の霊長類の心の働きや認知能力についての研究が大きな成果を上げている。それを参照しながら、共感と道徳の関係について考えてみよう。

2　動物の同調と共感能力

動物たちはいったい、どのくらい仲間の心に同調できるのだろうか。これにはいくらでも例をみつけることができる。イヌは仲間がしっぽを振っているのをみると、自分も同じようにしっぽを振り始める。飼い主がはしゃいでいると、自分もとびはねる。サルは仲間が毛づくろいをしているのをみると、自分もほかのサルを相手に毛づくろいを始めるし、自分の体を毛づくろいする。チンパンジーのあくびは仲間に伝染するし、ゴリラが胸を叩くと仲間も同じように胸を叩く。ゴリラの子どもたちは、仲間が遊びだすと自分もうきうきしたようにその輪に入ろうとする。明らかに仲間の気分が乗り移っているようにみえる。

もっとはっきりしているのは、仲間が危険を感じたときだ。群れをつくって暮らしている動物は、魚でもカエルでも鳥でも、仲間が危険を察知して反応すると、すぐにそれに同調する。警戒音を発すれば、すぐに警戒の態勢をとるし、逃げだせば、すぐにその方向へ自分も走る。私は屋久島でニホンザルの調査を始めたころ、サルの警戒音にずいぶん悩まされたものだ。まだサルたちが人に馴れていなかったので、私が近づくとサルがクオンと甲高い警戒音を発する。すると、あちこちから同じような警戒音が発せられ、またたくうちにサルたちは視界から消えてしまう。それからしばらくはサルたちが音を立てずにひっそりとしているので、みつけるのに苦労した。これも、最初のサルの反応に群れのサル全員がただちに同調したせいである。

アメリカの霊長類学者ドロシー・チェイニーとロバート・サイファースは、アフリカのサバンナで暮らすミドリザルが三つの種類の警戒音をもっていることを発見した。ワシタカ類、ヒョウ、ヘビに対して異なる音声を用いているというのである。しかも、それぞれの音声を聞いた仲間はまったくちがう反応をする。空から襲ってくるワシタカ類への警戒音には、樹冠部から降りて枝のあいだに身を隠す。ヒョウの警戒音には、逆に木に駆け上がる。そして、ヘビの警戒音には、立ち上がってあたりを見回しヘビの位置を確認しようとするのだ。これらの音声は人間の言葉のようにあるものを指示しているのではなく、それぞれの状況を示していると考えることができる。サルたちは音声に対応した自分の経験に照らして適切な行動をとるのである。

一九九六年にイタリアのジアコモ・リゾラッティらによって発見されたミラーニューロンは、サルたちが生まれながらに共感の能力をもっていることを示した。アカゲザルの脳のなかに、他者と同調して反応する細胞をみつけたのである。実験によれば、まずサルにピーナツを与えると脳のなかの特定の細胞が発火する。しばらくして、実験者自身がピーナツをつまみ上げると、サルの脳のなかで同じ細胞が発火する。明らかにサルは実験者の動作に同調するように反応しているというわけだ。仲間のサルが発声しているとき、それを聞いている別のサルの脳のなかでも同じ細胞が発火していることも確かめられた。この細胞をミラーニューロンとよぶ。これは自他の境界を消し去り、自分と相手を同一化することによって共感を生みだし、模倣によって学習をたやすくする脳の働きと考えられる。

しかし、じつはサルはあまり模倣が得意ではない。日本の霊長類学者が宮崎県の幸島でニホンザルのイモ洗い行動を発見したとき、サルが模倣によって新しい行動を学習していくと考えていた。砂浜にまかれたイモを海へと運び、海水で洗って砂を落として食べる行動である。当時は「サルまね」といって、サルは簡単にほかのサルや人間のやることをコピーすると考えられていた。だから、イモ洗い行動もそれをみたサルがまねをして覚えたとみなされたのだ。でも、それにしてはほかのサルがイモ洗い行動をし始めるのは時間がかかりすぎる。群れ全体にいきわたるまで約四年もかかり、しかもどうしてもイモを洗わないサルもいたのである。人間なら数時間から数日でだれもができるようになるのに、どうしてこんなに時間がかかるのか。疑問を感じたイタリアの心理学者エリザベータ・ヴィサルベルギは、実験室に人工の砂浜をつくってニホンザルと近縁なカニクイザルにイモを与えてみた。すると、やがてサルたちはイモを海水で洗うようになったが、やはり仲間に伝わっていくには時間がかかった。そこで、ヴィサルベルギはサルたちがほかのサルの行動を一部コピーしているだけで、後は試行錯誤によって自分で学習しているのだと考えた。他者の行動を完全に模倣するには、その行動の目的と、それぞれの行動要素間の連鎖関係を理解しなければならない。サルにはこの両方を即座に理解する能力がないので、目的だけ、あるいはある行動要素だけをコピーし、後は個体学習をして覚えるというのである。

サルたちは自分がすでに体験している行動なら、他者の動きをきっかけにしてすぐにそれを引きだすことができる。しかし、まったく新しい行動の場合には、それを習得するのに時間がかかるのだ。サルまねはじつは人間だけに可能な能力なのである。

他者の行動を模倣するには、他者の体を自分と一体化しなければならない。私たちは頭のなかだけで他者の行動をコピーしているわけでない。自分と他者の体を連結させ、体の感覚をとおして他者の行動を再現させているのだ。それにはまず、行動のモデルとなる他者が自分と同じ体をもっていることが必要になる。同じ種の仲間に、子どもは子どもに、メスはメスに同調しやすいのは当然だろう。しかし、それは社会関係のもち方によってもちがってくる。イヌが飼い主の行動に同調できるのは、つねに飼い主と良好な関係をもとうとしているからだし、飼い主もそういったイヌをかわいがる。動物園でも、動物たちは餌を与えてくれる飼育係の行動によく反応し、同調する。自分にとって最大の関心事である食物を左右する人間に注目し、自分の好みを実現させるために同調は不可欠の行為だと思われる。もちろん動物の社会のつくり方や知能も関係している。単独で暮らしている動物より群れで暮らしている動物のほうが同調は起こりやすいし、サルより類人猿のほうが巧妙な模倣をする。

かつて私は(財)日本モンキーセンターでチンパンジーの飼育を手伝っていたとき、チンパンジーにからかわれたことがある。メスのチンパンジーに、私がほうきを差しだして、相手がとろうとすると引っ込めるという遊びをした。その後、うっかりして私はほうきを置き忘れ、そのチンパンジーがほうきを手にすることになった。渡してくれと私が手を差しだすと、チンパンジーは私がやったことをそっくりまねて、私がとろうとするとほうきを引っ込めるという動作を繰り返したのである。このメスは私の行為ばかりでなく、私の意図や気分も見抜いてまねていたにちがいない。動物園で類人猿を飼育したことがある人は、だれでもこのようにからかわれた経験をもっている。チンパンジー、ゴリラ、オランウータンは自分とはちがう種の相手でも、その体に同化し、相手の意図までそっくり模倣する能力をもっているのである。

もちろん人間はこの能力にもっとも秀でている。いっしょに歩いていると、つい歩調があってくるし、重たいものを力いっぱいもち上げている人をみると、つい自分も力が入ってしまう。泣いている人をみれば悲しくなるし、笑っている人をみると心がうきうきする。音楽はこの同調能力をもとに成り立っている。知っている歌を聞けば自分も歌いたくなるし、友人が踊りだせば自分も手や腰を振ってリズムを刻みたくなる。人間に模倣能力が高いのは、このように他者と即座に体を合わせてその動きに同調することができるからだ。アメリカのヤーキス研究所でチンパンジーの認知を研究しているフランス・ドゥ・ヴァールは、これを「身体化した認知」とよぶ。チンパンジーも新しい方法を身につけるために、仲間の身体をとおして学ぶ。たとえ複数の方法が使えても、必ず仲間のやってみせた方法を選ぶので、集団ごとにどの方法をとるかには大きなちがいができる。じつは人間もそうだ。ドゥ・ヴァールは日本ではじめて寿司屋に入って、板前がどういう修行をするのかを聞いたことを驚きを込めて書いている。板前の卵は見習い期間中はいっさい寿司を握らせてもらえない。親方も手をとって指導したりはしない。ただ親方の握り方を横眼でのぞきみするだけである。そうして何年も雑用に明け暮れて、やっと親方から握ってみろといわれる。しかし、そのときにはもう立派に寿司が握れる腕前を身につけているというのだ。つまり、見習いは親方の握る手元を憧れをもってみつめているうちに、自然にその握り方を会得してしまうというわけである。ドゥ・ヴァールはこれを「アイデンティフィケーションにもとづいた観察学習」と名づけた。観察学習をするためには、相手に同化することが必要だというのである。

じつは、アイデンティフィケーションという用語は、日本の霊長類学初期の時代にニホンザルに対して使われたことがある。京都大学の今西錦司は、人間のような言葉をもたないサルがいかにして見事な構造をもつ社会をつくり維持しているかについて、彼らが自分の社会における伝統をモデルとなるサルに同化することによって会得すると考えた。彼はそれを、「学ばなくても、強いられなくても、繰り返さなくても、そして悟らなくても」群れの伝統を身につけていくことのできるメカニズムと表現した。たしかに、京都大学の川村俊蔵によって発見されたニホンザルのメスの「家系順位」や「末子優位」の法則は、メスたちが母親の優劣順位を受け継ぐことを示していた。娘が母親のすぐ下の順位を、末の娘がそのなかで一番上の順位を受け継ぐことによってこの法則は成り立つ。しかし、それは娘が母親に同化したというだけではなく、母親が積極的に娘たちを、とくに末娘を庇護し、自分より下位のサルたちより優位に立たせるからでもある。今西は血縁関係のないサルのあいだでアイデンティフィケーションの例を求め、群れのリーダーの継承にそれを期待した。生まれたオスの子どものなかから、リーダーの近くで育ったオスが、やがてリーダーに同化して次期リーダーになると考えたのだ。当時、高崎山でつねにリーダーの近くにいるトクというオスの子どもがいた。今西はトクを次期リーダーと予言し、たしかにトクは一九歳でトップの座についたのだが、残念ながら翌年には群れを離れてしまった。しかも、そのうちにオスザルたちは思春期になると生まれた群れを離れ、ヒトリザルになったり、オス集団に加入して、ほかの群れへ移っていくことがわかってきた。新しくリーダーとなるのは、ほかの群れから移ってきて、しだいに順位を上げてきたオスのうちの一頭にすぎない。けっしてリーダーに同化して、リーダーになるべく子ども時代を送ったオスではなかったのである。

こうして今西のアイデンティフィケーション・セオリーは暗礁に乗り上げた。その後を引き継いだ京都大学の伊谷純一郎は、個体間のパーソナリティーの引き継ぎをもってアイデンティフィケーションの証明を測ろうとしたところに誤算があったとしている。しかし、「社会構造の形成と維持にかかわる行動」には今西の考えたような伝承のプロセスが必要だという。今西はオスが生まれた群れを離れてヒトリザルになってしまえば、子ども時代にせっかく身につけた伝統がなんの役にも立たないと考えた。しかし伊谷は、群れオスとヒトリザルとのあいだには連続性があり、構造（群れ）と非構造（ヒトリザル）という二つの生き方のあいだにもアイデンティフィケーションで説明できるような伝承があるはずと考えたのである。今西も伊谷もそれをカルチュアとよび、ニホンザルのような母系の社会、チンパンジーのような父系社会を支えるうえできわめて重要なものとみなした。伊谷は、チンパンジーにみられる子殺しとカニバリズムをも集団の形成と維持にかかわる行動の一つではないかと指摘している。

3 仲間を思いやる心

このように、サルにも同調や同化をつうじて他者の行為を自分のものにする能力があることがわかった。この能力は共感につながるものだろう。しかし、共感能力があるからといって、すぐに他者を助ける行為が出てくるわけではない。他者の感情や動機や考えを理解し、他者と自分とのちがいを認識する能力は同情を引き起こすために必要な能力だが、それだけでは他者の苦境を緩和し、幸福を願う心は生まれない。同情にはむしろ共感が必要ではない場合だってある。溺れかけている人をみて、とっさに飛び込む人は溺れている人がどういう状態にあるかを正しく認識しているとは限らない。自分の行為が相手を救うという確信が炎のように燃え上がるだけかもしれないのだ。同情には共感とは別の回路からくる気遣いという衝動が必要なのだ。

サルには共感する能力はあっても同情する能力は乏しいという報告がある。ニホンザルの母親は、子どもが悲鳴をあげれば飛んでいって助けようとする。だから、ニホンザルには少なくとも自分の子どもに同情する能力はあると思いがちだ。しかし、それは自分たちの血縁でつくられた社会的地位を守ろうとする行為であって、子どもに同情したわけではないのかもしれない。一般に、サルたちはけんかの後に、自分を慰めるように自分で毛づくろいをする。だが、ローマ動物園に飼われているニホンザルの母親は、子どもたちがけんかに巻き込まれても、子どもたちに対しても自分に対しても毛づくろいの頻度が増加することはなかったという。自分の子どもが咬まれて傷を負っても、母親はその子を慰めようとはしなかったのである。

ベルベットモンキーの母親も、箱にヘビが隠されていて危険だと知っていても、自分の子どもがその箱に近づいた際に子どもを止めようとはしない。野生のキイロヒヒの群れで、川を渡れずに立ちすくんでいる子どものヒヒは肉食獣に狙われる危険が高まる。だが、母親たちは自分でさっさと渡ってしまい、子どもたちを助けにもどることはないという。明らかに、サルの母親たちは自分のもっている知識を子どもがもっていないことを認知していないのである。サルたちはほかのサルの反応によってなにが起きたかを知り、それが自分になにをおよぼすかを理解する能力はある。しかし、自分が巻き込まれる必然性がなければ、他者に起きた苦境を気遣ったり、他者に起こるであろう悲劇を防ごうとするような感情はもたないと思われるのである。

だが、こういった見解に反するような実験が知られている。アメリカの心理学者ラッセル・チャーチが二頭のラットを隣り合うケージに入れ、一方のラットがレバーを押すと餌が得られ、同時に他方のラットには電気ショックが与えられるような装置を考案した。すると、餌を手に入れたラットは隣のラットが電気ショックを受けて苦しむのをみると、レバーを押すのをやめるようになったのである。同じような実験は、アカゲザルでも調べられた。その結果、サルは仲間が電気ショックを与えられるのをみると、ラットよりずっと長い時間、餌をとることを拒み続けた。なかには一二日間も餌を食べなかったサルもいた。まさに自分が飢え死にしかけているのに、このサルは仲間の苦しむ姿を目撃することを拒んだのである。これはどう解釈したらよいのだろう。サルたちは仲間の苦しみを理解し、それを軽減させてやろうとしたのだろうか。ドゥ・ヴァールはこれを「自己防衛的な利他主義」とよぶ。サルたちはただ苦痛の叫びや姿を目撃したくなかったのだと解釈することもできるからである。

類人猿の場合は、サルとは少しちがう。一九九六年に、アメリカのブルックフィールド動物園で、ゴリラのいる堀に三歳の人間の子どもが落ちたことがある。ゴリラをみるのに夢中になって五メートルの高さから落ち、コンクリートの床で頭を打って気を失ったのである。観客は騒然となったが、だれも堀に飛び降りようとする人はいない。体重二〇〇キログラムを超えるオスゴリラが飛んできて引き裂かれてしまうかもしれないと、恐怖に駆られたのだ。飼育員がホースで水をかけて、集まってきたゴリラたちを子どもに近づけないようにするのが精いっぱいだった。人々は悲劇を予想して凍りついた。すると、ビンティという名のメスゴリラが降り注ぐ水をはねのけながら歩み寄ってきて、優しく子どもを抱き上げ、通路まで運んで飼育員に手渡したのである。子どもをあやすような行動もみられた。この美談は一躍世界で有名になったが、その解釈をめぐって大きな議論を引き起こした。ビンティはほんとうにこの子どもの苦境を理解して助けようとしたのだろうかというのだ。ビンティは人間に育てられたゴリラで、ぬいぐるみを使って子育ての練習をさせられていた。だからビンティは人間に教えられたことを反射的に実行したにすぎないという人もいた。しかし、ビンティは自分が苦境にあるわけではないのに、ホースの水が降り注ぐなか、あえて子どもを抱き上げて運んだ。明らかに子どもに対する気遣いがなければできない行動である。おそらく、ビンティは自分のとった行動が子どもを救うことにつながることを理解していたと思われるのである。

アフリカのヴィルンガ火山群でマウンテンゴリラの調査をしていたころ、私はゴリラのオスがワナから子どもゴリラを助けだすところを目撃したことがある。当時まだこの地域は密猟がさかんで、アンテロープ類を捕らえる跳ねワナがあちこちに仕掛けられていた。針金でつくられた輪を踏みぬくと、輪に結びつけられている竹が跳ね上がり、手や足の輪が締まって体ごと釣り上げられてしまう。痛がって子どもが手を引っ張ると、ますます輪は締まって血が通わなくなり、手が腐って落ちてしまう。こうして手や足を失ったゴリラたちをときどきみかけた。しかし、ベートーベンという名のついたオスがいる集団だけは、ワナの犠牲者をみかけない。不思議なことだと私は思っていた。私が出くわしたとき、ちょうど四歳の子どもゴリラが手をワナに跳ね上げられて、苦しそうな悲鳴を上げていた。ベートーベンは子どもをあやしながら抱き上げ、竹をたわめ、針金を緩めてゆっくりと子どもの手を抜いてワナを外したのである。子どもの痛がる気持ちを理解し、暴れないようになだめながら、ワナの仕組みをよく知って対処しなければ成功しない。ベートーベンにはこういった能力があるから、この集団には犠牲者がいないのだと、私はそのときわかったのである。

チンパンジーは、けんかで傷ついた仲間に近寄って毛づくろいをし、その傷をなめてやることがある。これは痛みを和らげ、感染を防止する効果がある。なによりも傷ついた仲間を慰める働きがあると解釈されている。また、チンパンジー、ボノボ、ゴリラには、けんかが起こった後にその当事者どうしばかりでなく、けんかに加わらなかった仲間とも慰め合う光景がみられる。しかし、サルにはけんかの当事者以外に慰め合うような行動はほとんどみられない。これも、類人猿には苦しみや悲しみを抱いている仲間の気持ちを理解し、それを軽減しようとする能力がある証拠と考えられている。

4　心の理論と利他的行動

それは、類人猿が自己を認知できる能力があることと関係があるかもしれない。アメリカの心理学者ゴードン・ギャラップは、チンパンジーに麻酔をかけ、自分の目ではみえない体の部分に色でマークをつけ、鏡をみせた。するとチンパンジーは鏡に映った自分の姿を利用して、マークのついた部分に手で触った。これはチンパンジーが鏡に映った姿を自分と認める能力があることを示している。この能力はゴリラやオランウータンももつことが確かめられたし、人間も二歳前後でこの能力を示し始めることがわかっている。しかし、類人猿以外のサルたちは何度実験しても、鏡のなかの姿を自分とは認識しなかった。

これは、類人猿とサルのあいだに明らかに自己を認知する能力の差があることを表している。自分を認知できるということは、相手の視線に立てるということだ。相手がみている自分を意識できる。相手の目に自分がどう映っているかを理解できるのである。これは「心の理論」という認知につうじる。つまり、相手が考えていることを読んで自分の行動を変える能力があるということである。その能力を使って、類人猿は仲間をだましたり、そそのかしたり、協力したりする。共感や同情も「心の理論」をとおして起こることが多いと考えられる。アメリカの心理学者のサリー・ボイセンは、隣り合うケージに入れられた二頭のチンパンジーの片方に、隠れて別のチンパンジーを吹き矢で狙っている獣医の姿をみせた。すると、みえているほうのチンパンジーは大声で叫んで仲間に危険を知らせた。しかし、両方のチンパンジーに吹き矢をもった獣医がみえている状況では、声は出さなかった。つまり、チンパンジーは自分が感知した危険を仲間が知らないことを認知し、それを教えて仲間を助けようとする能力があるのだ。

最近の研究では、ゾウやイルカといった霊長類と系統のちがう動物も自己の鏡像理解ができることがわかっている。ゾウやイルカは、類人猿と同じように脳が大きく、ゆっくりした生活史をもっている。長い時間をかけて成長し、仲間たちと深い関係をつくり、それを利用して群れ生活を送る。アメリカの神経学者エスター・ニムチンスキーたちは、自己の鏡像理解と関係のある紡錘細胞を脳のなかにみつけた。紡錘細胞は脳の深いところにあって、離れた層を連結させる役割を果たしている。そして、これは人間と類人猿、ゾウとイルカ類にしかみつからなかった。ゾウもイルカも記憶力が高く、仲間を気遣う能力を示す。イルカが人間と触れ合いながら遊ぶことはよく知られているし、セラピストの役目を果たしてくれることさえある。ゾウは人間に家畜化されなかった動物のなかで唯一、人間の求めに応じて仕事をこなし、いっしょに戦うことすらある。類人猿に負けないほど、いやそれ以上に共感や同情の能力を示すのである。

もちろん、共感や同情のエピソードは人間ではるかに多い。それはすでに日常的になっているので、私たちは仲間に共感や同情を抱きながら毎日を送っていることに気がつかないほどだ。じつは人間の社会は、向社会的な行動と互酬的な行動によって成り立っている。向社会的な行動とは、見返りを求めず、不利益をこうむることをいとわず、相手の幸福度を上げることだ。互酬的な行動は、相手のためになることをすれば、当然それに見合うだけのお返しがあって成り立つ。だから、相手の能力によって、自分と相手との関係によって互酬的な行動の内容はちがってくる。お返しができない相手には過大な援助をしないし、自分と敵対している相手に利するようなことはしないだろう。この二つの行動は、どちらも共感や同情にもとづいていると考えられるが、それぞれの社会における役割や由来はちがっている。向社会的な行動は親子や近親者のあいだで、互酬的な行動は友だちづきあいをする者どうしのあいだに起こると考えられるからだ。

じつは、サルの社会では向社会的な行動は親子、とくに母親と幼児のあいだに限られている。しかも、まれにしか起こらない。前述したように、そもそもサルたちには他者が危険に気づかないでいることがわからない。だから、他者が助けを求めない限り、それを助けようという行動も発現しない。相手が自分の子どもであっても、子どもが悲鳴でもあげない限り危険に気づかないし、助けることもない。サルには、自分と相手がもっている知識に差があるという認識が希薄なのである。

これは、サルになぜ人間のだましや教育にあたる行動がほとんどみられないか、ということとも関係がある。視覚優位の世界に生きているサルたちにとっては、みえている世界が真実である。逆にいえば、みえていないことは真実ではない。サルたちには自分がみているものと相手がみているものとのちがいはわかる。だから、強いサルがみていなければ、自分は好きなように食物に手を伸ばせるし、好む交尾相手にも接近できる。しかし、強いサルが視線を向ければ、たちまち行動を抑制する。このため、相手の視線を操作して、注意をそらすことがある。たとえば、強いサルがみえない場所で餌を食べたり、交尾相手を誘いだす。また、自分が攻撃されそうになると、自分より弱いサルを攻撃して、強いサルの注意を別のサルへ向ける。しかし、サルには同じようにみえている世界にいながら、相手と自分とのあいだに知識や能力の差があって、行動の結果に大きなちがいができることを認知できない。

だましとはその差を自分に有利に用いることだし、教育とはその差を埋めて劣っている者の知識や能力を向上させることである。「心の理論」をもつ類人猿には仲間をだます行動がみられる。私はマウンテンゴリラの調査をしているとき、大好物の木イチゴをみつけたゴリラが、自分より体の大きなゴリラにみせつけるように早足で先に進んだ後、こっそりもどってきて木イチゴを一人占めしたのを目撃したことがある。アメリカの心理学者のエミール・メンゼルは、放飼場にいる二頭のチンパンジーのうち弱いほうだけにバナナの隠し場所を教えた。初めは、弱いほうがバナナをとると、すぐに強いほうがやってきて奪ってしまう。そこで、弱いほうは知らないふりをして、強いほうが離れるとバナナをとるようになった。すると今度は強いほうが離れるふりをして、弱いほうがバナナをとるとすかさず飛んできて奪うようになった。このように、チンパンジーは相手の心を読んで、自分に有利な方法を考えだすので、だまし合いになる。

しかし、「心の理論」をもった類人猿でも教育はめったにみられない。動物の場合は教育とはいわずに「教示行動」とよぶ。その定義は、自分と相手とのあいだに知識の差があることを双方が知っていることと、教えるほうが自分の不利益を顧みずに相手の能力を向上させようとすることである。動物のなかで教示行動がみられるのはほぼ食肉類と猛禽類に限られている。ライオンやチータの母親は、自分が捕まえた獲物をわざと放し、子どもに追いかけさせる。獲物が逃げてしまうリスクを冒してでも、子どもに狩りの技術を覚えさせようとする。ミサゴなどの猛禽類も、捕まえた魚をわざと放して子どもに捕獲の訓練をする。だが、これらの肉食類や猛禽類でも教示行動は母親が子どもに対して行うだけである。

植物食や雑食の霊長類では獲物をとらえる技術は必要ではないので、教示行動はみられない。唯一知られているのはチンパンジーである。これも母子間で、わずか二例しかない。コートジボワールのタイ森林で、木の枝を打ちつけて硬いナッツを割るとき、子どもがよくみえるように母親がわざとゆっくり木の枝を振り下ろしたのが目撃された。もう一つはタンザニアのゴンベで、シロアリ釣りをしていた母親が子どもによくみえるように繰り返しアリを釣り上げた後、その枝を子どもに渡した例である。いずれも人間の教育と比べるとあまりにもシンプルで、ほんとうに教えているかどうか疑わしくなる。ゴリラやオランウータンには教示行動と思われるような行為は観察されていない。

つまり、「心の理論」をもつ類人猿でも、自分が不利益をこうむっても相手を助けようとか、相手の知識や能力を高めようとする向社会的な行動はめったにみられないのである。ゴリラやチンパンジーの群れのなかでみられるのは、互酬的な行動である。一方が毛づくろいをすれば、他方が同じように毛づくろいをすることが多いし、ほかの仲間とのトラブルの際に味方をしてくれることもある。食物の分配も、弱いほうが強いほうに要求して得ているようにみえるが、交尾ができたり、協力してもらえたりといった報酬が期待できる。けんかの際に第三者に仲裁してもらうことも必要なので、ふだんから自分と仲間との関係に気を配り、仲間の支持を失わないようにしている。これはどこかで互酬的な関係を意識しているからだろう。しかし、優劣が厳格なサルの社会はちがう。優位なサルは一方的に劣位なサルを押しのけて食物を独占し、交尾相手に接近する。これは互酬性にもとづく行動ではない。ただ、血縁関係にあるメスたちはたがいに毛づくろいをし合い、トラブルが生じると連合して敵に立ち向かう。だから、サルの群れは血縁関係のある仲間にだけ互酬的な関係がみられるといえるかもしれない。

このように、サルや類人猿の群れ社会では、向社会的な行動は希薄で、あっても母子のあいだに限られている。互酬的な行動も血縁関係のあるものに限られることが多く、「心の理論」をもつ類人猿にのみ群れのなかで比較的広範囲にみられる。これに対して人間の社会では、家族や親族のなかでは見返りを求めない向社会的な行為はあたりまえのことであるし、家族の外でもときおりみられることがある。教育は家族のなかよりもむしろ外で行われるものだからである。どの人間社会でも、子どもに対しておとなたちは向社会的だし、教育的に振る舞う。また、複数の家族からなる共同体は互酬的な行為を原則として成り立っている。共同体の成員はたがいに助け合い、支え合うことを求められているからである。いったいこのような規範はどのようにして発達したのだろうか。

私はこの規範が共同の子育てと食の社会化によって生まれたのではないかと思っている。サルでは母子に限られていた向社会的な行動が母子以外に広がるには、母子に限定されていた子育てに母親以外の仲間が参入し、食物の分配をつうじて共感や同情の意識を高める必要があったと思うからである。そのカギは、初期の人類が多産によって共同の子育てを余儀なくされたこと、大脳化によって成長が遅くなった子どもたちを抱えて食物の供給を分担して行わなければならなくなったことにある。向社会的な行為を広げ、食物を介したコミュニケーションを発達させることによって、人類は共同で子どもを教育し、たがいに助け合うことのできる社会をつくったのである。それをまず、母親以外の子育てという視点から眺めてみることにしよう。

5　父性の発達

集団生活をする霊長類では、母親以外のさまざまな個体が子育てをする。これをアロマザリングという。しかし、そのほとんどは母親と血縁関係のある個体である。もっともふつうにアロマザリングをするのは赤ん坊の姉にあたるメスで、まだ子どもを産む前から赤ん坊に強い関心を示す。自分の母親が抱いている赤ん坊に近づき、その顔をのぞき込み、そっと触れ、毛づくろいをし、やがて抱いて運ぼうとする。叔母やいとこにあたるメス、とくに未経産のメスが同じような反応を示す。多くのサル社会はメスが生涯同じ群れで暮らす母系なので、血縁関係にあるメスたちが共同で子育てをするのは多くの利点があるだろう。しかし、ここではメスではなく、おとなのオスの子育てについて考えてみることにしたい。こういったオスと赤ん坊との血縁関係は定かではなく、オスが子育てをする理由はメスとは異なる可能性があるからだ。また、オスが子育てに参入することによって、血縁だけに限られていたアロマザリングに大きな変化が起こることが予想される。

霊長類のオスは、自分の所属する群れに外敵やほかの群れ、単独生活をするオスなどが接近したりすると、メスや子どもたちより積極的に立ち向かう傾向がある。また、成熟したオスは一般的に乳児に寛容で、乳児が叫び声をあげるとすばやく駆けつけて守ろうとする傾向がある。しかし、ここで述べる父性行動はこのようなオスの一般的な保護行動ではなく、オスが身体の接触をつうじて幼児と親密な交渉をもつことをさしている。この行動には、幼児を抱き上げてなめる、匂いをかぐ、頰ずりをする、毛づくろいをする、運ぶ、食物を与えるなど、授乳以外の母親が行うすべての行為が含まれている。

霊長類の父性行動の種類や発現頻度には、種のあいだで大きなちがいが認められ、種内でも地域、集団、個体のあいだで、また同じ個体でも年齢、時期、社会状況によって大きく変化する。種間・種内であまり大きな変異が認められない母性行動とは対照的である。おそらく、社会構造の相違によって、またオスの集団形成へのかかわり方の相違によって、このような多様性が生じてくるのだろう。ニホンザル研究の初期にこの行動に着目した伊谷は、父性行動が文化的な要素を多分にもっていることを指摘している。

オスが乳児にメス以上に熱心な世話を施す行動は、南アメリカに生息する小型の真猿類ヨザル、ティティ、マーモセット、タマリンで知られている。これらの種のオスたちは、出産直後から新生児に強い興味を示し、まだ血まみれの赤ん坊を抱き上げてなめたり匂いをかぎ、生後一時間もしないうちに抱いて運びだしたりする。母親はこうしたオスたちに非常に寛容的で、むしろオスの子育てを歓迎する傾向がある。タマリンやマーモセットのオスはメスより赤ん坊を抱いている時間が多いのがふつうで、極端な場合には母親が乳児と接するのは授乳のときだけということもある。乳児が成長して固形物を口にするようになると、オスは口や手から乳児が食物をとることを許容する。とくに、乳児には捕獲できない昆虫や殻が硬くて割れない果実などは、オスが分け与えたり食べやすいように割ってやることがよくあるという。サルの社会ではめったにみられない食物の分配が、このように育児をつうじてオスと子どものあいだにみられるのである。このことは、霊長類で食の共有が広がるプロセスが、チンパンジーのような互酬性にもとづく分配以外に、子育てという向社会的な行動のなかにも隠されていることを示している。

タマリンやマーモセットはペアの集団構造を基本としているが、複数のオスと一頭のメスが複雄単雌の構成をもつ群れをつくることがある。この場合、オスたちはかわるがわる一頭のメスと交尾し、生まれた赤ん坊を手分けして世話をする傾向がある。また、オスほど頻度は高くないが、乳離れした子どもが弟や妹を背中に乗せて運び、熱心に面倒をみることがある。

母親以外の個体が乳児の世話をやく理由は、これらの種が双子や三ツ子を産むことが多く、しかも赤ん坊の体重が重いことが関係している。複数子を産む率は八〇％近く、新生児の体重は合計すると母親の体重の七〜二七％に上るという。母親が単独でこれらの新生児を育て上げるのは不可能に近い。新生児の体重が母親の体重に比べて重い種ほど、オスが長時間にわたって乳児の世話をする傾向がある。また、体が小さく昆虫食を主とする彼らは、体重に比べて多量の食物を摂取し、敏捷な行動と多大な労力を必要とする。体重が一キログラムに満たないタマリンやマーモセットは、一〇倍以上の体重を誇るほかの真猿類に匹敵するほどの距離（一〜二キロメートル）を日々遊動して暮らしているのである。そのため、オスや離乳した子どもたちの協力なしでは乳児を育てることがむずかしいといわれている。

さらに、タマリンやマーモセットでは子育てにかかわるオスが一頭では十分でないことが多いようだ。オスが一頭の場合には乳離れした子どもたちが頻繁に子育てに参加し、オスが複数の場合には子どもたちがあまり参加しない傾向があるからである。複数のオスが子育てを分担し、複雄単雌群を構成する場合には、自分と血縁関係にないことが明らかな赤ん坊を抱いて世話するオスもみられる。このことは、オスの繁殖戦略からすると一見奇妙にみえるかもしれない。しかし、すべてのオスがほかのオスの子どもを分け隔てなく育てれば、自分の子どもも同じようにほかのオスから世話を受けることができるので、この行動が淘汰されずに残る可能性がある。性的二型の発達していないこれらの種では、オスにとっても子育てはメスと同様たいへんな負担になる。乳児を運ぶオスは群れについて歩くことが精いっぱいで、自分で採食することがほとんどできないこともあるという。複数のオスで分担すれば負担は軽くなり、子育ても効率よく進むだろう。そして、なによりもメスが複数のオスを必要として迎え入れることが、複数のオスによる子育てを発達させた大きな要因になっているにちがいない。

6　マカクやヒヒのオスの子育て

オスがとくに新生児に興味を示して世話をやく行動は、北アフリカの疎開林にすむバーバリマカクでも知られている。赤ん坊の体重は母親に比べてとくに重いということはなく、ほかのマカク類と同じようにだいたい五％前後である。この種はニホンザルと同様に母系的な複雄複雌群をつくり季節繁殖をするが、赤ん坊が春にいっせいに生まれると、オスがつぎつぎに寄ってきてのぞき込んだり接触したりする。オスはこれらの赤ん坊を抱き上げて運び、匂いをかいだり、なめたり、毛づくろいをしたりする。

この行動はほとんどすべてのオスにみられるが、それぞれのオスには世話をする乳児が決まっていて、複数の乳児を対象にするオスはまれである。しかし、バーバリマカクは乱交的な交尾をするので、世話をするオスと乳児の血縁関係は観察者には不明だし、オスにも認知できているとは思われない。また、もっとも熱心に乳児の世話をするのはあまり交尾をしない若いオスなので、乳児と世話をするオスの生物学的父性は薄い。むしろ、姉や妹の子どもといった同じ血縁集団内で生まれた乳児を世話していることが多く、父性行動というよりは兄性行動に近いという意見もある。これらの行動は、乳児が乳離れをする交尾期になると減少し始め、一年後につぎの出産期を迎えるとオスの興味は新しい赤ん坊に移り、それまでの親密な関係は消滅する。

ニホンザルでは、高崎山のオスの父性行動について伊谷が詳しく調査している。ニホンザルのオスも出産期に集中して幼児の世話をする傾向があるが、対象は新生児ではない。一〜二歳の幼児がオスの世話を受けることが多く、これは新生児を出産した母親が前年、前々年生まれの子どもを拒絶するために起こるようだ。一歳児では世話を受ける子どもに性差はないが、二歳児になるとメスの子どもが対象になることが多くなる。

それぞれのオスは特定の子どもを選んで世話をするが、両者のあいだに血縁関係はないことが多い。また、すべてのオスがこの行動を示すわけではなく、社会性が高く、攻撃性が低く、群れの中心部への志向性が高いオスがよく行う傾向がある。順位の低いオスはこれらの幼児を抱いていれば、群れの中心部にいても優位なオスやメスから攻撃されることが少なくなる。しかも、自分より優位な個体を退けて食物に優先的に接近でき、順位を上げたり、群れの滞在期間を延ばしたりすることもあるので、伊谷は幼児と連れ添うことがオスにとって中心部へのパスポート的な役割を果たすとみなしている。

世話を受ける幼児にとっても、オスから保護されることでほかの子どもたちやメスより有利に振る舞える場合もあり、オスの世話は幼児の社会的成長に大きな影響を与えることが示唆されている。しかし、このオスと幼児の親密な関係もだいたい一年以内に消滅し、子どもたちはその後、年上の個体からさまざまな機会に攻撃され戒められ、優劣関係を認知することで社会的な成長を遂げるという意見もある。

オスが幼児を世話することで社会関係を調整する行動は「攻撃的緩衝」とよばれ、バーバリマカク、ベニガオザル、チベットモンキー、ボンネットザル、サバンナヒヒなど母系的な複雄複雌群をつくる種でよく知られている。また、母系的な単雄複雌群をつくるゲラダヒヒやマンガベイでもみられている。ベニガオザルやチベットモンキーのオスは乳児の世話をよく行い、性的な接触を試みることもある。中国の安徽省でチベットモンキーの野外研究を続けてきた京都大学霊長類研究所の和田一雄、中国の霊長類学者熊成培、中京大学の小川秀司らによれば、オスがほかのオスに近づく際に赤ん坊を連れていき、双方のオスが赤ん坊を同時に抱いたり、赤ん坊を挟んで抱き合うことがよくあるという。これはちょうど赤ん坊が双方のオスを橋のようにつなぐので「ブリッジング」とよばれているが、この際オスが赤ん坊の陰部やペニスを口に含むことがある。ベニガオザルやチベットモンキーのオス間には、手で相手のペニスを刺激したりフェラチオをする行動が知られていて、和田はこれを挨拶行動の一つとみなしている。ブリッジングも幼児を利用した挨拶行動や攻撃的緩衝の一種で、相互の社会的緊張を減じる役割を果たしていると考えてよいだろう。

攻撃的緩衝に幼児を用いるオスは、幼児に優しい態度で接し、幼児やその母親もこのオスに協力的である。幼児がいやがる場合には、オスはめったに強制的な態度に出ることはない。しかし、まれにオスが抵抗する幼児を引きずったり腕に抱きかかえて連れだすことがあるし、幼児の代わりに年長の子どもやメスを利用することもあるという。こうしたオスと幼児のあいだに生物学的な血縁関係が濃いとは限らず、その群れに滞在期間の長いオスもやってきたばかりの新参オスもこの行動を示す。おそらく、この行動はオス間に厳格な優劣関係がある母系社会に特徴的なもので、優劣順位によるあつれきを減らし、血縁個体間で結束の固いメスたちから認められて、群れでのオスの立場を有利に導く効果があると考えられている。攻撃的緩衝は、オスと幼児の二者間の交渉ではなく、幼児を抱くことを他者に提示して働きかける三者間の交渉だからである。

オスが小さな幼児を年上の個体の攻撃からかばったり、すぐそばで食物をとることを許容したり、いっしょに遊んだり、毛づくろいをしたりするのは多くの種で観察されている。これらのオスの行動が特定の幼児に集中するのは、オスが幼児の母親と近接する傾向がある場合によく起こる。そのため、メスが追随しやすい優位なオスがそのメスの子どもと親密な関係を結びやすい。

父系的な単雄複雌群がいくつも集まった重層社会をつくるマントヒヒでは、若いオスが離乳した幼児を誘拐する「キッドナップ」とよばれる行動が発達している。成熟期にさしかかるころのオスが、三〜五歳のメスを母親から引き離し、自分に追随するようにしむけるのである。この現象は初めのうちは父性行動のようにみえるが、しだいにメスを自分のもとへ引きとどめようとする、成熟したオスの攻撃的な行為に変わる。また、このようにして何頭かのメスを誘拐してハレムをつくると、キッドナッピング行動はみられなくなる。すなわち、この行動は父性行動ではなく、母と娘のきずなを早い時期に断ち切ることによって、最終的には繁殖相手を確保することにあると考えられる。

対照的に、ゲラダヒヒは同じようなハレムの集合からなる重層社会で暮らしているものの、そのハレムはオスだけが移籍する母系集団で、オスによるキッドナップも起こらない。その代わり、ハレムについて歩く若いオスや、ほかのオスに地位を乗っ取られた前リーダーが幼児の世話をやくことがある。これらのオスの父性行動は、やはり「攻撃的緩衝」、あるいはリーダー時代に残した自分の子どもの生存率を高めることに役立っていると考えられている。

母親を失ったみなし児たちを、成熟したオスが熱心に世話するのは、ニホンザルやアカゲザルをはじめ多くの種でみられている。不思議なことに、母系社会でもこれらのみなし児たちを献身的に世話するのは、近親の姉や兄ではなく高順位のオスたちであることが多い。千葉県の高宕山では、猿害防除のためにニホンザルの一斉捕獲や射殺が行われ、その結果、母親を失ったみなし児がたくさん残された。四歳以下のみなし児たちを熱心に世話したのは、生き残っていた血縁のメスではなく高順位のオスたちだった。この行動を観察した東京大学の長谷川真理子は、オスたちがみなし児たちを長時間毛づくろい、子どもたちの要求に応えて背や腰に乗せて運ぶなど、母親顔負けの行動を示したことを報告している。オスのなかにはとくに子どもたちに好かれる個体がいて、このオスのまわりにはつねに子どもたちが群がっていたという。また、みなし児とは生物学的な父親である可能性がないオスが、熱心に世話をやいた例もいくつか確認された。長谷川は、この行動がみなし児の世話をすることによってほかのメスに自分をアピールし、そのオスが群れに長く滞在する基盤をつくることに貢献していて、最終的にはそのオスの繁殖成功につながるものであると推測している。

同様の意見は、霊長類の父性行動一般についても出されている。霊長類のオスと幼児の交渉を種間で広範に比較したアメリカの霊長類学者パトリシア・ホワイテンは、父性行動の種類や発現頻度が社会構造とも交尾様式とも、さらにはオスの生物学的な父性とも強い相関がなく、この行動はオスが幼児を利用してメスとの親密な関係を形成あるいは維持しようとする志向性に基礎づけられていると指摘している。それは、そのオスに群れでの安定した地位をもたらし、メスとの繁殖機会を増やす結果となる。メスが子どもの世話好きなオスを好めば、この行動はオスのあいだに広がる可能性がある。また、ある種では子育てに参加することはオスにとって大きな負担になるが、多くの種ではオスが幼児と親密な関係をもつことはたいした労力を要しないし、メスとの交尾を妨げるものではない。おそらく、この行動はメスの側の選択によって進化の過程で発達してきたものだろうというのである。つまり、これらのオスの子育ては向社会的なものではなく、繁殖相手となるメスへのアピールとして発現していると考えることができる。

ただ、この説はオスの幼児に対する世話が短期間で終わることを前提にしている。たしかにこれまで述べてきた種の父性行動は乳児か離乳期の幼児に限られていて、幼児が成長するにしたがい急速に減少する傾向がある。母系社会では、オスが長期間一つの群れに滞在しないので、オスと幼児との関係もオスが群れを離れるとともに切れてしまう。このため、オスの行動はなるべく効率よく自分の子孫を残そうとする短期的な繁殖戦略のようにみえるし、実際にそうなっている場合もあるだろう。

しかし、ペア社会や父系的な社会では成熟したオスが集団を離れることはない。とくに、ペア集団をつくるテナガザルやフクロテナガザル、非母系的な単雄複雌群をつくるゴリラでは、特定のオスとメスが長期間にわたって配偶関係を結ぶ傾向がある。このような社会では、幼児は思春期に至るまで特定のオスのもとで成長する。そして、そこには母系社会とはまた異なる父性行動が認められるのである。

7　ペア社会の父性

母系社会とは対照的に、ペア、父系の社会をつくる類人猿ではオスが「攻撃的緩衝」として幼児を用いる行動は知られていない。これは、オス間に母系社会のような厳格な優劣順位が形成されず、メスたちの結束も弱いので、オスが幼児を利用して自分の立場を好転させたりメスの支持をとりつけたりする必要がないからだろう。

複雄複雌の父系集団で暮らすチンパンジーとボノボには、あまり積極的なオスの父性行動は知られていない。前述したように、これらの種のオスは成熟期に達してもよく社会的遊びを行うし、幼児と長時間遊ぶこともしばしばある。また、オスが幼児を背中に乗せて運んだり、毛づくろいすることもめずらしい光景ではない。しかし、乳児の子育てはメスが独占していて、離乳した後もオスが特定の幼児と長期間にわたって親密な関係を持続することはない。

チンパンジーではメスの単独志向が強いので、乳児は自分の母親や乳離れしてまもない兄や姉とともに過ごすことが多い。離乳すると、オスの子どもはしだいに年上のオスたちとつきあうことが多くなり、やがて優劣順位を認知してオスの連合関係に組み入れられていく。この連合関係は父親と息子のような保護し保護される関係ではなく、たがいに協力して社会的地位を維持しようとする仲間意識から成り立っている。メスは思春期まで母親と一緒に遊動することが多いが、性にめざめるとしだいに遊動範囲を集団の遊動域の周辺部へ移し、近隣の集団のオスたちと接触を増やして移籍してしまうようである。したがって、成長期にあるメスが特定のオスと持続的な近接関係を保つことはない。

ボノボはチンパンジーよりまとまりのよい両性群で暮らしているので、オスたちと幼児が接触する機会も多い。オスは成熟期に達しても自分の母親と親密な関係を持続する傾向があるので、自分の母親が抱いている乳児や幼児とつきあう機会が多くなる。だが、このオスと幼児は兄弟姉妹の関係にあるので、これは父性行動ではない。これ以外に、オスたちが特定の幼児ともその母親とも持続的な関係を結ぶことは知られていない。オスたちは幼児と性的遊びを行うこともあるが、これも特定の幼児を対象にすることはないようだ。乱交的な交尾関係を結ぶボノボでは、性交渉をつうじて雌雄が持続的な関係を形成することはなく、その結果、オスと幼児との関係も長続きしないのだろうと思われる。

これに対して、テナガザル、フクロテナガザル、ゴリラでは、オスはそれほど積極的な父性行動を示すわけではない。また、乳児にはあまり関心を示さないが、幼児との親密な関係は思春期に至るまで持続する傾向がある。新生児は母親がしっかりガードしていて、オスに触らせようとせず、授乳中の子育てはもっぱら母親が行う。赤ん坊が固形物を口にするようになり、年上の幼児たちと遊ぶようになってから、オスははじめて接触するようになるのである。

ペア集団をつくるテナガザルでは、オスの父性行動はあまり知られていない。一方、同じようなペア集団をつくるフクロテナガザルのオスは、子どもが生まれて半年から一年ぐらいすると抱いて運んだり、毛づくろいをしたり、タマリンやマーモセットに匹敵するほど熱心に子どもの世話をやくことが知られている。ときには母親よりも子どもとつきあう時間が長く、日中の半分以上を子育てに費やすこともまれではないらしい。オスの積極的な子育ては幼児が二歳になると急速に減少する傾向がある。これも、タマリン、マーモセットなどの小型霊長類や母系社会における父性行動とよく似ている。だが、フクロテナガザルの新生児は母親の五％ほどの体重しかなく、食物も豊富に得られる果実や葉なので、子育てに大きな負担がかかるとは思われない。なぜ同じ社会構造をもつテナガザルとフクロテナガザルで、このような父性行動の発現に大きなちがいがみられるのか、納得できる解釈は与えられていない。メスの選択による淘汰圧が後者に強く働いたのだろうか。

テナガザルやフクロテナガザルの子どもたちは、成長するにしたがい両親との反発関係を増すようになる。ペアを組んでいる両親はつねにいっしょにいるが、離乳した子どもたちは両親から距離をおいて過ごすことが多くなる。両親から子どもへの攻撃は、メスが発情すると増加し、同性間での敵対関係が高まる。しかし、この変化は子どもたちが両親と決定的に対立し、関係を切ってしまうことを意味するわけではない。子どもたちは思春期に至るまで両親のなわばりのなかで遊動し続けるし、年長の子どもは親と協力して隣接するペア集団と向かい合って戦うことがある。テナガザルでもフクロテナガザルでも息子が父親といっしょに隣接ペアを追い払う傾向があるし、テナガザルでは成長した息子が老齢化した父親に代わってなわばりの防衛にあたるようになったという報告がある。同様に、娘は母親を加勢して近くになわばりをかまえたヒトリメスややもめのメスを攻撃したという報告がある。親と子どもの協調攻撃を分析したマーク・ライトンは、息子や娘が思春期まで残って両親に協力するおかげで、これらのペア集団が配偶者を乗っ取られることなく長期間維持されることを示唆している。

テナガザルやフクロテナガザルのように、特定のペアが長期にわたって配偶関係を維持する社会でも、群れの乗っ取りが起こることがある。とくに両親のもとを離れた息子や娘は、①ほかのペアのなわばりに侵入して同性を追いだすか、②配偶者を失った異性に連合するか、③自分でなわばりをまずかまえて異性を引き入れるかしなければならない。よく起こるのは③の方法で、この際、両親が息子や娘のなわばりづくりに協力することがある。メンタウェイ諸島でクロステナガザルの野外研究をしたアメリカの霊長類学者ロナルド・ティルソンは、子どもたちが新しいなわばりをかまえた四例中三例で、両親が一時的になわばりを拡張し、広げた部分へ思春期の子どもを導いて自分のなわばりをかまえさせたことを報告している。二例はオスの子どもで、両親は拡張したなわばりへ何度も息子を導いて、ほかのオスたちを追い散らした後、息子をおいて立ち去ることを繰り返した。息子は最初のうちはほかのオスから攻撃されて両親のもとへもどることが多かったが、しだいに新しいなわばりに定着するようになった。もう一例はメスの子どもで、両親は娘が配偶者を得るまでなわばりの維持に協力したという。

このような親と子どもたちの協力関係から推察すると、テナガザルやフクロテナガザルには親の世代と子どもの世代が認知されているようにみえる。両親は子どもたちが思春期に近づくまで同じなわばりにとどまることを許容する。子どもたちが性的成熟に達すると世代の枠は外され、同性の親子はたがいに反発関係を高めるようになって子どもは独立する。しかし、子どもたちは親と同世代になったわけではない。子どもは両親のなわばり防衛に協力し、親は子どもの独立を助ける。そして、この二つの異なる世代は性関係をもちにくい。前述したように、配偶者を失ったメスが自分の息子と一時的なペアを形成することはあるが、性交渉はまれであろうと思われる。一方、同世代に属する兄弟姉妹は容易に性交渉を結びうる。

おそらく、これらのペア社会にみられる父性行動の重要な役割は、積極的に幼児の世話をして配偶者の負担を減らすことよりも、子どもが思春期に至るまで保護し協力し合う関係を保ち続けることにあるのではないだろうか。オスとメスが長期にわたって配偶関係を維持すれば、オスは必然的に特定の幼児との関係を持続することになる。それが結果として、父親と子どもたちの世代認知を促し、子どもたちが親以外の異性を配偶者として選び、両親のなわばりのそばに共存できるような効果をもたらしているのではないか、と思われるのである。

8　ゴリラの父性行動

同様の傾向はゴリラの社会についても認められる。ゴリラの集団は単雄複雌の構成を基本とするが、オスと複数のメスが長期にわたって配偶関係を維持し、成長した息子が集団を乗っ取ったり、娘が母親を追いだしたりすることがないからである。もちろん、メスはオスのもとを離れてほかの集団へ移ることもあるが、核オスが死亡しない限り、その集団のメスがこぞって移籍してしまうことはない。とくに核オスが若いうちに移籍してきたメスは、後から移籍してきたメスより優位な地位を維持して長くオスのもとにとどまる傾向がある。

また、マウンテンゴリラではメスが出ていく場合でも、核オスが健在なうちは乳離れした子どもをオスのもとへ残していくのがふつうである。このため、核オスのシルバーバックと子どものつきあいは、少なくとも子どもが生まれたときから思春期に至り集団を離脱するまで、あるいは核オスが死亡するまで、長期にわたって継続することになる。ゴリラの集団間の出会いではオスだけが敵対的な交渉を行うが、やはり成長した息子が父親に加勢して他集団のオスに立ち向かうことがよくある。マウンテンゴリラでは父親が老齢な場合は成熟した息子が集団に残り、しだいに父親に代わってリーダーシップをとるようになる。しかし、息子が父親に対して優位に振る舞うことはなく、父親がメスからの支持を失うことはない。相変わらずメスや子どもたちは父親のほうに近接し続け、死ぬまで父親は集団の核としての立場を維持し続けるのである。

ゴリラの父性行動も新生児に向けられることはない。また、シルバーバックは積極的に幼児の世話をするわけではない。離乳を始めた幼児がシルバーバックのそばに居つくようになってから、オスと子どもの親密な交渉が発現する。

これは、母親の巧妙な作戦によっている。ゴリラのメスは一〇〇キログラムを超える体重をもつにもかかわらず、二キログラム弱の小さな赤ん坊を出産する。子どもを産むと母親は、ほかのメスよりシルバーバックと近接して暮らすようになる。おそらく、乳児を抱えたメスはより強くシルバーバックの保護を求めるようになるのだろう。シルバーバックもこの新しい母親の接近を避けることはなく、めったにメスにはすることのないグルーミングを新生児を抱えた母親に長時間施すことがある。母親は約半年間赤ん坊を手放さず、シルバーバックも新生児に触れることはない。

しかし、乳児が母親の腕を離れてシルバーバックにじゃれつくようになると、優しく抱いてやることがある。乳児が一〜二歳になって自然の食物に関心を向けるようになると、母親は乳児が年上の幼児と遊ぶことを許し、乳児をシルバーバックのそばに残して、自分は少し離れて採食することが多くなる。乳児はしだいに母親から離れることに慣れ、年上の幼児たちとシルバーバックのそばで過ごすことが多くなる。完全に乳離れするころには、子どものシルバーバックとの近接頻度は母親よりずっと高くなっている。

シルバーバックはこれらの幼児たちにきわめて寛容な態度を示し、幼児たちが乱暴に顔を叩いたり、背中に乗って遊んでもとがめることはない。幼児たちは四六時中シルバーバックの後をついて歩き、シルバーバックの食べるものを口に入れ、シルバーバックの背や腕に寄りかかって休む。子どもたちは小さなうちは母親のベッドで眠るが、四〜五歳になると自分でベッドをつくるようになり、しだいにそれを母親のそばからシルバーバックのそばへ移すようになる。

こうして子どもたちが依存する対象は母親から父親へ移される。オスはメスが新生児を抱いて近接することによってその子どもの存在を認知し、離乳後にその世話を任されることによって子どもとの親密な関係を深めるのである。ゴリラの子どもの離乳がチンパンジーやボノボより約一年早いのは、この離乳作戦の成果かもしれない。

また、ゴリラでは乳児や離乳期の幼児がほかのオスに狙われて殺されることがある。殺害者は単独生活をするヒトリオスや他集団の核オスで、乳児を殺されると母親は数カ月以内に集団を離脱してしまう。このため、母親には乳児や幼児を子殺しから守る保護者が必要で、それが母親を出産後いちはやくシルバーバックに近接させる大きな動機になっていると思われる。メスが移籍する際、必ず離乳した幼児をシルバーバックのそばに残していく傾向があるのも、幼児が殺害される危険を避けようとしてのことだろう。母親は、子どもがシルバーバックのそばで安全に育てられることを知っているにちがいない。ゴリラの社会では、離乳した子どもを保護し、思春期まで育て上げるのは母親よりむしろ父親の仕事だからである。

また、シルバーバックは母親が移籍したり死亡したりしたために孤児になった幼児を、優しく保護し世話をする行動特性をもっている。こうした孤児とシルバーバックの交渉を私はマウンテンゴリラで二例、ヒガシローランドゴリラとニシローランドゴリラで一例ずつ観察しているが、いずれもシルバーバックがいなければ孤児たちが生存できたかどうかあやしい状況だった。孤児たちは三〜四歳の離乳期で、年上の兄や姉がいたが、とても母親に匹敵する世話はできなかった。しかし、シルバーバックがこの孤児たちを温かく迎え入れ、自分のベッドに入れて寝かせてやったために、当初元気を失った孤児たちはしだいに回復した。孤児たちはつねにシルバーバックのそばにいて、なにかトラブルが起こるとすぐシルバーバックの大きな腹にしがみついて気持ちを静めた。

ただ、シルバーバックはこれらの孤児たちに特別目をかけて育てるわけではない。シルバーバックはほかの子どもたちより孤児たちをかばうことが多かったが、これは孤児たちがよく年上のゴリラに攻撃されたせいである。シルバーバックはほかの子どもたちが攻撃されれば同じようにかばっているし、孤児たちが年下の子どもにちょっかいを出せば彼らを叩いて諫めている。もともとゴリラにはけんかが起こると弱いほうを助ける傾向があるが、シルバーバックにはこの傾向が著しい。シルバーバックはよくメスや子どもたちのけんかを仲裁し、巨体を利してあいだに割って入り、体の大きいほうを諫めるかどちらにも加勢せずにけんかを止めようとするのである。

このシルバーバックの仲裁行動のおかげで、子どもたちは母親がいるいないにかかわらず、オスのまわりで差別されることなく対等につきあうことができる。母親はどうしても自分の子どもだけをかばってしまう傾向があるが、すべてが等しく自分の子どもであるシルバーバックは特定の子どもをえこひいきしようとはしないのである。このため、子どもたちもシルバーバックを後ろだてにして、ほかのゴリラに向かうような行動を示さない。シルバーバックという父性の存在は、子どもたちを母親の庇護のもとから引き離し、対等な社会交渉を学ばせる役割を果たしているのである。また、マウンテンゴリラでは老齢の父親に代わってリーダーシップをとり始めた息子も、同じような父性行動を示す。彼は幼児たちにとって父親ではなく兄にあたるが、幼児たちにあたかも父親のような態度で接するようになる。彼はやがて母親のちがう妹たちと交尾関係を結び、自分の子どもをつくるが、自分の弟妹にあたる幼児たちと差別することはない。父親の集団を継いだゴリラのオスにとって、自分の集団で生まれたすべての幼児に同じような保護を与えることが、核オスになる条件となるのだろう。

こうしてシルバーバックの庇護を受けて育った子どもたちは、思春期に近づくとシルバーバックと距離をおいて暮らすようになる。とくにオスの子どもはしだいに父親との反発関係を高めて、ついには集団を離れて単独生活を送るようになる。しかし、テナガザルやフクロテナガザルと同じく、息子は父親と決定的な敵対関係に陥るわけではない。それどころか、集団を離れても半年から一年ほどは未練がましく母集団の遊動域をうろついた後、やっとほかの集団を追跡して遠ざかっていくのである。

一方、娘のほうは思春期に至っても父親と比較的親密な関係を保つことが多い。これは毛づくろいの頻度をみるとよくわかる。ゴリラはほかの霊長類に比べて毛づくろいをすることがまれだが、成熟個体に比べると子どもは親に対してよく行う傾向がある。幼児のうちは毛づくろいの対象は母親に限られているが、しだいにそれが父親のシルバーバックに向けられるようになる。そして、オスの子どもは思春期に近づくと父親への毛づくろいをやめてしまうが、メスの子どもは思春期を過ぎても、さらには子どもをつくり母親になっても父親へ毛づくろいし続ける傾向がある。しかも、思春期に至った娘は父親と配偶関係を結ぶのを避ける傾向があり、集団内に父親以外の成熟したオスがいない場合には、この回避傾向が娘を他集団やヒトリオスのもとへ移籍させるきっかけになる。成熟したオスが複数いる場合、娘は異母兄にあたるシルバーバックと交尾関係を結ぶことがあるが、これは父親が老齢化して繁殖能力が衰えたときに限られている。また、残って繁殖生活を始めた息子も母親と交尾関係を結ぶことはない。父親の死後息子が集団を引き継いだ場合は、母親だけでなく父親の配偶者だったメスが集団を離れてしまう場合がしばしばある。両親の世代と子どもたちの世代は、明らかに性交渉を結ばない傾向をもつのである。

おそらく、ゴリラの社会でもオスとメスが長期にわたる配偶関係を結ぶことによって、オスと子どもたちの親密な交渉が生まれ、父性が介在することによって不完全ながらも世代が認知されているにちがいない。テナガザルやフクロテナガザルとちがうところは、ゴリラでは母親がオスのもとを去った場合でも子どもたちとオスの関係が持続する点である。性的二型の強いゴリラの社会では、子どもたちの保護者としてのオスの役割がより強調されるように進化してきたのかもしれない。そして、なわばりをもたないゴリラでは、父親と息子が配偶者を分け合ってたがいに独占的な配偶関係を保ちながら共存することも可能になっている。これは母と娘が同じ相手と繁殖生活を営まないという非母系社会の特徴を受け継ぎ、異なる世代の異性が性交渉をもたないというペア社会の特徴を発展させたものである。

9　社会的父性の登場

初期人類の社会は、このゴリラ社会の特徴にさらに手を加えて外婚の基礎をつくったにちがいない。それは、ゴリラの社会にもインセストの回避と外婚の一致が少なからず認められるからである。なわばりをもたないゴリラの社会では、ヒトリオス、新しくできたばかりの単雄複雌群、すでに息子や娘が思春期に至っている複雄複雌群が、遊動域を大幅に重複させて混在している。そのため、さまざまな社会単位が頻繁に出会うことになるが、出会った際の社会交渉は集団によって異なっている。メスを誘いだして自分の繁殖集団をかまえようとしているヒトリオスは、他集団の核オスにとってもっとも危険な存在である。ヒトリオスは音を立てずにそっと集団の後をつけるのでみつかりにくいが、核オスが察知すると荒々しいディスプレイを交えて激しく渡り合うことがよくある。自分の集団をかまえたばかりの核オスも他集団からメスを得ることに意欲的だ。ただ、出会いの際、自分のメスが誘いだされることもあるので、出会いは敵対的ではあるが長く続かない。

これに対して、思春期に達した息子や娘をもつ集団の核オスはそれほどメスの獲得に熱心ではなく、他集団の核オスと戦うのを避ける傾向がある。このような集団どうしが出会うと、核オスどうしが敵対的な態度を示すことなく、子どもどうしが混じり合って遊ぶこともしばしばある。娘が出ていくことにそれほど執着しない父親は、ほかのオスと激しく争うこともない。ゴリラの社会にもメスの与え手（父親）と受け手（ヒトリオス、他集団のオス）が存在するのである。

しかし、ゴリラの社会では基本的にオスどうしが強い反発関係を保つことによってメスの交換を実現させている。成熟したオスがメスを介して共存できるのは、親子や兄弟にあたる血縁関係にあるオスたちのあいだだけで、しかも必然的に兄妹のインセストをともなっている。初期人類の社会が成立するには、男が娘の交換をつうじて相互に結びつくことと、兄弟姉妹間のインセストを禁止することが必要条件になったはずである。そして、それは契約によって男どうしの競合を弱めることと、社会的父性の強化によって世代の分離を徹底させ、親族集団を外婚の単位にすることによって実現したにちがいない。

私がそう考えるのは、初期人類の社会にすでに社会的な父性が備わっていたという前提にもとづいている。これまで述べてきたように、人類の社会はチンパンジーやボノボのような乱交志向の強い父系社会から出発したのではない。初期人類は、特定の雌雄が長期的な配偶関係をもつ社会から、ゴリラのような性的二型を顕著に発達させないような方向で進化してきたと考えられる。だとすれば、そこにはテナガザル、フクロテナガザル、ゴリラにみられるような父性も存在したはずである。しかも、現在の人類の父性行動も、これらの類人猿と共通な特性を示しているのである。

人類の父親も、授乳以外のほとんどすべての母性行動を行う。現代では、父親が母親に代わって人工乳を与え、おしめをかえたり、赤ん坊をおぶってあやすこともまれではない。しかし、一般的にはどの社会でも父親が母親以上に子育てに従事することが当然の義務とはみなされていない。しかも、父親は母親ほど新生児に強い興味を示して接触しようとはしない傾向がある。八〇の文化にまたがって父性行動を比較したアメリカの人類学者マリー・ウエストとメルヴィン・コナーは、二〇％の文化では父親がほとんど赤ん坊の近くに寄らず、残りの文化でもまれに接触するだけで、わずか四％の文化にしか親密な交渉に特徴づけられた社会は認められなかったと指摘している。また、現代の工業社会では父親と赤ん坊が交渉をもつのは一週間に平均してわずか四五分程度で、多い者でも一日に三時間を超えることはないという。この人類の父性行動と霊長類の父性行動を比較した前述のホワイテンは、人類の特徴をタマリンやマーモセットなどの積極的な世話ではなく、マカク類、ヒヒ類、ゴリラと同じ「提携」という分類群に入れている。

もちろんこれらの数字は、工業社会において戸外労働が男に偏っているせいでもある。しかし、父親と子どもが親密な交渉を結ぶ南アフリカのブッシュマンの社会でも、父親が子どもとの交渉に割く時間はきわめて少ない。乾燥地帯に住むブッシュマンや中央アフリカの熱帯雨林に住むピグミーなどの狩猟採集民は、生業活動に費やす時間の少ない人々であるが、これらの社会を調査した京都大学の田中二郎や市川光雄によれば、父親と子どもの交渉は子育てではなく遊びに近いものらしい。

にもかかわらず、どの社会でも子どもたちは父親を認知して育ち、両親をとおして家族の系譜につながることで、やがて重層的な親族構造のなかに自らを相対化することを学ぶ。これは、多くの文化で父親が特定の男に限定され、子どもたちの成長期をつうじてあまり変わることなく影響をもち続けるからである。これらの傾向は、人類の父性行動をタマリンやマーモセットのような母親の負担を減らす積極的な世話としてではなく、別のかたちで子どもたちに長期的な影響を与えるように仕組まれてきたことを示唆している。それは、子どもたちの保護者、監督者としての役割であり、離乳期にある子どもを母親の影響から引き離し、ほかの子どもたちと対等なつきあいをさせて社会化することだったのではないだろうか。いいかえれば、人類の女は子育てという権利を手放さずに、男に父性を与えて特定の子どもを保護し養育する義務を付与したのである。

テナガザルやゴリラの父性は、オスが自分から選ぶのではなく、そのオスを配偶者としたメスとその子どもたちによって選択されている。メスが特定のオスのもとにとどまり続けるか、メスが離乳期の子どもをオスに預けることによって父性が発現してくるからである。社会学的父性は、必ずしも生物学的父性と一致する必要はない。初期人類の社会でも、父性はこのように女が特定の男を父親と認知することによって確立されたと思われる。

だが、人類の社会は特定の男と女がつねに同居できるような閉鎖的な集団ではなかっただろう。むしろ人類は、なわばりを解消し同性どうしの連帯を強めて、個人がいくつもの集団に属せるような可塑的な社会をめざしたはずである。このため、父性は同居と近接によってではなく、約束あるいは契約によって保証されねばならなかった。これが人類的な父性の始まりである。やがて父性は配偶者間の認知から集団全体の認知へと発展し、父親の存在を介して世代は構造化される。世代は横の広がりをつくり、インセストは縦の広がりをつくる。これらは集団の規則として徹底され、集団は複雑に分節化して親族と外婚の枠組みが形成される。その変化が必然的に家族の登場を促すことになったのである。

おそらく、初期人類もゴリラのように男が子育てに参入することによって、母子だけに限定されていた向社会的な行動をオスと子どもたち、年長の子どもたちどうしのあいだに広げることができるようになった。それは、熱帯雨林を出て樹木のまばらな環境へと進出したときに大きな効力を発揮するようになった。食物が分散し、捕食の危険が大きい場所では、共感力に富み、見返りを求めずに支援の手を差し伸べる行動が集団を生き延びさせる結果につながったにちがいない。多くの人々が共同で子育てを行い、食物の供給を分担するようになって食の共有は進み、ますます共感と同情を抱く機会は増大した。そして、さらに人類は共感力を高め、協力関係を強化するような仕組みを生みだしたのである。それは音楽という、人と人との心をつなぎ合わせるコミュニケーションだった。

10　コミュニケーション革命——歌う能力

言葉と音楽は人間に共通なコミュニケーションの特徴である。どちらも音を組み合わせてつくるメッセージであるし、組み合わせ方には一定の規則がある。しかし、音楽には言葉のような指示的な意味はなく、音楽の規則は意味をもたらさない。だから、音楽は言語のように翻訳する必要はなく、異文化のあいだで理解し合うことができる。言葉がわからなくても、悲しい音楽を聞けば悲しく感じるし、心を鼓舞するような音楽を聞けば、思わず手足が動いてしまう。言葉は意味を伝えて理解を促進し、音楽は感情を喚起させて心や体の同調を高める効果があるのだ。人間の基本的な感情である喜怒哀楽は身体や生理の機能と深く結びついている。だとすれば、感情を揺さぶる音楽というコミュニケーションは人間の身体の進化とともに発達してきた歴史をもち、言葉よりずっと古い起源をもつと考えることができる。

音を組み合わせてメッセージをつくるのは人間の特権ではない。動物たちはさまざまな方法で音楽的なコミュニケーションを行っている。セミは背中にある発音膜を振動させるし、スズムシは前翅を擦り合わせる。鳥は気管の分岐点にある鳴管を用いて音を出す。昆虫では美しい声で鳴くのはもっぱらオスであり、メスに求愛するために用いられている。鳥でも囀るのはやはりオスであることが多く、繁殖期にオスがなわばりをかまえてメスをよび込むときにそれぞれの種に特有な歌を歌う。動物たちの歌は生まれつき決まっていて、学習する必要はない。しかし、鳥はちがう。現生の鳥類約一万種のうちの半分は発声を学習できるし、オウムやスズメやハチドリの仲間はさまざまな音を組み合わせて複雑な歌をつくることが知られている。千葉大学の岡ノ谷一夫が研究しているジュウシマツもその一つで、音の配列にはある種の文法があることが判明している。ジュウシマツが複雑な歌をつくるのはメスが好むからで、天敵にめだつような歌を歌うことによってオスは逆に自分の生存力をアピールしていると解釈されている。つまり、クジャクの派手な羽根のように自分にハンディキャップをつけることによって、メスから頼りがいのあるパートナーとして選ばれて進化したというわけである。

では、人間を含む霊長類でも、音楽的な資質はオスの求愛行動として進化したのだろうか。たしかに霊長類のオスはよく大きな声を出す。とくに一頭のオスが複数のメスとともに群れをつくっている種ではオスに特有な声がある。マンガベイのゴボゴボゴボというコープゴブルや、アオザル、オオハナジログエノンのクハンという金属的な音声はその好例で、森全体に大きく響きわたる。しかし、これは求愛というよりなわばり宣言のような機能をもち、たがいの群れが距離をとるのに役立っている。オスもメスもなわばりをもつような種では、オスばかりでなくメスもなわばりを防衛するために声を出す。そもそも霊長類のなわばりは、鳥のように繁殖期にメスをよび込むためにつくるのではなく、オスとメスそれぞれがなわばりをかまえ、オスが自分のなわばりを大きくしてメスの小さななわばりを包み込むようにしてつくられる。繁殖だけが目的ではない。もっとも美しい声で鳴くのはテナガザルだが、オスもメスも単独でテリトリーソングを歌う。ペアを組んでいっしょになわばりを防衛するようになるとデュエットをするが、なわばりを主張するためで求愛ではないと考えられている。そしてこれらの声は生まれつき決まっていて、学習によって変化するものではない。ジュウシマツのように学習によって多様な声を組み合わせることができるのは、霊長類では人間だけなのだ。

霊長類の音声レパートリーの数は、その種がつくる群れの大きさや、毛づくろい時間の長さと相関するという報告がある。大きな群れをつくる種や長時間毛づくろいをする種では、コミュニケーションで用いる音声の種類が多い。とくに、毛づくろい時間の長さと相関が高いという。毛づくろい行動はシラミやダニなどの外部寄生虫を除去する衛生的な機能をもつが、親しい仲間とのあいだや、連合を組む仲間とのあいだで行われる社会的な機能もある。音声も仲間とのきずなを確認する社会的な機能をもち、毛づくろいといっしょに進化してきたというのである。

これは人間の言語の発声についての仮説にもつながる結果である。イギリスの霊長類学者ロビン・ダンバーは、群れが大きくなるにつれて毛づくろいだけでは多くの仲間と親密な関係を保てなくなり、音声コミュニケーションによって同時に多くの仲間と交信するようになったと考えた。人間の言葉もその延長線上にあり、もともと指示的な機能ではなく社会的な機能をもつというわけだ。

ただ、音声レパートリーの数は霊長類の系統とは一致しない。これまで調べられている種のうちもっとも多いのはチンパンジーで三八種類、つぎにニホンザルで三四種類、ワタボウシタマリンの三三種類と続く。ちなみにヒト科のゴリラは一六種類、オランウータンは一〇種類で少ない。ゴリラはチンパンジーやニホンザルより小さな群れをつくり、毛づくろいもあまりみられない。オランウータンは基本的に単独生活なので毛づくろいする機会も限られている。だから音声の種類が少ないというわけだが、音声の種類が多いワタボウシタマリンはゴリラと同じような一〇頭前後の群れをつくるし、あてはまらない事例も多い。そもそも野生の霊長類は警戒している状態ではあまり鳴かないし、動物園などの単純な環境では発声する音声の種類は限られている。だから、記録できる音声レパートリーは対象となる霊長類の人馴れの程度や環境条件、調査期間の長さなどに影響されやすい。この報告では半分以上の種の毛づくろい時間が不明なので、まだはっきりしたことはいえない。

音声の数ではなく、その特徴と機能に注目した研究もある。かつてニホンザルの野外研究が始まったころに、伊谷純一郎は音声の種類を情緒と距離によって四つのカテゴリーに分類した。まず平静な声と、攻撃や防御の感情がはっきり現れている音声に分け、それから遠距離で交わされる音声と近距離で交わされる音声とに分けた。伊谷は、子どもに特有な音声や発情したメスが出す恋鳴きを除き、ニホンザルの音声のほとんどはこの四つの象限に分類できるとした。恋鳴きは、歌声ともよべる音楽的な響きをもつとしている。遠距離用の音声は群れの統合に役立っていて、このうち警戒音はとくに個体間に伝達されて群れの動きを左右する。自然淘汰にかかりやすく、生得的な音声の一群と考えてよいだろう。

伊谷が注目したのは、近距離で交わされる平静な音声である。伊谷はこれを「ささやき」とよび、京都大学霊長類研究所の森明雄が報告した毛づくろいの前に発せられる音声がこれにあたるとした。ニホンザルは仲間と毛づくろいをするとき、まず相手に近づいて声を発する。それからさらに近づいて別の声を発し、毛づくろいを始める。最初の声は「近づいてもよいですか?」、二番目の声は「毛づくろいをしてもよいですか?」に相当するものだ。この二番目の音声が宮崎県の幸島のサルと京都府の嵐山のサルとで異なっているというのだ。伊谷はこの音声を状況や時代によって変化する流行や方言のようなものとみなし、人間の言語の起源につながると考えた。つまり、言語は遠距離間の伝達ではなく、近距離の個体間で交わされる変異幅の大きい音声から生まれたのではないかと推測したのである。

近距離間の音声については、ゲラダヒヒでおもしろい報告がある。ゲラダヒヒはエチオピアの高原で、主としてイネ科の草を食べて暮らす地上性の霊長類である。一頭のオスと数頭のメスからなる群れが基本だが、いくつかの群れが集まることも多く、とくに夜間は断崖で数百頭という大集団をつくって眠る。ゲラダヒヒの社会生態は京都大学霊長類研究所の河合雅雄らの研究チームによって明らかにされ、とくに複数の群れがほとんどトラブルを起こさずに平和に共存していることは注目に値する。霊長類の群れ間の関係は敵対的で、群れどうしが混在することはきわめてまれだからである。それがゲラダヒヒの発する多様な音楽的な音声によって達成されていることがわかってきた。

霊長類学者のブルース・リッチマンはアメリカの動物園に飼育されているゲラダヒヒの社会行動を調べ、このサルが仲間と近づいたり、離れたり、毛づくろいなどの接触をするときに必ず多種多様な音声を発することを報告している。それはきわめて音楽的で、リズムやアクセントを変えたり、三オクターブもある音域が自在に変化する。しかも、自分の声を仲間の声に同期させたり、音声をまねたり、仲間と調和させて新しいメロディーをつくりだしたりする。音声のリズムやメロディを変化させるのは、仲間が後に続けて音声を発せられるように、発声の始まりと終わりを示すためであるという。こういった音声の特徴は人間の会話や歌とよく似ているとリッチマンはいう。人の会話はだれかが話しだすと、聞き手が合いの手を入れて話が途切れないようにして、一続きの声の流れとなるからだ。また、ゲラダヒヒの音声は社会的な文脈で発せられ、自分が不機嫌であることを示しつつ、相手に怖がらせないような効果をもつことがある。いわゆる建前と本音を示すような複雑な感情を表しており、ゲラダヒヒが複雑な社会環境を音声によって切り抜けていることを示唆しているという。

ゲラダヒヒにみられるように、人間以外の霊長類の音声は複雑化の道を進んだとしても、人間の言語のように分節化して指示的な機能をもつようにはならなかった。むしろ社会的な環境に対応する感情の変化を表現しており、音楽的な特徴を高めたと考えることができる。人間に近い類人猿もこの傾向をもっている。彼らの音声も言葉というより感情を表現する音楽に近い性質をもっているからだ。

ゴリラとチンパンジーは、ホーホーホーと聞こえるフートとよばれる音声を共通にもっている。チンパンジーはオスもメスも、ゴリラはもっぱらオスだけが発する。チンパンジーのパントフートは好物の果実がたわわに実った木に到着したときや、狩猟に成功して獲物を捕らえたとき、別れていたパーティどうしが合流するとき、優位なオスがディスプレイするときなどに、複数の個体がつぎつぎに発声する。最初はゆっくり、だんだん小刻みに声を高く大きくしていって、最後は大音響で叫ぶクライマックスとなる。十数頭ものチンパンジーが合唱すると耳をつんざくような音の嵐となる。地域によってパントフートの種類がちがい、群れによっても固有のパターンがある。これはチンパンジーの群れどうしが敵対的で、自分の群れとちがう群れの声を聞き分ける必要があるからと解釈されている。なにしろチンパンジーの群れどうしは殺し合いに発展するほど激しい争いをすることがあり、オスたちは連合して群れの境界線をパトロールすることが知られている。パントフートを聞き分けることは、チンパンジーにとって生死を分ける結果にもつながるのだ。

ゴリラのフートは、胸叩きのディスプレイとして知られるドラミングの直前に発声される。チンパンジーのパントフートと同じように、最初はゆっくりと、だんだんピッチと音量が上がって登りつめた後、二足で立ち上がって胸を叩く。成熟したオスのドラミングに特有で、メスや子どもはフートを発しない。オスによってフートの鳴き方や、ドラミングの叩き方は異なっていて、おそらく個体の識別が可能だろう。ゴリラではだいたい一頭の成熟したオスが群れを代表しているので、オスのフートやドラミングが群れ間のコミュニケーションに使われていると考えられる。チンパンジーとちがい、ゴリラはいつもまとまりのよい群れで暮らしているので、群れ内の仲間どうしが遠距離で声によって伝え合う必要はない。

代わりに、ゴリラはげっぷ音とよばれる低い声を近くにいる仲間とのあいだで出し合うことが多い。げっぷ音は個体によって異なり、識別可能である。自発的に発声する際はピッチが高く、応答する際には低いという特徴がある。これは近くにいる仲間の位置を確かめたり、進む方向を了解したりするのに用いられているのだろう。成熟して背中の白いシルバーバックとよばれるオスが先導することが多いので、シルバーバックの発声や応答がもっとも多い。しかし、群れが固まって休んだ後に出発するとき、多くの個体が音声を出し合い、発声が多い方向に遊動を修正するという報告もある。このことから、ゴリラは「民主主義的な」遊動の方向づけをするといわれている。また、ゴリラに特有な音声としてハミングがある。これは人間の鼻歌のようにメロディックで音程が変化し、比較的長く続けられる。群れで採食しているときに仲間と鳴き交わすこともあるが、ひとりでいるときに鳴くこともある。楽しい気分を表現する音声ではないかと考えられている。

このように、ゴリラとチンパンジーの音声コミュニケーションは言語的というよりは音楽的であり、仲間と感情を伝え合ったり共有したりするために使われている。また、彼らは音声ばかりでなく身振りや顔の表情を用いてコミュニケーションをする。とくに顔の表情は豊かで、口を尖らせたり、眉をしかめたり、人間と似たような表情がある一方で、まだ意味がよくわかっていない表情がたくさんある。これは、ゴリラやチンパンジーが人間と同じようによく対面して気持ちを伝え合うことがあるからだ。私はそれを「のぞき込み行動」と名づけたが、文字どおり近距離で相手の顔をのぞき込む行動である。ゴリラでは挨拶や、けんかの後の仲直り、遊びや交尾の誘い、採食場の譲渡を要求する際に用いられる。チンパンジーやボノボでも、食物の分配を要求する際や、交尾の誘いによく用いられる。相手を自分の意にしたがわせようとする操作的なコミュニケーションであり、しかもメスや子どもなど体の小さいほうが大きなほうを誘ったり要求したりするときに用いられるのがおもしろい。類人猿はサルのように優位な個体が一方的に自分の優先権を誇示するのではなく、体の大きさや性・年齢にかかわらずだれもが仲間を操作しようとし、そのために音声や対面によるコミュニケーションを使っているのである。

11　ヒトの音楽能力の進化

人間にとっての音楽もこのような必要性から生まれたのではないだろうか。人類の最初の祖先が熱帯雨林から樹木のまばらな草原へと出ていったとき、二つの相反する課題に直面しなければならなかったことは前に述べた。分散した食物資源を得るために小集団に分かれて広い地域を探し回る必要があったし、地上性の強力な肉食獣から身を守るためにまとまりのよい大集団で休む必要があった。最初の課題には離合集散するチンパンジーのパントフートのような長距離音声が役に立っただろうし、もう一つの課題にはゴリラのげっぷ音やハミングのような近距離音声が重要な働きをしただろう。そして、小さな集団が分かれたり集まったりするには、草原で暮らすゲラダヒヒのような多様なメロディをもつ音声が発達した可能性もある。音楽的な音声は仲間どうしを同調させ、たがいに相手を操作しやすくする効果がある。初期の人類は音楽的な音声を用いて同調意識を高め、たがいに距離をおいたり近づき合ったりしながら、さまざまな協力行動を発達させたのではないだろうか。

初期の人類に最初に現れた人間らしい特徴は直立二足歩行だった。この歩行様式と姿勢が後に言語の発声に貢献したことはよく知られている。直立したことによって喉頭の位置が下がり、声道が広がって空気が声帯を通るときに生じる音波が共鳴するようになった。しかも犬歯が縮小して歯列がアーチ状になったおかげで、舌やくちびるを使って口腔内のかたちを変えて共鳴させ、さまざまな音を出せるようになったのである。喉頭が高い位置にあり、上下の犬歯ががっしり組み合わさっている類人猿の口腔は柔軟性に乏しく、出せる音が限られている。だからゴリラもチンパンジーも人間の言葉をある程度理解できても、言葉をしゃべることはできない。

しかし、直立二足歩行は言葉の発声より前に、音楽的な資質を高めたのではないかという説がある。イギリスの人類学者レスリー・アイエロは、二足で立って腕を体の支えに使わなくなったおかげで、弁状喉頭が胸の空気圧を安定させる働きを弱めたと考えた。おかげで類人猿のような分厚い軟骨性の喉頭と声帯から、膜状の柔らかい声帯に変化し、発声できる音の種類が広がったというのである。

さらに考古学者のスティーブン・マイスンは、二足で立ったことによって腕や腰をリズミカルに動かせるようになり、音楽に同調しやすくなったという。たしかに人間は音楽を聴くと自然に手や足や、身体全体でリズムをとり、その旋律に同調しようとする。四足で大地に踏ん張っているより、直立しているほうが身体を自在に動かしやすい。しかもそれは相手に対して自分を強く訴えかける効果がある。ゴリラやチンパンジーがディスプレイをするとき、必ず二足立ちになって胸を叩いたり、体を揺すったりするのはそのためである。直立二足歩行は胸の圧力を弱めて音楽的な声をもたらし、腕と腰の動きを高めて音楽的な身体をつくったといえるかもしれない。

音楽は心と身体の同調を誘い、人と人とのあいだの境界を弱めて協調性を高める効果がある。それが森から出た人類の祖先にとって有利に働いたのだ。四足歩行に比べて敏捷性が劣る直立二足歩行で、しかも小さな犬歯しかもたない無防備な体で、肉食獣の多い環境を生き抜くことができたのは、初期人類が類人猿より強固な協力体制をもっていたからである。とくに幼児や乳児を抱えた母親を捕食者から守るために、男たちは命をかけて共同戦線を張ったにちがいない。ライオンやハイエナなど大型の肉食獣と立ち向かい、恐怖におびえ、弱気になる心を支えたのは、仲間との合唱や、あたりを叩き回り、地面を踏みならす音楽だったかもしれない。現代の人間も恐怖に打ち勝ち、闘争心を鼓舞するために歌を合唱し、楽器を用いて音楽を奏でる。

国際試合の前に国歌を演奏することなどは、その好例かもしれない。これからいっしょに戦う仲間どうしが心を一つにして、同じ目的のために戦う意欲をかきたてる。音楽はその役割を昔から果たしてきたのである。

集団間の争いにおいて、人間がほかの霊長類とはっきり異なるのは、人間が個人ではなく集団のために戦うということだ。なわばりをもつ霊長類は、なわばりに侵入する仲間を追い払おうとする。なわばりをもたず、行動域を一部分重複させていても、霊長類の群れどうしは敵対的である。群れどうしが鉢合わせをすれば、決まって攻撃的な音声が発せられ、ちがう群れの個体間で敵対的な交渉が起こる。しかし、それらの戦いは個体間によるもので、食物や性の相手をめぐる個体の動機にもとづいている。

複数のオスやメスからなる群れでは、仲間といっしょにほかの群れに立ち向かい、緊密な協力のもとに戦っているようにみえることもある。しかし、それは自分の身の安全を仲間といっしょに守ろうとしたり、戦うことによって自分の力を仲間に示そうとしているにすぎない。事実、ほとんどの霊長類は攻撃された仲間を助けようとはしない。自分がかかわっている戦いには参加するが、仲間が傷つかないように振る舞うことも、傷ついた仲間をかばって戦うこともしないのだ。人間のように、戦いのなかで自分がどういう役割を演じるかを理解したうえで、集団のために自分を犠牲にするような行動をすることはないのである。

チンパンジーはサルよりも協調的である。オスたちは徒党を組んで、自群と隣接群の行動域の境界付近をパトロールに出かける。他群の個体をみつけると集団で襲い、ときには死に至るまで傷つけることがある。また、チンパンジーは負傷した仲間の傷をなめて、痛みを和らげているようにみえる行動をする。私も、マウンテンゴリラのシルバーバックが二頭、侵入者に対してかわるがわる胸を叩いて追い払おうとしたのをみたことがある。胸を叩いて音を出すという行為は、仲間を鼓舞し、協調して共通の敵に向かおうとする意図をもっているようにみえる。

テナガザルのオスとメスのペアは、デュエットを歌って自分たちのなわばりを宣言する。この歌はつがいのきずなの強さを周囲に知らせる働きをもっている。また、デュエットの音量は、そのペアがなわばりを守る必要性が高いときに大きくなる傾向がある。少なくとも類人猿は、音楽的なコミュニケーションを仲間との協調意識を高めるために使うことがあると考えてよいだろう。

じつは、サルも類人猿も群れの全員が協調的になることがある。それは赤ん坊が悲鳴をあげたときだ。まず母親が飛んでくるし、オスたちがつぎつぎに駆けつけてきて赤ん坊を脅かした敵に立ち向かおうとする。赤ん坊と血縁関係にないものでも、積極的に赤ん坊を守るために協力する。まるで赤ん坊は群れの宝であるかのような振る舞いをする。ゴリラもそうだ。まだ人に馴れていないゴリラの群れを追跡するとき、赤ん坊がどこにいるかをつねに頭においておかねばならない。さもないと、赤ん坊の悲鳴で弾丸のようにすっ飛んできたシルバーバックに対峙しなければならなくなるし、若いオスやほかのメスたちもいっせいに威嚇の声を発して突進してくる。思わず腰が引けて逃げだせば、飛びかかられて咬まれ、大けがを負う。だから、ハンターたちはそんなゴリラに出会えば、すぐさま銃の引き金を引いた。その結果、子どもを守ろうとして多くのオスが命を落とした。一九九〇年代にコンゴ民主共和国で起こった内戦のさなか、森へ逃げ込んだ民兵たちに殺されたのもこうしたオスたちだった。彼らはまさに命をかけて子どもを守ろうとしたのである。

前にも述べたように、オスによる子殺しが頻発するヴィルンガのマウンテンゴリラでは、メスたちが複数のオスがいる群れへ好んで移籍する傾向がある。複数のオスがいれば、オスたちが協力して子どもを守るので、子殺しが起こる確率が低くなるからである。子殺しをするのは同種のオスだが、捕食動物に対しても同じような効果があるかもしれない。肉食獣が狙うのも幼児や乳児であることが多いからだ。チンパンジーのオスたちは隣接群の遊動域内をパトロールする際、たがいに抱き合って緊張や恐怖を静める。ヒョウやライオンなどの肉食獣に出会ったときもそうだ。パントフートを発して勇気を鼓舞することもある。ゴリラもフートを発して胸を叩く。初期の人類たちも外敵、とくに肉食獣に対してオスたちが音楽的な声やしぐさで連帯を高め、子どもたちを守るために立ち向かったのではないだろうか。

さらに重要なことは、初期の人類たちが絶対音感の能力をもっていただろうということだ。絶対音感とは、基準の音を聞かずに音の高さを判別できる能力であるが、生まれたばかりの赤ん坊はみなこの能力をもっている。しかし、ほとんどの人は言語能力を獲得する三、四歳を境にこの能力を失い、相対音感になる。これは言葉の意味が音の高さによってちがってしまっては困るからで、言葉を使ったコミュニケーションが発達するにしたがい相対音感が支配的になったと考えられている。ただ、幼児のうちに訓練すれば絶対音感をもち続けることも可能で、音楽家にはこの能力をもった人が多い。また、音楽サヴァン（知的障害をもちながら、音楽の分野で突出した才能を示す人）や自閉症の患者に絶対音感の保有者が多いことから、遺伝子に影響を受けている素質でもあることが示唆されている。自閉症は社会性や他者とのコミュニケーション能力に困難が生じる発達障害で、とくに言語能力に問題がある。おそらく言葉をしゃべらなかった人類の祖先は、みな絶対音感の能力を成熟してももち続けていたのではないだろうか。

では、絶対音感をもつ者どうしはいったいどんなコミュニケーションをしていたのか。それはきっと、メロディやパフォーマンスをともなう音楽的なものだったにちがいない。絶対音感をもつ乳児は話し言葉より歌に対してより大きな反応を示すからだ。母親が映っている映像を乳児に示すと、話している母親より歌っている母親のほうをより長く注視するという報告がある。子守唄はどの文化にも共通な、母親から乳児に対するコミュニケーションであるし、そのメロディ、リズム、テンポは文化のちがいを超えて一様であるとの指摘がある。つまり子守唄は人類にとってもっとも古い歌の特徴を保存しており、それは絶対音感のコミュニケーションに近いものだと思われるのだ。

子守唄は、母親から少し離れて眠ろうとしている乳児をなだめ、あやし、安心させ、幸福な気持ちにさせる効果がある。これは人間に特有なものだ。ゴリラやチンパンジーの母親は生後一年間は自分の腕から赤ん坊を離さないので、子守唄を歌う必要がない。人間の母親はすぐに赤ん坊を離してしまう。それは二足歩行をしていて、体に毛がないために赤ん坊が四六時中母親につかまっていられないからだ。しかも、類人猿より多産になった人類の母親はすぐにつぎの子を出産するので、幼児は早いうちに母親から離れなくてはならなくなる。だから人間の母親は、まだ赤ん坊がお乳を吸っているうちにほかの人の手に委ねる。それは祖母だったり、父親だったり、年上の子どもだったり、家族以外の人だったりする。

前述したように、母親以外の人の育児協力は、食物が分散し肉食獣の多い環境で生き抜くために重要だった。それは、脳が大きくなり、身体の成長が遅れて幼児期間が延びたころにはますます重要度を増したと思われる。育児を任された人々は、母親と同じように幼児をなだめ、安心させねばならなかった。そのために、だれもが同じように乳児や幼児の気持ちを操作できる音楽的な能力が必要になったのではないだろうか。子守唄はその能力の一つだというわけだ。森林からサバンナへと進出し、多産になって手のかかる子どもたちをたくさん抱えることになった人類は、共同育児によって歌う能力を高め、過酷な環境で生き抜くための共感力と連帯力を強化したと思われるのである。

12　音楽から言語へ

音楽は、たがいに接触せずに心を通じ合わせることができるコミュニケーションである。サルや類人猿は毛づくろいや抱擁やマウンティングなどの接触によってたがいの関係を確認し合う。類人猿は対面し、顔を合わせることによってたがいの気持ちを調整し、相手を誘いかけ、操作しようとする。音楽はさらに、相手と接触しなくても、相手と対面しなくても、相手の心に直接訴えることのできる手段なのである。人類は音楽を発達させ、それを利用することによって心を一つにして操作できる対象をさらに広げたのである。

コミュニケーションの方法と脳の大きさには対応関係がある。霊長類の脳はほかの哺乳類と比べると新皮質の部分が大きい。新皮質は脳中枢のまわりを被う薄い神経組織の膜で、意識的な思考をつかさどる部位である。ほとんどの哺乳類の新皮質は脳の総体積の三〇〜四〇％を占めるにすぎないが、霊長類では五〇％以上で、人間では八〇％もある。イギリスの霊長類学者ロビン・ダンバーはこの新皮質の比率が、霊長類の群れの平均的な大きさに正の相関関係をもつことを明らかにした。つまり、平均の群れサイズが大きい種では、新皮質の割合が高いのである。これは、霊長類の新皮質が群れサイズの増加に応じて、社会的なつきあいが増えることによって増加したことを示唆している。

人間以外の霊長類の平均的群れサイズは、チンパンジーの五〇頭が上限である。マントヒヒやゲラダヒヒなど、集まると数百頭になる種もあるが、基本的単位集団は一〇頭前後である。新皮質の割合から人類の平均集団サイズを割りだすと一五〇人になる。ダンバーはこの数を仲間どうしがだれであり、自分とのつながりはなにであるかを知っている関係をもつことができる最大人数と考えた。これは現代の狩猟採集民の氏族集団の平均的な大きさ、園芸生活者の村の平均的規模に匹敵する。また、社会集団の規模が一五〇～二〇〇人を超えるとだんだん身分構造がはっきりしてくるという報告や、近代的な軍隊の基本的な戦闘単位がちょうどこの規模だという指摘もある。

ただし、深く感情移入できる関係を同時にもつことのできる「共鳴集団」の規模はずっと小さく、一〇～一五人である。スポーツのチームや陪審員、政府の諮問委員会がこの規模で、緊密に行動を協調させる必要がある点で共通しているという。ゴリラの平均的な群れサイズは一〇頭前後で、ちょうどこの「共鳴集団」の規模にあたる。ゴリラがいつもまとまりのよい群れをつくって行動できるのも、たがいに意思統一がはかりやすい群れサイズを保っているからだろう。おそらく人類の初期の祖先もこの規模の集団から出発したにちがいない。

私たち現代人が数百人、数千人という規模の集団で暮らすことができるのは、言語というコミュニケーションによって情報を記憶したり交換したりできるからだ。しかし、即座に感情を共有でき、同調することができる仲間の規模は言葉のない時代とあまり変わってはいない。心の奥底にある感情を表現するには言葉はあまり役に立たず、身振りや歌による表現のほうがずっと心に響くのである。つまり、人類は言葉を発明する前に音楽的なコミュニケーションを発達させて、心を一つにして協調することのできる「共鳴集団」を完成させたのである。そして、それはゴリラのような強大な身体や犬歯をもたなくても、メンバーの協力によって危険な草原で生き抜くことができる力をもっていた。その社会力の向上は、きっと最初の脳の増大に寄与したはずである。

人類の脳が大きくなり始めたのは二〇〇万年前のホモ・ハビリスからである。七〇〇万年前のサヘラントロプス・チャデンシス以来、直立二足歩行はしていたものの脳はゴリラ並みの五〇〇cc以下だった人類は、ホモ・ハビリスになって初めて六〇〇ccを超えた。そして、その四〇万年後のホモ・エレクトスの脳は九〇〇ccを超える。このとき、身体のプロポーションはすでに現代人並みになっていた。東アフリカのトゥルカナ湖のほとりで発見された一六〇万年前のホモ・エレクトスの化石は、全身の六〇％の骨格が揃った九歳の少年だった。おとなになったときは身長一八五センチメートル、脳容量は九〇〇ccあまりと推定された。八頭身で頭が小さくて手足が長く、現代人並みの長距離移動に適した体型をしていた。おそらく、現代人と同じように歩き、走り、跳びはねて踊ることもできただろうと考えられている。

ケニアのクービ・フォラでは一六〇万年前の火の使用痕が発見されている。暖をとったり、捕食者からの防御に使われた可能性がある。火のまわりで歌を歌い、踊ったかもしれない。ホモ・エレクトスはハビリスよりも多くの肉を摂取し、すでに幼児期の延長傾向が現れていた。仲間と協力して肉を得るために、幼児を共同して育てるために、多くの仲間と協調することが求められたはずである。歌と踊りがその役割を果たし、そのコミュニケーションが群れサイズを増大させ、社会的な複雑さが増して脳が大きくなったと考えることができる。

つぎに脳が増大するのは、六〇万年前のホモ・ハイデルベルゲンシスで、一四〇〇ccに達する現代人並みの脳をもっていた。最初にヨーロッパに現れた人類の祖先であり、三〇万年前に登場するネアンデルタール人の直接の祖先と考えられている。ネアンデルタール人は現代人をしのぐ一八〇〇ccに達する大きな脳をもっていた。この大きな脳の存在はさらなる群れサイズと社会的複雑さの増大に対応する新たなコミュニケーション、すなわち言語の登場を予感させる。事実、ハイデルベルゲンシスやネアンデルタール人の喉頭は下がっていて、舌骨や声道のかたちはほぼ現代人並みであることがわかっている。脳から舌への神経が通る舌下神経管の大きさや、呼吸を制御する神経が通る脊柱管の大きさも現代人に似ていて、音声の知覚はわれわれとあまり変わらなかったと考えられる。

しかし、にもかかわらずこれらの化石人類には耳飾りや腕輪などの装飾品や象徴的な印、交易関係や社会的な分化を示唆する痕跡がまったくみられない。石器を使ってトナカイ、アカシカ、バイソンなどの大型動物を狩猟し、火を常習的に用いて死者を埋葬したと思われる跡も発見されているが、言葉を用いて会話をしていたとはとても思えないほど文化が貧弱なのである。

それまで人類の祖先が過ごしてきたアフリカやアジアに比べて、ハイデルベルゲンシスやネアンデルタール人が暮らしていたのは冷涼な気候のヨーロッパだった。冬には雪や氷に閉ざされることもあった。衣服で身をまとい、屋根や壁で雨風をしのぎ、道具や貯蔵法などの工夫を凝らして食物を確保しなければならなかったはずだ。おそらく彼らは毛皮をまとい、洞窟に住んで、肉をおもな食料としていた。しかし、毛皮を縫い合わせる針も糸も、獲物を捕らえるための弓矢や釣り針ももたなかった。先を尖らしただけの二メートルほどの槍が四〇万年前の地層から出ているが、大きな殺傷力はなく、獲物をとりおさえるために使ったらしい。彼らは直接身体を用いて獲物と組み合ったと思われ、骨には多くの傷がついている。ネアンデルタール人は日常的に石器を用い、左右対称形で美しいハンドアックスの製作や、ルヴァロワ技法という鋭利な剥片をとりだす技術をもっていた。しかし、その形式は登場したときから消滅するまでの二十数年万年間ほとんど変化していない。もし彼らが言葉をしゃべっていたら、またたくうちに改良されて、さまざまな道具が出現していただろう。

ハイデルベルゲンシスやネアンデルタール人が楽器を使っていたという証拠もない。いままでに知られている最古の楽器は、三万七〇〇〇年前のドイツのガイセンクレステレでみつかった鳥の骨でつくったフルートである。その後、ヨーロッパ各地でトナカイやクマの骨を用いたフルートが発見されている。いずれも筒状の骨に数個の穴をあけたもので、呼び子笛のように吹き鳴らされたと考えられている。また、鍾乳石でできた洞窟のなかで、棒で叩いて音楽を奏でたと考えられる場所もある。いずれも、この時代にヨーロッパに登場したクロマニヨン人（ホモ・サピエンス）のものだ。ネアンデルタール人は三万年前まで生存しており、約一万年間はクロマニヨン人と共存していた。ネアンデルタール人とクロマニヨン人が季節を違えて同じ洞窟を使ったという報告もある。しかし、ネアンデルタール人が楽器を用いたという証拠はみつかっていないのである。

それでもネアンデルタール人が豊かな感情生活を送っていたことはたしかだ。寿命は三五〜四〇歳くらいだったと思われるが、体に障害をもって生きていた事例が報告されている。イラクのシャニダールで発見された化石は、おそらく落石によって体の右側が激しく押しつぶされ、頭部に外傷を負い、片目は失明していた。フランスのラ・シャペルの化石は肋骨を骨折しており、脊柱や股関節や脚の各所に関節症を患っていた。多くの歯が脱落していて硬いものが食べられない者もいた。これらの個体が生きながらえるためには、食料や水を運んでもらい、日常生活のあらゆる面で手厚い介護が必要だったはずである。痛みを和らげるために、生きる気力をもたせるために、音楽や歌が利用されたかもしれない。

ネアンデルタール人はトナカイやアカシカなどの大型の動物を狩って暮らしていた。バイソンやマンモスを崖から追い落としてしとめた跡も残っている。これらの猟を行うには複数の仲間との緊密なコミュニケーションと分業が不可欠だったし、獲物の動きを予測して狩りのやり方を調整する計画性が必要だった。なにより、仲間といっしょに危険な狩りをする目的は、安全な場所でその獲物を待ち焦がれている女や子どもたちだったはずである。すなわちネアンデルタール人は言葉による会話ができなくても、たがいの役割を了解し合うコミュニケーション能力と、集団のために尽くす心が備わっていたと考えられるのである。

人間は行動を決断する際に、いまでも理屈ではなく感情を用いることがよくある。「悪いことだとわかっているのに」「自分に損になるのが自明なのに」、その場の激情に駆られて正反対のことをしてしまう。それは判断できる情報量が多いときによく起こる。あれかこれか迷うよりは自分の感情の命じるままに行動しようとする力が働くのだ。ネアンデルタール人もこのように感情で物事を判断していたにちがいない。言葉をもたない彼らは、絶対音感をもち続けておとなになり、現代人よりもずっと音楽的だったと思われる。楽器の製作こそ行わなかったが、火を囲んで歌を歌い、踊り、あたりのものを叩いて心を一つにしたにちがいない。音楽は仲間との同一性や協調性を高める。ネアンデルタール人は歌や踊りを多用することによって、人類としてはじめて「社会に奉仕する心」をつくりあげることに成功したのではないだろうか。

彼らは家族がいくつか集まった小さな集団で暮らしていた。彼らの感情は「家族のために」「群れのために」向けられ、それが行動の判断基準になった。互酬的な行動や向社会的な行動が集団の仲間全体に拡大されたのである。それは、人類の長い進化史のなかではじめて道徳が生まれた時代だったのではないだろうか。ダーウィンが悩んだ道徳の起源は、音楽によって高められた共感力と、それをしだいに増加する仲間のために用いる社会脳の発達にあったのである。

言語という複雑なコミュニケーションがどのようにして発達したのか、詳しいことはまだわかっていない。イギリスの言語学者デレク・ビッカートンは、言葉がいくつかの意味をもつ単語と文法から始まったという説を唱えている。つまり、ライオンとか襲うとかいう、ものや行為をさし示す語彙が先にあり、それをつなぎ合わせる規則がしだいに整っていったとする説である。

これに対して、同じくイギリスの言語学者アリソン・レイは、音楽のような全体的であいまいなメッセージが先にあり、それが分節化されて単語が生まれ、後にそれらが組み合わされて新しい意味をもつ文になったと考えている。また、前述した岡ノ谷一夫は鳥の歌の研究から、意味と文法が独立に進化した可能性を指摘している。意味はシンボルと事物の関係性を社会が共有することで、文法は複雑な時系列行動が性淘汰を受けてディスプレイとして進化したというのである。いずれの説も、著名な言語学者ノーム・チョムスキーが立てた生成文法という概念（言語の獲得を可能にする生得的なシステムが人間には備わっている）にもとづき、言語能力の進化史を明らかにしようとしている。最近、発話の障害のある家系の分析から、FOXP2遺伝子という言語能力に関係のある遺伝子が特定された。言語と脳の進化について新しい知見がもたらされようとしている。

音楽と言葉のもっとも重要なちがいは、音楽が意味を示さないのに対し、単語はなんらかの実体をさし示すシンボルであるということだ。ただ、言葉が登場する前に人類が音楽の能力を手に入れていたことはたしかであり、言葉は音楽がもたらした高い共感力の上に築かれたといってよいだろう。そして、言葉は音楽にはなかった意味を載せて、相手にはっきりとしたメッセージを送るようになった。言葉は自分の体験や考えを時間や空間を超えて相手に伝える。見たこと、聞いたこと、感じたこと、自分や他人の行為を言葉によって整理し、それを仲間と共有することができる。言葉によって人類はいままでの世界観を一新し、より融通性に富む集団を編成できるようになった。複数の家族からなり、人々の出入りを許容する共同体の形成である。言葉は人々やものの関係を概念化して操作可能性を広げ、人の交流や物の流通を促進したと思われるからである。おそらく、その能力が現代人とネアンデルタール人の運命を分ける結果になったにちがいない。

第6章
家族の行方

1　ホモ・サピエンスの登場

なぜ、ネアンデルタール人は姿を消してしまったのか。これは大きな謎である。われわれ現代人ホモ・サピエンスよりも大きな脳をもち、おそらく歌や踊りを用いた高い音楽能力を備えていた彼らは、サピエンスがヨーロッパに登場した約一万年後に忽然と姿を消してしまうのである。最後の痕跡は二万八〇〇〇年前のイベリア半島で途絶えている。両者が実際に戦ったという証拠は発見されていないが、同じ場所に共存していたという報告もない。これまで両者は六〇万年以上前に分岐した後、混血することなく独自の進化の道を歩んできたと考えられていた。しかし、最近ドイツのマックス・プランク研究所のチームが、三万八〇〇〇年前のネアンデルタール人の骨片からゲノムの解読を試み、フランス、中国などアフリカ以外の現代人にネアンデルタール人由来の遺伝子があることを報告した。どうやら現代人は一〇万年ほど前にアフリカを出て中東に進出した後、ネアンデルタール人と限定的に交雑し、その後にヨーロッパやアジアへ拡散したようである。

ネアンデルタール人が滅んだ理由として有力なのは、生活史のちがいである。まず、寿命が四〇歳くらいで、サピエンスに比べて短かった。また身体を酷使する生活をしていたために、傷を負うことが多く、死亡率も高かっただろう。事実、ネアンデルタール人の住んでいた洞窟はしばしばクマ、ハイエナ、オオカミなどの肉食獣に乗っ取られている。これらの肉食獣に幼児が殺されることも多かったと思われる。こうしたことを反映して、ネアンデルタール人はなかなか人口を増やすことができなかった。

また、ネアンデルタール人は単純な文化しかもたず、生活上の改変があまりみられなかった。たしかに彼らは火を日常的に用い、精巧な石器をつくっていた。左右対称なかたちをした美しいハンドアックスや、多様な用途に用いたと思われる剝片石器がたくさんみつかっている。しかし、それらのかたちや製造法には地域や時代のちがいはほとんどみられていない。集団間や地域間でものを交換したり、交易したりした証拠もない。その必要がなかったからだ。体を飾る装身具も抽象的な思考を表すシンボルもみつかっていない。ネアンデルタール人には象徴的思考が欠けていたのである。

象徴的思考とは、もともとかたちや機能や由来のちがうものをなにかに代表させてまとめあげる考え方である。それには相似を理解し、比喩する能力が必要になる。クマが走るのもウサギが走るのも人間が走るのも、同じ「走る」ことだと解釈すれば、表現は節約でき、伝わりやすくなる。同じように、男や女、老人と子ども、敵と味方、などをシンボルとして表すことができれば、より少ない労力で正確に仲間に情報を伝えることができる。むろんネアンデルタール人は身振りや表情、声でものやできごとを伝えることはできたであろう。しかし、それは全体的な雰囲気を伝えることにとどまっており、「いつだれがどこでなにをだれに対して行ったか」という描写をすることはできなかった。すなわち、言語をもたなかったネアンデルタール人は象徴的思考をすることができず、自然界の事象を人為的に解釈して、操作しやすいようにつくりかえることができなかった。その能力の差が、サピエンスとの共存に終止符を打つ原因になったと思われるのである。

イギリスの考古学者スティーヴン・マイスンは、サピエンスが言語によって獲得した能力を「認知的流動性」と表現した。言語が登場するまで、人類はさまざまな知識をいくつかの神経モジュールとして脳のなかに蓄積してきた。神経モジュールとは同じような問題を解決するための知識に対応する神経の束で、博物的知能、技術的知能、社会的知能のモジュールがある。それぞれのモジュールは独立していて、それぞれの知識の範疇で物事を認識し、問題を解決してきた。博物的知能は、種類のちがう食物がその時期にどこにどのようにして存在するか、あるいはどんな捕食者がどこでどのように自分たちを狙っているかに関する知能である。これは人間以外の動物たちでも豊富にもっている知能だと思う。技術的知能は、歯では咬み割れない硬い木の実を叩き割ったり、棘のある葉を畳んで刺さらないようにしたり、目にみえないところに隠れている虫などをとりだすための知識である。前述したように、こうした技術はゴリラ、オランウータン、チンパンジーにみられるし、石を使って硬い木の実を割るオマキザルや、岩にとりついた硬い牡蠣の殻を割るカニクイザルにもあると考えられる。社会的知能は、相手と自分との関係や、仲間どうしの関係を推し量って自分に有利なように振る舞う能力である。ニホンザルは、優位なサルから攻撃されると、自分より弱いサルを攻撃してその方向を変える。ゴリラはほかのゴリラどうしのけんかを仲裁する。チンパンジーのオスたちは仲間どうしで連合を組んで勢力争いをする。人間顔負けの政治的駆け引きを演じるので、社会的知能はかなり高いと考えてよいだろう。

ただ、これらの知能は言葉ができるまではたがいに独立していて、相互に応用されることはなかった。言葉のもっとも重要な機能は比喩である。たとえば、胃袋は内容物をとりだせば、ものを入れる袋になる。ダチョウの大きな卵は二つに割れば立派な器になるし、貝殻だってスプーンやお皿のかわりになる。こういう生態的な特徴を技術的知能を用いて応用することができれば、自然の素材を使って多様な道具をつくることができるはずだ。しかし、それをするためには、そのものが本来もっている機能を別の用途に応用するという能力、すなわち比喩の力が必要なのだ。

博物的知能と社会的知能についてもそうだ。仲間を動物になぞらえて、ライオンのように雄々しいとか、キツネのようにずる賢いとか表現できれば、仲間の性格を一言で表現できるし、それを用いて仲間どうしの関係を理解しやすくなる。逆に、山や湖のある地形を人間の身体になぞらえて表現すれば、その地理的関係を理解しやすくなる。これは現代人が実際にやっていることだ。オーストラリアの先住民アボリジニの人々は、地形を人間の顔に喩える。めだつ目標物を鼻や目や口に喩え、それを順番にたどっていけば目的地に到達できるというわけだ。地形を人間関係に喩えてもよい。この山は母親、向こうの山は父親というように考えれば、既存の人間関係のように地理情報を並べることができる。つまり、言葉はそれまで独立していた知的モジュールを比喩で連結し、認知的流動性をもたらして応用によって新しい概念や技術を生みだしたのである。ネアンデルタール人にはこの能力がなかったらしい。火を使い、精巧な石器を用い、大型の動物を狩る技術をもっていたにもかかわらず、食器をもたず、装飾品やシンボル、絵画などの芸術的な行為の証拠は得られていないのだ。ネアンデルタール人は生の素材を多様な用途に変換し、世界を比喩でまとめあげるために必要な言葉をもっていなかったのである。

2 言葉はアフリカで生まれた

では、言葉はいったいいつ、現代人に現れたのだろうか。つい最近まで、言葉はホモ・サピエンスが四万年前にヨーロッパに現れる少し前に獲得したのだろうと推測されていた。ネアンデルタール人とちがってサピエンスのクロマニョン人の遺跡からは、イアリングやネックレスに使われたビーズ、骨器、多様な石器、縫い針や釣り針、笛などの楽器、壁画や彫像などおびただしい数の装飾品が出土する。それは「創造的爆発」とか「社会文化的ビッグバン」とよばれている。それほど人間の創造的行為による遺物が急激に増加した原因は、言葉によって人間の知能が飛躍的に向上したからにほかならないと思われたのである。その時代は五万年前、サピエンスがまだアフリカにいたころであり、その証拠はケニアのエンカプネ・ヤ・ムトの洞窟や南アフリカのクラシーズ河口の洞窟からみつかったビーズである。これはダチョウの卵の殻の破片に小さな穴をあけ、一つ一つ周囲を削ってリングにしたものだ。クラシーズ河口の人類化石はもっとも古いもので一〇万年前、ほかにエチオピアのオモでみつかった一三万年前の頭骨の化石があり、これが最古のサピエンス化石と考えられていた。これらの現代人的な身体特徴をもった人々がしだいに文化の質を高めてヨーロッパへつうじる中東の回廊に到達し、やがて言葉という新しいコミュニケーションを獲得してヨーロッパ全土に一気に広がったというわけだ。

ところが、二一世紀に入って新しい発見が相次ぎ、言葉はそれよりずっと以前にサピエンスがアフリカで獲得したのではないかと考えられるようになった。まず二〇〇一年に、それまで遺伝的な言語障害があると認定されていたKE家に、その障害のもとになっていると考えられる遺伝子が特定された。これはFOXP2遺伝子とよばれ、ほかの遺伝子の働きを調節する役割を果たしている。この遺伝子に異常があると、人間では言語の神経回路の正常な発達が阻害されて言語障害が生じるらしい。FOXP2遺伝子はほかの動物にもあり、マウスではこれに異常があると幼児期に発声量が低下したり、キンカチョウでは歌の模倣能力が低下するという報告がある。重要なことは、人間とマウスのFOXP2遺伝子を構成するタンパク質のアミノ酸配列は三つ、チンパンジーやゴリラなどほかの霊長類とは二つちがうということだ。この二つのちがいが発話にとって決定的だったとすれば、その変化が起こったのは約二〇万年前と推定されたのである。これは、ミトコンドリアDNAを用いて計算された、アフリカにサピエンスが登場した年代にぴったり符合する。つまり、サピエンスは言葉をしゃべるという新しい遺伝的な改変をともなって誕生したことになる。

では、アフリカでサピエンスが言葉をしゃべっていたという証拠はあるのだろうか。最近までアフリカではヨーロッパで「創造的爆発」が起こる以前の文化の証拠は乏しく、以降もヨーロッパより文化の発達はずっと遅れていたとみなされていた。しかし、二〇〇二年に南アフリカのブロンボス洞窟で七万五〇〇〇年前の地層から、大量の赤色オーカーと幾何学模様のある石板が発見された。オーカーは顔料として広く用いられる材料で、おそらくボディペインティングに使われたらしい。石板は二つみつかっており、同じ模様がつけられている。たんなる引っかき傷ではなく、明らかに象徴的な記号と考えられるという。ほかに貝殻でつくったビーズもみつかっている。二〇〇三年には、エチオピアのヘルトで一五万四〇〇〇〜一六万年前のサピエンスの化石がみつかった。また、それまで一三万年前とみなされていたエチオピアのオモの化石は新しい年代推定技術によって一九万五〇〇〇年前のものであることが判明した。DNAの推定と実際の化石の年代がほぼ一致して、サピエンスが約二〇万年前にアフリカに登場したことが確実になったのである。

アフリカで古い時代にみつかった人類の遺物も再評価されるようになった。一九九五年に中央アフリカのコンゴ民主共和国の東北部を流れるセムリキ川流域のカタンダで、九万年前と思われる反しのついた骨製尖頭器がみつかっていた。尖頭器といっしょにナマズの骨も出土し、これらの骨が成魚ばかりであることから、雨季にナマズが産卵するところで捕らえた計画的な漁労の証拠であると考えられた。その後、南アフリカのブロンボス洞窟、クラシーズ河口、ヘロルド湾でも魚、貝、エビ、カニなどの海産資源を利用した形跡がみつかり、なかには計画的な漁労の跡と思われるものもある。海産物の利用は一二万五〇〇〇年前までさかのぼることができ、骨器を用いる文化は九万年前からさかんになったと考えられる。槍先に用いられたと考えられる石器は二三万五〇〇〇年前に出ており、しかも地域によってさまざまな様式がある。様式が異なるのは集団によって方法や規格がちがうからで、その考えが集団で共有されている証拠でもある。美しく機能の優れているものは集団どうしで交換する対象にもなる。こうした地域差はネアンデルタール人にはみられず、サピエンス独自の特徴である。

アメリカの先史人類学者サリー・マクブリアティとジョージ・ブルックスは、四万〜二〇万年前のアフリカでみつかった現代人的行動の証拠を分析して、四つの能力の存在を示唆した。①抽象的思考、②優れた計画能力、③行動上、経済活動上、技術上の発明能力、④シンボルを用いる能力、である。ヨーロッパで「創造的爆発」が起こるずっと以前に、サピエンスはその誕生の地アフリカで現代人的な能力をすでに発揮し始めていた。そこには長距離交易や集団間のネットワーク、計画的漁労や狩猟、シンボルの操作といったネアンデルタール人にはけっしてみられない活動が含まれている。これらの活動には言葉の存在が不可欠である。サピエンスはアフリカに登場したときから言葉を操る能力をもち、それを徐々に駆使して文化的な活動を高めていったのである。

しかし、なぜアフリカではヨーロッパのように文化的活動が一気に増加しなかったのか。その理由の一つとして考えられるのは、集団の大きさと社会関係である。アフリカに登場したばかりのサピエンスはまだ人口も少なく、密度も低かった。おそらく類人猿とあまり変わらない小さな集団で暮らしていただろう。すでに家族はできていただろうが、家族がたくさん集まって大きな地域集団を形成するまでには至っていなかった。血縁関係のある二、三の家族が集まって暮らしていたのだろうと思う。そういった顔見知りの間柄ではあまりシンボルを使って情報交換をする必要がなかった。ネアンデルタール人と同じように共鳴集団が基本で、全体的で音楽的なコミュニケーションがあれば日常生活を送るのに不自由はなかったのだろう。ところが、多産の生活史戦略のおかげで人口が増え始め、さらに寒冷・乾燥の気候が小刻みに到来すると、人々が食物や安全な場所を求めて長距離を移動し、ほかの集団と接触する機会が増え始めた。はじめての土地に足を踏み入れたり、見知らぬ集団と出会ったりすれば、より正確な情報をすばやく伝達し合い、たがいの素性を明らかにする必要が出てくる。人の移動に応じてものも移動し、有用な道具や魅力的な装飾品は取引されるようになる。こうしてしだいにシンボルや道具の利用が増え、言葉を使ってできごとや、ものとものの、人とものの、人と人との関係を説明する必要性が高まったにちがいない。

約二〇万年前にアフリカに登場したサピエンスは、おそらく何回かにわたってアフリカとユーラシアを結ぶ回廊に到達し、そこから西と東へ向けて拡散したにちがいない。しかし、西にはネアンデルタール人たちがすでに居住しており、東にはアラビアの乾燥地帯が広がり、ところどころにエレクトスたちが生き残っていた。サピエンスたちは、新天地へ拡散するためにアフリカで発達させた能力を鍛えなおす必要があった。それが言葉によるコミュニケーションとより多くの家族からなる大集団の緊密な協力関係だったのだろう。

彼らの行く手を阻んだのは自然の障壁ではなく、先住民だったのかもしれない。先住民の希薄な中央アジアやオーストラリアには五万～六万年前に到達しているのに、ネアンデルタール人のいるヨーロッパには四万年前と約一万年も進出するのが遅れているからである。おそらく卓越したハンターだったネアンデルタール人と共存し、彼らをしのぐ生存力を発揮するために、ネアンデルタール人にはない能力を確立する必要があったのだ。それは新しい狩猟技術、石器技術、自然の素材を使って多様な道具をつくる技術、体を守る衣服や安全な居住空間をつくる技術、心を癒し仲間との連帯を密にする芸術や楽器を使った音楽の技術である。そして、それらの技術を言葉で説明し、すばやく模倣する能力によって、さまざまな技術や知識を仲間とのあいだで共有することができた。サピエンスたちは仲間どうしのあいだで、ネアンデルタール人とは比べものにならないほど広く密なネットワークをつくることができたはずである。それが、しだいにサピエンスの人口を増加させ、ネアンデルタール人たちを圧迫し始めたのだろうと思われる。

サピエンスたちの狩猟技術がどれほどすさまじいものだったかは、ユーラシアからほかの大陸に進出した彼らが多くの野生動物をあっというまに絶滅に追いやったことからもわかる。オーストラリアには背丈が二・五メートルもあるカンガルーや体重が二トンもあるウォンバットなど大型の有袋類、陸生のワニ、巨大なトカゲやニシキヘビがたくさん暮らしていた。体重一〇〇キログラム以上の飛べない鳥もいた。しかし、これらの大型動物のすべては四万六〇〇〇

〜五万年前に絶滅している。これはサピエンスがオーストラリアに渡った直後のできごとである。北米大陸にはゾウ、ラクダ、ウマ、ライオン、チータ、犬歯ネコ、南米大陸には地上性のオオナマケモノやオオアルマジロ、ゾウなどの大型動物がいた。これらの動物は一万二〇〇〇年前までに姿を消している。サピエンスがベーリング海峡を渡ってアメリカ大陸に進出したのは一万四〇〇〇年前で、その後一千年余りのあいだに南米大陸の最南端まで到達している。新大陸ではわずか一〇〇〇〜二〇〇〇年のあいだに、サピエンスが大型動物を狩りつくしてしまったことになる。

なぜサピエンスが誕生したアフリカ大陸や古くから拡散を繰り返してきたユーラシアで大型動物が生き残り、新大陸やオーストラリアで絶滅したのか。それは、絶滅した大陸の動物がまだ人類の活動に馴れておらず、精巧な狩猟具をもって突然現れたサピエンスの旺盛な狩猟活動に順応する時間がなかったのだろうと考えられている。二万年前の最終氷期に極寒のシベリアにマンモスを追い、この巨大動物を絶滅に追いやったとき、サピエンスの狩猟技術はすでにどんな土地でもどんな動物にも適用できるまでに完成していたのであろう。氷に閉ざされたアラスカから暖かい中南米へ向けて南下するのは、アフリカで生まれたサピエンスにとってさほど困難な道ではなかったにちがいない。このとき、家族という組織はサピエンスに共通な社会単位として確立されていたはずである。そして、さらにサピエンスは新しい生業形態を創造するようになる。世界のいくつかの地で独立に起こった農耕と牧畜である。それは人類の土地や動物に対する考えを一変させ、社会組織の大きな改変を余儀なくさせる結果となったのである。

3　食料生産の始まり

野生の植物を栽培し、収量の多い品種、毒のない品種、味のよい品種を選択して改良するようになったのは、いまから一万年余り前のことである。それは、だれか頭のよい人や突然のひらめきによって生みだされ、急速に広まったわけではない。おそらく農耕の萌芽ともいうべき試みが何度も繰り返され、狩猟採集生活と並行して進められながら、しだいに優勢になってきたにちがいない。しかも、農耕は世界各地で独立して起こり、気候条件や環境条件に応じてそれぞれ異なるルートで伝えられ、独自の食文化を形成してきた。南西アジアの肥沃三日月地帯では小麦、エンドウ、オリーブが一万二〇〇〇年前に、中国では米やコウリャン、アワなどの穀類が九五〇〇年前に、ニューギニアではバナナやサトウキビが九〇〇〇年前に、中央アメリカではトウモロコシ、インゲン豆が七〇〇〇年前に、熱帯アフリカではアブラヤシやヤムイモが五〇〇〇年前に、栽培され始めた証拠がある。それらの食物は長いあいだその発祥の地周辺でのみ栽培されていた場合もあるし、驚くほど急速に遠くまで伝えられたこともある。

しかし、農耕がどこでも狩猟採集生活より優れていたわけではない。日本の縄文時代のように農耕を始める条件が整っていたのにもかかわらず、大陸から栽培技術が伝わるまで農耕を始めなかった場所もある。北米に住んでいたインディアンの一部には農耕と狩猟採集を季節によって使い分ける人々がいた。いまだに世界各地の人々は農耕によって得られた食料だけでなく、狩猟や採集によって獲得した野生の動植物を好んで食べている。場所によってはこういった野生の食料のほうが農作物より高い価値をもっている。だが、一万年前には地球上に約一〇〇〇万人いたと推測される狩猟採集民は、いまでは三〇万人以下に減ってしまった。彼らは熱帯雨林のど真ん中か砂漠に近い乾燥地、それに氷に閉ざされた極北の地にわずかに残るだけである。一方、農耕が始まってから地球上の人口は六〇〇倍に増加した。いったいなぜ、農耕は狩猟採集を駆逐してしまったのか。そして、その結果、人間の社会生活にはどのような変化が起こったのだろう。とりわけ家族をとりまく人間関係はどのように変わったのだろうか。

おそらく農耕より先に始まったのは定住生活である。二万八〇〇〇年前にはサピエンスはシベリアに進出し、しっかりした住居をつくり、防寒ばかりでなく装飾のついた衣服を着て暮らすようになっていた。ロシア平原にあるスンギールの遺跡からは男の子と女の子各一体が埋葬された跡がみつかっており、おびただしい量の装飾品がいっしょに出土している。装飾品はマンモスの牙やホッキョクギツネの犬歯でつくられており、たいへんな手間がかかることから、これらの子どもたちは身分の高い階層に属していたことが推測される。一万八〇〇〇年前にはウクライナのあちこちでマンモスの骨を利用した住居がつくられていた。これらの人々は狩猟採集をしながらある期間定住し、階層社会を営んでいたと考えられる。

一万数千年前に始まった日本の縄文時代も、狩猟採集をしながら定住生活を営む人々がいた。五〇〇〇年前には青森県の三内丸山遺跡にみられるように、一六にのぼる衛星都市を周囲に抱え、五〇〇人に達する人口規模の都市を築くまでに発展している。それを支えていたのは豊富な海産資源と山菜である。すでに栗の半栽培を始めていたと考えられている。野山で採集された堅果類が定住していた場所の周辺に集められて捨てられ、それが芽吹いてやがて集落のまわりの優占樹種になる。採集される実は大きくておいしいものが選ばれるから、それが繰り返されると集落のまわりにはしだいに人間の好むような種類が増えていく。それに気がついた人々が栽培を始めたというわけだ。世界各地で起こった植物の栽培も、狩猟採集生活のなかで好んで採集され、排泄された種子が定住集落の近くに芽生えた結果、徐々に始まったのではないかと思われる。

植物の栽培化には小刻みな気候変動が大きな役割を果たしている。ヴィルム氷期が終わり、一万六〇〇〇年前ごろには西南アジアには温暖な気候が到来し雨量が増えて、森林が広がった。このころ、人々は豊富な自然資源を狩猟採集によって利用し、人口を増やして定住化傾向を強めた。集落の規模は拡大し、食物の貯蔵庫や墓がつくられるようになった。人骨といっしょに多くの副葬品が出るので、社会の階層化も進んだことがうかがえる。ところが、一万三〇〇〇年前になると気候は再び寒冷化し、雨量が減って森林の代わりに草原が広がった。温暖化の時代に人口を増やし、多くの狩猟動物を狩りつくしていたサピエンスは、豊富に得られる食料資源を新たにみつける必要性に迫られた。

西南アジアの人々はそれまでに野生の小麦や大麦を利用し、それを収穫するための鎌や粉にするための石臼、収穫した実や加工した粉の貯蔵庫を考案していた。その利用度が増して技術が向上し、人々に都合のよい品種が選ばれるようになった。たとえば、小麦や大麦の種子は穂から自然にまき散らされて地面に落ち、発芽する。種子は厚い殻で被われており、発芽抑制によってばらばらに発芽する。このため大がかりな気候変動や天変地異があってもすべての種子が死に絶えることはなく、子孫を残せるようになっている。ところが、人間は種子が穂から落ちないような、すぐに発芽するような種子を選んで栽培するようになったため、現在のような大きな穂をつけ、いっせいに収穫できるような品種が生まれたのである。このように植物の栽培は定住化の蓄積のうえに実現した人類の自然資源の利用変化である。温暖化によって増加した人口を減少する自然資源が支え切れなくなり、それまでに向上した技術を食料生産へ向けて応用する必要性が高まった時代的背景があったと考えられるのである。

ニューギニア高地でも農耕の始まりには環境条件の変化が大きくかかわっている。ニューギニアにも最終氷期には、体重二トンを超えるウォンバットの仲間やキノボリカンガルーなどの有袋類がいた。サピエンスがこの島に入ってきたのは三万五〇〇〇年前ごろとされている。大型、中型の有袋類は一万七〇〇〇年前には絶滅し、一万年前ごろから少しずつタロイモやバナナの栽培が開始されている。ニューギニアは雨量の多い場所で湿地があちこちにあるが、人々は排水溝をつくり、土を盛って風通しをよくする農耕技術を開発した。また、森に火を放って草地を増やそうとしていた跡もみつかっている。

4　家畜化が引き起こした文明の差

また、農耕と期を同じくして、野生動物の家畜化が世界各地で始まっている。西南アジアではヒツジとヤギ、中国ではブタ、インドではウシ、エジプトではロバやネコ、アンデスではリャマが家畜化された。イヌやウシのように複数の地域で独立して家畜化された動物もいる。家畜化の過程は植物の栽培化に似ていて、定住化にともない食料が貯蔵されたり、決まった場所に排泄されたり、集落の周辺に食べやすい植物種が増えることによって促進されたと考えられる。しだいに人間の集落近くに寄ってくるようになった野生動物の群れを人間が手なづけ、好ましい特徴をもつ個体を繰り返し選んで繁殖させたのだろうと思われる。あるいは、大群で移動する動物たちの群れについて遊動しながら、人間が彼らを肉食動物から守り、群れの動きを操作する技術を身につけるようになったのだろう。

アメリカの地理学者で人類学者のジャレド・ダイアモンドは、家畜化された動物の数に大陸によって大きなちがいがあることを指摘している。草食性または肉食を主としない雑食性の大型（平均体重が四五キログラム以上）の陸生哺乳類を家畜化可能な動物と定義すると、世界には一四八種の家畜化可能な動物がいる。しかし、そのうち家畜化されたのはたった一四種である。しかもそれはユーラシア大陸に集中している。家畜化可能な動物はユーラシア大陸には七二種、サハラ砂漠以南のアフリカ大陸には五一種、南北アメリカ大陸には二四種、オーストラリア大陸には一種のみ存在している。このうち、実際に家畜化されたのはユーラシアに一三種、南北アメリカに一種いるだけで、アフリカとオーストラリアでは家畜化されてはいないというのである。オーストラリアや南北アメリカでは人類の移入にともなって多くの動物が絶滅してしまったので、そもそも家畜化可能な動物が少なかった。なぜ家畜化可能なのに、家畜化されなかった動物がいるのか。また、人類発祥の地アフリカには多くの家畜化可能な動物がいたにもかかわらず、なぜ実現しなかったのだろう。

ダイアモンドはまず家畜化されなかった理由には、①餌が大量に得にくい、②成長に時間がかかりすぎる、③繁殖させるのがむずかしい、④気性が荒くコントロールできない、⑤パニックになりやすい、⑥序列性のある集団を形成できない、があるという。アフリカに生息していたとえばカバやシマウマは④、ウシは人間が頂点に立る家畜化可能な動物はこのうちのどれかの特徴を有している。たとえばカバやシマウマは④、ガゼルは⑤があてはまる。序列性のある集団を形成するヒツジやヤギ、ウシは人間が頂点に立って、集団の秩序を維持することができる。また、牧羊犬を使って集団の動きを制御することができる。こうした動物たちがユーラシアでは豊富にいて、アフリカにはいなかったということなのである。

このような実際に家畜化した動物の大陸によるちがいは、その後の人間の生活に大きなちがいをもたらす結果となった。まず家畜の糞は肥料として使われ、作物の収量を大幅に増加させた。さらに家畜を農作業に用いることによって、人間の手では開墾できない土地を農地に転換できるようになった。ウシやウマに鋤を引かせ、硬い大地を耕し、それまで農耕を広げられなかった地域へ進出することを可能にしたのだ。また、家畜自体が食料として利用できるようになり、ヤギやウシの乳を食料に使うようになって、それまでとは比べものにならないほど大量の食物を生産し貯蔵できるようになった。家畜の乳を人間の幼児に飲ませることによって、簡単に離乳食が得られるようになり、離乳を早めることができた。これは前述のように、人間の多産性をいっそう推進する結果となったにちがいない。さらにウマやロバのように、家畜は荷物を背に積んで運ぶ用途にも使われた。おかげで食物をたやすく移動でき、集団間、地域間で交易が頻繁に行われるようになった。その結果、富が蓄積され、食料生産活動に直接携わらずに生きていく人々が増えた。これらの人々は道具を改良したり、衣服や家屋をつくったり、装飾品を製作する専門家として暮らすようになった。やがて、それらの富を独占する富裕層ができて、それを守る戦士たちが育成され、ほかの集団を支配して領地を広げるような動きへと発展していったのである。

このように農耕と牧畜は人々の暮らしを大きく、そして急速に変えた。農耕が当初から豊かな暮らしを約束したわけではない。むしろ始まりは狩猟採集生活よりも労働力や収穫の安定さでは劣っていた。貧富の差も生じて集団内では争いが絶えなかったとも思われる。しかし、にもかかわらず、農耕は世界のあらゆる場所でしだいに狩猟採集生活にとってかわり、人間の主要な生活様式になっていった。また、牧畜は農作業の規模を拡大し、新たな食料をもたらすことによって蓄積を可能にし、食料経済に大きな変化をもたらした。

さらに、家畜は人間に家畜由来の病気をもたらすことによって、人間の病気に対する抵抗性を大きく変えた。ダイヤモンドは、この病気に対する抵抗性のちがいが、後に世界各地の文明が衝突した際に大きな威力を発揮したと指摘している。麻疹、結核、天然痘、インフルエンザ、マラリアなど家畜から人間に伝染して進化したと考えられる病気である。これらの病気を引き起こす細菌やウイルスは、大型の集団をつくる群居性の動物だけに広がるという特徴をもっている。人間がヒツジ、ウシ、ブタを家畜化したとき、すでにこうした集団感染症の病原菌がはびこっており、人間も感染しながらしだいに抵抗性を増してきたと考えられる。しかし、家畜をもっていなかった人々はこれらの病気の抵抗性を発達させていなかった。

コロンブスの新大陸発見から二〇〇年もたたないうちに、約二〇〇〇万人いた先住民は五％に減少したことが推定されているし、オーストラリアのアボリジニ、南アフリカのブッシュマンやホッテントットも病原菌によって大幅に人口を減らしている。もっともよく知られているのは、一五二〇年にひとりの奴隷によってメキシコにもたらされた天然痘である。この病気の大流行によって、メキシコに乗り込んだスペインのコルテスはたった六〇〇人の兵士で二〇〇〇万人のアステカ帝国を征服することができたのである。同じことはインカ帝国の滅亡についても報告されている。スペインのピサロはやはり天然痘の流行に乗じて、一六八人の兵士によって長い歴史を誇るインカ帝国を征服した。スペインの軍勢が新大陸にまだもたらされていないウマや銃をもっていたことも勝利の原因としてあげられるが、家畜がもたらした感染症に抵抗性をもっていたことがその命運を分けたのである。ダイヤモンドは、このように狩猟採集生活から農耕へと移る契機は世界各地であったが、家畜をもてる条件が異なっていたために世界の文明の進展速度にちがいができ、その後の支配・被支配の関係がもたらされてしまったと結論づけている。

その結果、今日では狩猟採集生活だけに頼って暮らしている人々は世界の人口の一％に満たず、その居住地も農耕の適しない場所に限られてしまっている。いったいなぜ、農耕は狩猟採集生活に勝ったのか。そこで変わった人間の社会性とはなんだろう。農耕と牧畜をきっかけにして私たちが失い、新しく得たものとはなんだったのか。それは現代の家族に大きな影を落としているはずである。

5　狩猟採集民の暮らし

狩猟採集社会では、大規模な感染症の流行は起こらなかった。それは彼らが家畜を飼わず、群居性の動物と密接な関係をもたなかったからだし、人口が著しく小さかったからである。現代の狩猟採集民でさえ、人口密度は一平方キロメートルあたり一人以下、集団のサイズは二五〜一五〇人である。これに対して都市化していない焼畑農耕民は一平方キロメートルあたり三〜一〇〇人、灌漑農耕民は三〇〇人を超える場合もある。集団サイズも数百人から数千人の規模になる。狩猟採集民と農耕民では土地の収容量がまるでちがうのだ。

一九六〇年代まで、狩猟採集という生業様式は大きな誤解を受けてきた。狩猟採集民は貧しく、物質文化に乏しく、劣悪な生活を送っているという考えである。しかし、狩猟採集民の生計活動に関する詳しい調査が行われるようになると、彼らがどこでも農耕民より食物の獲得に費やす時間が少なく、余暇の時間に恵まれた生活を送っていることが明らかになった。一九六五年にはシカゴで狩猟採集民研究の最初の集大成となる国際シンポジウムが開かれ、一九六八年にはその成果が『人間――狩りをする者』と題して出版された。ここには人間の生息環境としてはもっとも厳しいカラハリ砂漠のブッシュマンの生計活動が報告されているが、一日に平均二～三時間程度の時間を費やすだけで平均二一四〇キロカロリー、九三グラムのタンパク質を摂取している。これは成人が一日に必要とする量(一九七五カロリーと六〇グラムのタンパク質)を上回っている。東アフリカのサバンナにすむハッザ、インドのパーリャン、オーストラリアのアボリジニでも同様のことが報告された。豊富な余暇の時間を、彼らは歌や踊りに興じ、おしゃべり、昼寝に費やしていた。ここから「豊かな狩猟採集社会」というイメージが新たに生まれた。

もう一つの誤解は、人類が初期の時代から狩猟によって生計を立て、狩猟に適したさまざまな特徴を発達させて現代に至っているという考えである。前述したように、これは「狩猟仮説」とよばれ、一九六五年に製作された『二〇〇一年宇宙の旅』という映画にそのエッセンスが描かれている。猿人たちが狩猟に用いる道具を発見し、やがてそれをほかの人間たちとの争いに用いる武器に転用し、支配・被支配の関係にもとづく階層社会をつくりあげたという内容である。もともとはオーストラロピテクス・アフリカヌスを発見したレイモンド・ダートが第二次世界大戦直後に主張した説である。

その後、初期人類が残した遺物や化石骨の再検証、霊長類学の発見によってこの説は覆された。人類は「狩る者」としてではなく、肉食獣の脅威に怯える「狩られる者」として進化史の大半を過ごし、人類の社会性はほかの霊長類と同じように食物の獲得と捕食圧によって進化した。本格的な狩猟具をもつようになったのも、同じ種の仲間に武器を向けるようになったのも比較的最近のできごとであることが判明したのである。しかし、一九六五年のシカゴの会議では、狩猟採集民たちの攻撃性や仲間どうしの争いについて多くの質問や意見が出されている。当時、人類学者たちの大きな関心が「人間の狩猟活動による進化」へ向けられていたことがわかる。

なぜ、狩猟採集社会が貧しいと思われてきたのか。それは、彼らが移動生活を行うために、所有物を個人がもち運びできるものだけに限定しているからである。家畜をもたない彼らは日常生活に必要なすべてのものを手にもち、背負い、頭の上に乗せて運ぶ。しかも、乳児や幼児も背負って移動しなければならない。そのため、耐久性のある重い家具、道具、食器などはもたず、移動するたびに新しくつくることになる。眠るための小屋、椅子、ベッドは植物性の素材を用い、移動するときに置き去りにされる。数週間に一度、移動を繰り返しながら暮らす狩猟採集民にとって、定住生活を送る人々が蓄えるものは不必要な重い富なのだ。

なぜ、移動するのか。むろんそれは、彼らが生活の一切を自然資源に頼っているからである。

大きな集団で定住して繰り返し利用すれば、資源はすぐに尽きてしまう。だから、彼らは二五〜一五〇人程度の小集団で分散し、年間一〇〇平方キロメートルを超える広い地域を移動しながら暮らしている。資源の豊富なアフリカの熱帯雨林に住むピグミーで年間一五〇〜三〇〇平方キロメートル、カラハリ砂漠のブッシュマンだと二六〇〇〜四〇〇〇平方キロメートルにおよぶという。人間以外の霊長類ではサバンナにすむチンパンジーで三〇〇平方キロメートルにおよぶことがあるが、ふつうは数平方キロメートルから数十平方キロメートルで、小型の霊長類では一平方キロメートル以下もめずらしくない。狩猟採集民がいかに広い範囲を移動して暮らしているかがわかる。

その理由は、彼らの食生活が肉に大きく依存していることにある。狩猟採集民は雑食で、多種類の植物や動物を食べる。三〇〇種類以上の動植物を食べている狩猟採集民もめずらしくない。植物性の食物が豊富な場所では肉への依存度が低いが、それでも食物の一二％は肉食に頼っている。多いところでは八〇％を超える。チンパンジーでは肉食への依存度が三％ほどであるから、はるかに多くの肉を食べていることになる。乾季や冬季に植物性食物が欠乏する地域では肉への依存が高まり、アラスカのイヌイットは冬季に利用するほとんどの食物は獣肉である。一般に肉食動物の遊動域は広く、生息密度も低い。獲物の数が季節や年によって大きく変動するため、不作の時期にも対応できるようにしているためである。人間の祖先も肉への依存を高めたことが、集団サイズを抑え、遊動域を広げる結果となったにちがいない。

6　分かち合う社会

人類学者のジェームズ・ウッドバーンはこうした狩猟採集民の生計活動を「即時収穫システム」とよんで、農耕や牧畜などの「遅延収穫システム」と区別した。狩猟採集民は収穫した食物をその日のうちに消費してしまう。貯蔵するということをしない。その日暮らしの使い捨てを基本とした生計活動をしている。それを維持するために、狩猟採集民はある特徴をもった社会性を維持してきた。徹底的な分配と交換をつうじた社会関係と、権威を抑える仕組みである。

狩猟採集民は一般に、採集した食物をキャンプにもち帰って仲間と分配して食べる。ハチミツ、シロアリ、大きなスイカなど、みつけた場所で食べることもあるが、多くの食物は食べずにもち帰る。とくに狩猟で得た肉は、厳格なルールにしたがって何回にもわたって分配され、キャンプの全員がその分け前をもらえる仕組みになっている。ここが人間以外の霊長類とはっきりちがうところである。人間以外の霊長類でもっとも頻繁に食物を分配するチンパンジーでも、捕った獲物をわざわざ仲間のもとへ運んで分配することはないし、獲物の所有者が自分から進んで分配することはない。あくまで分配の要求があったときのみ、食物の切れ端をとることが許される。

ところが、人間では獲物を捕りにいくときにすでに分配することが前提となっているし、分配の要求がなくても分け前は積極的に渡されていく。コンゴ盆地のイトゥリの森に住むムブティ・ピグミーの調査をした京都大学の市川光雄によれば、じつに巧妙な仕組みによって獲物の分配が促進されているという。まず、狩猟によって得られた獲物の所有者は、獲物を捕った狩人ではなく、矢や槍など獲物をしとめるのに用いた狩猟具のもち主である。しかも、彼らは頻繁にこうした狩猟具を交換するので、実際に使う矢や槍はほとんど他人から入手したものになる。結果として、狩人がいかに優秀でも、獲物の所有者が特定の個人に集中することはなくなる。さらに、獲物は所有者と狩りに従事した者とのあいだで一次分配が行われた後に、二次分配が行われて各家族に肉が配られる。肉が料理された後でも、各家族から肉が配られて最終的にキャンプの全員が肉を口にできるようになっている。

砂漠の狩人ブッシュマンでも「ハロ」とよばれる交換ネットワークが存在し、道具や装飾品などの交換を頻繁にしている。また、すべての人々が同じようなものを製作する能力をもっており、自分の手でつくれるものであっても仲間と交換することが多いという。こうしたネットワークをつうじてあえて相互依存の体制をつくりだしているというわけだ。ブッシュマンの食物分配や料理について調査した名古屋学院大学の今村薫は、女たちが必要以上にかかわり合いながら共同作業としての調理を実現しているという。たかだか臼一杯の野草をひいて料理するのに、八人がものを提供し、一〇人で作業を行い、一三人が食べたこともあった。そこには分かち合うことによって生を確認し合う儀礼のような雰囲気が感じられたと今村は記している。

ピグミーでもブッシュマンでも、食物の獲得や分配に際して嫉妬や権威が生じないような仕組みが存在する。市川によれば、大きな獲物を捕ってキャンプへもどってきたピグミーの狩人は、喜びや誇らしさをけっして表さない。ちょっと槍のもち方を変えているほかはいつもと変わらない。キャンプの仲間も、槍のもち方によって大きな収穫があったことはわかっているが、いつもと同じ態度で彼を迎える。すぐさまキャンプの仲間がこぞって獲物の解体に出かけ、その後たんたんと分配が行われるが、だれも狩人に対する賞賛の言葉を口にしない。これは大きな成果を上げたことによって、特定の個人に権威や嫉妬が集中するのを防ぐためである。

ブッシュマンの調査をしたアメリカの文化人類学者リチャード・リーも、キャンプの人々が大きな獲物をしとめてもどってきた狩人を悪しざまにののしる姿を描いている。「こんな痩せこけた獲物では」とか「わざわざ労力をかけた末にこんなちっぽけな肉では」とか、みな精一杯の嫌みをいうのである。狩人も恐縮して、「こんなつまらないものでみんなに足を運ばせて申しわけない」などと謝る。じつはみな本心はとても喜んでいる。しかし、すぐに喜びを顔に出してしまっては、その狩人がめだちすぎ孤立してしまう怖れがあるので、きついジョークをいってそれを防ぐのである。

食物の分配の際にも、権威や負債が生じる危険を回避する工夫がみられる。コンゴの熱帯雨林に住むアカ・ピグミーを調査した富山大学の竹内潔は、彼らが分配する際、けっして食物を手渡さないことを指摘している。無造作に放ってよこすし、受けてもけっして感謝の意を表さない。肉を配るときも、葉にくるんで気がつかないように屋根の上においていく。こうした行為はものの所有者をあいまいにし、もてる者からもたざる者へと負い目が生じないようにするためのものだという。

このように、狩猟採集民の分配は、相手からの直接的な見返りを期待してはいない。だが、共同体のなかで分配がいきとどけば、直接分配した相手ではないだれかから自分も分配を受ける結果となる。これは「一般的互酬性」とよばれ、人間の本質的な社会性とみなされている。ただ、狩猟採集民の分配を再考した弘前大学の丹野正は、「分け与える」というよりは「分かち合う」という表現のほうが彼らの平等社会の実態に合っているという。分け与えるためには所有者を明確にしなければならない。それはむしろチンパンジーの分配に近い。チンパンジーは食物の所有が明確になったときから、分配をせがむ行為が生じる。狩猟採集民は所有をできるだけ認めず、すべてを「分かち合う」ことを原則とした社会を営んでいる。所有がなければ「与える」者も行為も生じないのだ。

狩猟採集社会であっても、冬季に植物性の食物が欠乏する中緯度地帯では、魚や肉の燻製をつくったり、ナッツ類を保存したりして食物を貯蔵する人々がいる。これらの人々は定住して大きな集団や大がかりな建造物をつくることもある。しかし、多くの狩猟採集民は移動生活を基本とし、最小限の道具をもち、家族がいくつか集まった小集団で暮らしてきた。その集団は狩りや採集が効率よくできることが条件になり、「分かち合う」ことが可能な規模に収まっていた。人々の平等な関係を保つために、徹底的な分配や交換のシステムが発達しているが、それでもトラブルが生じたときには当事者どうしは移動して離れ合う。それは狩猟採集民の生息密度が低く、行動域が広く、なわばりをもたないことによって維持されていた。

分配や交換のシステムを可能にしたのは言葉によるコミュニケーションであり、人々の移動を可能にしたのは家族を中心にした許容力の高い共同体の編成である。「分かち合い」は、家族内に閉じ込められていた向社会的な関係を共同体内部に広げた結果である。男女の分業にもとづく家族を単位とした生計活動だけでなく、複数の家族のあいだで緊密な協力関係と分業が可能になったのである。そのうえで、広範に移動を繰り返し、家族単位で離合集散することによって、集団どうしの交流を深めた。複数の家族を含む共同体と、人々の移動を許容する集団間関係は狩猟採集時代に完成していたと考えてよいだろうと思う。

7　農耕と牧畜がもたらしたもの

動植物相が豊かな場所では、農耕や牧畜は狩猟採集に比べてけっして安定した生業様式ではない。せっかく種をまき、手をかけて苗を育てても、大雨や干ばつなどで収穫する前に作物が全滅してしまう場合もある。家畜がいっせいに伝染病にかかって死に絶えてしまうこともあるだろう。狩猟採集生活なら、移動したり食物の種類を変えて不作の時期を乗り越えることができる。しかし、農耕や牧畜に頼っている人々は代替する食料が得られず、飢餓が蔓延することが多い。にもかかわらず、なぜ世界の各地で農耕が始まり、しだいに狩猟採集生活にとって代わるようになったのか。それはおそらく、度重なる気候変動で食料となる動植物が減少し、食料の貯蔵が重要になったからである。そして食料を貯蔵できたところでは定住化が進み、集団のサイズが大きくなった。繰り返し同じ植物を利用することで、人間に都合のよい種が選択され、栽培可能な植物が増えて食料生産が可能になった。

狩猟採集と農耕、牧畜とのもっとも重要なちがいは、必要な土地の大きさと人口密度である。熱帯雨林で焼畑農耕をする一家族四、五人が一年間の生計を支えるために必要な土地の面積はせいぜい〇・五ヘクタールである。狩猟採集民の家族はほかの家族といっしょに一万ヘクタール以上の土地を利用して暮らしている。たとえ五家族で移動生活を送っているとしても、焼畑農耕民の四〇倍もの土地が必要になる。また、牧畜はとても狩猟採集が行えないような砂漠やツンドラでも、家畜に食料を頼ることで生活できる。アフリカの乾燥サバンナでラクダ、ウシ、ヤギなどの群れをコントロールして暮らすトゥルカナ、ガブラ、マサイなどの遊牧民、シベリア北部でトナカイを遊牧するラップの人々がその好例である。さらに、収穫が気候変動に左右されるとはいえ、農耕や牧畜は食料を蓄えて人口を大きくできる。土地が肥え、気候が温暖な場所では大量の食料の生産と蓄積が可能で、狩猟採集民の数百倍の人口を抱えることができる。このちがいがしだいに両者の勢力の差となって現れ、やがて狩猟採集生活を後退させる結果につながったのである。

農耕と牧畜という新しい生業様式は、社会関係にも大きな変化をもたらした。専門職の登場である。狩猟生活でも高度な分業はあった。どこの狩猟採集民でも、狩猟活動には男が、採集活動や調理、育児には女が従事することが多い。もちろん女も狩猟をすることがあるし、男だって調理や育児に積極的に参加することがある。だれもがさまざまな活動をする能力をもつオールラウンド・プレイヤーではあるが、だいたいの役割分担は男女のあいだで分かれているのである。

これに対し、農耕や牧畜は老若男女を問わず、だれでも従事できる。森を切り開き、土地を耕し、種をまき、雑草を刈り、虫を摘み取って苗を保護し、収穫し、保存のための作業をする。

すべての作業に多くの人出が要り、だれもがどれかの作業に参加する。子どもでも雑草引きや収穫、家畜の番などに狩りだされる。農耕暦があって、一年のうちの適切な時期にそれぞれの作業を共同でこなしていかねばならない。狩猟のように、一人の男の技量や能力が大きな収穫につながることはありえない。労働力の均一化が必然的に起こり、狩猟のような特別の知識や技術が人から人へと個人的に伝えられるのではなく、だれもがわかるような作業のマニュアル化が必要となる。

そのため、特別な個人の能力や権威が食料の獲得において突出することはない。それゆえにというか、その結果として特定の技術をもつ専門家が登場する。農作業の道具をつくったり、収穫後の保存法を考案したり、家畜飼養のための策を練ったり、食べにくい食材を調理したりする技術である。これらの技術は食料の生産において直接個人の能力や権威につながるのではなく、共同体全体に貢献する。道具や技術や知識は個人の活動にとどめておくものではなく、共同作業の効率を促進し、みなの福祉を向上させるからである。知識の蓄積や技術の向上が共同体の発展にとって有利になると、専門にその活動をする人々が現れ、やがて専門家集団として技術職を確立していく。これらの人々は日常的な農作業を免除され、技術の提供と引き換えに食物の提供を受ける。こうして農耕牧畜社会には、狩猟採集生活にはなかった分業が生まれることになったのである。

農閑期には食料の生産以外の仕事をする余裕が生じる。狩猟採集のように毎日余暇があるのではなく、農作業に多くの労力を割かなくてもよい時期に別のことをする時間が生じるのだ。しかもそれはみないっせいに生じる余暇であるから、みなでいっしょに規模の大きな活動ができる。それがお祭りであったり、道路工事であったり、象徴的な建造物であったりしたのだろう。そのいくつかの証拠は遺跡となって残っているし、その活動の規模がしだいに大きくなって都市文明が築かれたことを歴史は語っている。そういった共同作業をつうじて、人々はますます土地への愛着と共同体への忠誠心を高めていったのである。

なぜ、どのようにして農耕や牧畜が始まったのかについてはさまざまな説がある。植物は人間と採食－種子散布の過程をつうじて共進化を遂げ、人間の干渉を強めることで栽培植物化したという説。野生動物のある種が人為による保護と繁殖操作を受け入れて家畜化したという説もある。また、氷河期末期の西南アジアにおいて、乾燥化のために人間と動物がオアシスに集合し、家畜化が始まったとする説。逆に、温暖化により資源が豊かになった結果、農耕という技術が生まれたとする説など、多くの議論がある。しかし、どの説も一致しているのは、気候変動によって環境が変わり、それに応じて人口が変動するなかで、人間の環境に対する働きかけや人間どうしの関係が大きく変わるなかで食料生産が始まったということである。

一万八〇〇〇年前に最終氷期が終わり、その後数千年間の地球の気候はいまより乾燥していて、寒暖の激しいものだった。植物を栽培しようとする試みが各地でみられているが、いずれも短期間で失敗に終わっている。ところが、一万一五〇〇年前に世界の気候が急に温暖で湿潤になり、変動幅が小さくなって安定した。このため狩猟採集で得られる食料が増加し、定住性が高まり、人口が増加した。まさにこの定住性と人口の高まりこそが、人間の自然と社会に対する意識に大きな変化を生じさせたのである。アメリカの人類学者マーク・コーエンは、環境条件の向上とともに生じた継続的な人口増加こそが、味はともかくとして生産性の高い資源(海産物や雑穀)へと目を向けさせ、植物栽培や家畜化を実現させる結果となったと指摘する。そして、定住性と食料供給の安定化は出生率を引き上げ、幼児死亡率を減少させ、ますます人口増加に拍車をかけた。そのため、野生の動植物が食べ尽くされて不足し、農産物と家畜の肉への依存度が高まったというのである。

たしかに、西南アジアや南北アメリカにみられるように豊かな環境下で定住性と人口圧が高まった結果、農耕に移行したと思われる事例は少なくない。そして、初期農耕が現在の穀倉地帯の周辺部で始まったことからすると、小さな気候変動が農耕化への道を加速したにちがいない。つまり、温暖な気候のもとにいったん増加した人口が寒冷化にともなう環境の劣化によって支え切れなくなったとき、生き延びるためのよりたしかな手段として食料の生産が推進されたと思われるのである。

農耕と牧畜の始まりが、人口の増大によって引き起こされた社会的ストレスに起因するという考えは、農耕社会と狩猟採集社会の所有観念や社会関係のちがいに由来する。狩猟採集社会では資源の共有という平等主義が原則だった。じつは、これは人類がほかの霊長類との共通祖先から受け継いできた特徴でもある。群れ生活を送る霊長類はある範囲の土地を遊動し、その土地の資源を群れの仲間と共有している。土地を仲間どうしで分割統治することはない。群れをつくらずに個々になわばりをかまえる種もあるが、上位の集団をつくることはないので分割統治とはいえない。また、マントヒヒ、ゲラダヒヒ、キンシコウなど小集団がいくつも集まる重層社会をつくる種もあるが、個々の集団が決まった土地を占有しているわけではない。狩猟採集民社会はこの原則を踏襲し、食物を仲間のもとへもち帰って分配して共食をすることによって、より広範な分業と強い連帯意識をつくりあげた。それは人口密度が低く、小集団で、移動生活を基本とした即時収穫システムの経済をとる限りにおいては可能であったと思われる。

しかし、定住生活が始まり、食料生産によって人口密度と集団の規模が増加すると、平等原則を維持することはむずかしくなる。ある広さの土地を耕す人の数は限られているし、土地によって作物の生育に大きな差ができる。しかも、遅延収穫システムでは、労力の投資と収穫とのあいだに大きな時間差がある。投資がそのまま利益につながるとは限らない。そこで、小集団で土地を分割し、それぞれの集団の事情に応じた土地利用、農法、協力体制によって労力と収穫の配分を決めるのが合理的になる。狩猟採集生活では、食物が少なくなれば移動して別の可能性を探る。これは人口密度と集団の規模が小さいから可能である。人口も集団も大きくなれば移動することはむずかしいし、それだけの人口を養うだけの食料資源をみつけられるかどうかもわからない。それよりは土地の収容力を高め、定住して土地を継続して管理していくほうが安全で安定した生活を送れる。

また、農耕や牧畜では投資した労力がすぐに利益に直結するわけではない。せっかく投資しても管理を怠れば、作物は収穫できず、家畜は死に絶えてしまう。そのため、得られた収穫物は労力を投資した者の所有となるのが当然の帰結となる。土地を分割していれば、その土地から得られた利益をほかの土地の人々に分け与える理由は希薄になる。労力の提供やほかの資源の提供という経済的理由が、分配の条件となるのである。狩猟採集民の生活の基本であった「分かち合い」の精神は家族や親族の小集団内部に閉じ込められ、代わりに資源の価値に応じた見返りが求められる互酬性が共同体を支える基本となる。

このように定住と食料生産によって土地や資源への管理意識が強まると、自分たちの土地を囲い込んで境界を引き、それを共同で守ろうとするなわばり意識が芽生えてくる。さらに、人口が増えて集団の規模が大きくなると管理する土地の範囲を拡大しなければならなくなる。それが集団内、集団間のトラブルを引き起こし、それを調停する仕組みを必要とするようになったと考えられるのである。

8 暴力と共同体の拡大

人間以外の霊長類でも激しい争いが起こって死亡することがある。おとなどうしの争いのほとんどは食物や交尾相手をめぐるもので、食物をめぐる争いで死ぬことはまずない。霊長類は基本的に昆虫や植物を食べるので、たとえ争いに負けてその食物を得られなくても別の食物をさがせばよい。得にくい特定の食物に命をかける必要などないからである。しかし、交尾相手のメスをめぐる争いは、ときには死に至る苛烈なものになる。この戦いはオス間によく起こり、通常オスはメスよりも大きな体をしていて長く鋭い犬歯をもっている理由もここにある。私もこれまでの調査で、頭骨が陥没するほどの大けがを負ったニホンザルのオスや、胸や頭に犬歯による深手を負ったゴリラのオスをみかけたことがある。しかし、ニホンザルのオスは負傷してもまず死ぬことはない。母系社会で生きるニホンザルのオスは複数の群れを渡り歩く。また交尾期になれば、群れに属していなくてもメスを誘いだして交尾をする機会がある。だから、交尾相手をほかのオスに奪われてしまったとしても、ほかのメスと交尾機会を得ることができる。命をかける必要はない。

だが、ゴリラやチンパンジーでは多少事情が異なる。非母系社会に生きる彼らはオスが複数の集団を渡り歩くことができない。自分でメスを得て集団をかまえるか、生まれ育った集団に残って血縁関係の近いオスと交尾相手を分け合うか共有していくしか道がない。このため、オスどうし、オスの血縁集団間の戦いはときとして激しいものになる。ダイアン・フォッシーはヴィルンガ火山群で収集したゴリラのオスの頭骨の七〇％に犬歯が刺さったような致命傷が認められたと報告している。ヴィルンガでは私が調査中も、単独生活を送っていたゴリラのオスがメスを得ようとして群れに近づき、群れオスたちの攻撃を受けて死亡している。また、私が調査したコンゴ民主共和国のカフジ山でも、年老いた群れのリーダーオスが単独オスとの闘いで受けた傷がもとで死亡している。

　チンパンジーでは、タンザニアのマハレの集団でリーダーの地位を陥落したオスが、しばらくして姿を消してもどってきた際、ほかのオスたちから攻撃を受けて死亡した例が報告されている。また、マハレでもほかの複数の地域でもチンパンジーの集団間で激しい争いがあり、死亡するという事件が報告されている。

　最初に報告されたのはタンザニアのゴンベで、一方の集団のオスたちが単独で遊動していたほかの集団のオスやメスたちをつぎつぎに襲って殺した事件である。攻撃は不意打ちで始まり、よってたかって犠牲者を押さえつけて殴り、大きな犬歯で咬み裂くという残虐なものだった。このような攻撃が連続して起こり、三年のあいだに六頭のオスと二頭のメスが殺されて、この集団は崩壊した。襲った集団が崩壊した集団の遊動域を乗っ取り、いったん散り散りになったメスたちは襲った群れに加わった。殺害者のオスたちは隣接群の遊動域と交尾相手のメスを手に入れたわけである。

その後、マハレでもウガンダのキバレでも同じような集団間の争いが起こり、多くの場合、オスが殺されることがわかってきた。しかも、同じ集団に共存するオスたちはいっしょに隣接集団の境界域をパトロールし、そこで他集団のオスをみつけると連合して襲うということが確かめられた。襲撃は明らかにオスたちによって意図された行為と思われるのである。襲われたオスたちは生殖器を咬まれている場合が多く、睾丸が抜き取られていることもあった。オスによる襲撃が性に関する理由であることを示唆している。

ただし、チンパンジーに近縁なボノボのオスにはこうした攻撃行動がまったく認められていないし、タンザニアやウガンダのヒガシチンパンジーの亜種にあたるギニアやコートジボワールのニシチンパンジーにもこれほど激しい争いは知られていない。ボノボは乱交傾向が強く、メスが無排卵発情をして性皮を長期間にわたって腫脹させるので、オスどうしは交尾相手をめぐる葛藤を強めない。また、集団どうしの出会いでも異なる集団に属するオスとメスが交尾をすることが知られており、性的な活性を高めて同性間の競合を減じることに成功していると考えられる。ニシチンパンジーに暴力沙汰が少ないということは、遺伝的に近縁でも環境条件や社会条件によって交尾相手や資源をめぐる攻撃性の現れ方が異なることを示唆している。暴力の発露は、条件の変化によって短期間に変わりうるのである。

霊長類学者のリチャード・ランガムは、チンパンジーと人間の集団間の争いで死亡した数を比較した。直接観察された事例から計算するとチンパンジーは年間一万頭あたり六個体が死亡しており、状況証拠から予測された事例を加えると二〇〇個体を超える。狩猟採集民の平均値は一万人あたり二〇〇個体弱でほぼ同じである。ところが、農耕民の集団間の争いで死亡した数の平均値は六〇〇個体を超える。これは統計上有意な差ではないが、狩猟採集社会が集団間の争いの規模ではチンパンジーと同じ段階にとどまっており、農耕社会になってからそれが増加したことが示唆される。

おそらく狩猟採集社会における集団間の争いは資源や異性をめぐる個人間の争いに起因しており、それを当事者と密接な関係をもつ仲間に拡大したものにすぎない。その葛藤は当事者どうしが離れ合うか、移動してしまえば過激になることを防げるものであった。しかし、定住する農耕社会では集団どうしが境界を接して隣り合っているので、個人ではなく集団の威信をかけて争いが激化する可能性が生じる。そのため、人口が増えて集団の規模が大きくなり、土地の需要が高まると集団間のあつれきが高まり、暴力をともなう衝突が増えていったと考えられる。そのため、集団内でも集団間でも所有を明確にしてその権利や譲渡に関するルールをつくり、それに違反したものは社会全体の合意にしたがって罰するという手続きが必要になってくる。人口密度も集団の規模も大きな農耕社会が集団間の争いにおいて、狩猟採集社会の三倍程度の死者ですんでいるのは、むしろこういうルールが徹底したおかげで低く抑えられた結果かもしれない。

複数の家族からなる狩猟採集民の数十人規模の集団は、社会階層が未分化で、たとえリーダーがいたとしても権威が集中したりはしない。すべての資源は集団の共有であり、「分かち合う」精神のもとに個人の所有ができる限り制限されている。集団内の仲間はすべて顔見知りであり、各々の能力や性格はわかっている。だから集団内でトラブルが生じるとすべての仲間が集まってその解決をはかる。だれもが意見をいう権利をもち、特定の個人が決定権をもつことはない。

それが定住と食料生産の開始によって数百人からなる集落に発展した。規模が大きいとはいえ、集団の仲間の名前と仲間どうしの社会関係をだれもが知っている間柄である。仲間に関する情報や記憶には言葉が重要な役割を果たしたと考えられ、言葉をもたなかったと考えられるネアンデルタール人にはこれほど大きな規模の集団は報告されていない。また、この定住社会はいくつかの血縁集団に分かれ、そのあいだで婚姻が結ばれたりする。こうした「女の交換」によって集団の構成員には血縁関係に準ずる同胞意識が生まれ、集団内で起こるもめごとは関係者全員で解決しようとする傾向がある。社会階層は未分化で、特別な職業をもつ専門家もまだ出現していなかったであろう。個人の所有が広く認められていても個人間に大きな差はなく、だれもが食料生産活動に従事する平等主義的な考えが支配的だったと思われる。

9 戦争の登場と自己犠牲の精神

首長を備える数千人規模の社会が出現したのは、いまから七五〇〇年前の西南アジアである。六〇〇〇年前にはシリアで大量の粘土球を弾丸のように武器として用いた跡がみつかっており、最古の戦争の跡と考えられている。集団間の大規模な戦いは首長制社会の出現によって幕を開けたのである。その理由は、食料生産以外の活動に従事する専門家集団と、武器をもって戦う戦士たちの登場である。拡大する人口と食料生産力の向上は、この時代に至ってついに権威を集中させて富を独占する支配者階級を生みだしたのである。それまでの社会と首長社会の大きなちがいは、象徴的な公共建造物の有無である。また、日用品以外の豪華な工芸品や装飾品がつくられた。これらはみな首長の権威を象徴するためのものである。首長はさまざまな種類の余剰食料を自分のもとへ集め、それを再配分することによって専門家集団の地位を確立した。そして、戦士集団を育成し、武力を強化して富を守らせるとともに、ほかの集団を支配して領土を広げるようになったのである。

首長社会に特徴的なのは、豪華な墓と宗教の寺院である。これは首長が死者とそれにまつわる宗教の力を借りて大きな集団の統率をはかったことを示している。それまでの社会とちがい、数千〜数万人規模の社会ではとてもすべての人々の名前や性格を熟知することはできず、見知らぬ他人どうしを結びつけ、連帯し協力させる仕組みが必要になったからである。墓は死者の象徴であり、必ず土地と結びついている。それはその土地が現在の所有者だけでなく、祖先から受け継がれたものであることを示す証となる。また、祖先を遠くさかのぼって共有することで、現在赤の他人であっても祖先を同じくする近縁者であることを納得できる。それが見返りを求めずに奉仕し合う間柄であることの説明になり、協力し合う根拠をつくることにつながる。また、宗教は死後の世界まで個人の行為がおよぼす範囲を拡大し、死者と生者をつなげることで自己犠牲の精神に大きな理由と動機を与えた。自分のためでも近親のためでもない、首長の率いる集団のために奉仕し、命をささげるという新しい観念が生まれたのである。この観念は首長社会のつぎに登場する国家に引き継がれ、国家を支える基本的な精神として誇張され利用されることになった。国家の成立以降、世界のあちこちで起こった大規模な戦争や民族による支配・被支配の関係は、そのことを如実に物語っている。

こうしてみると、社会の複雑化と階層化は人口と集団の規模に対応して発展してきたことがわかる。それを可能にしたのは食料の生産と余剰食料を用いた専門家集団の育成であったわけだが、それは言葉という画期的なコミュニケーションがなければ達成できなかった。集団の規模が大きくなるにしたがい、それぞれの家族や地域的な小集団は自給自足的な経済を維持することができず、ほかの集団と生産物を交換することによって生計を立てることになったからである。交換経済には本来性質の異なるものを等価とみなす基準が必要である。これは言葉がないとむずかしい。ネアンデルタール人にはものの交換が不可能であったと思われるし、初期のサピエンスたちに言葉があっても狩猟採集社会の即時収穫システムでは、大がかりな交換経済は必要なかったであろう。定住生活に移行して、農耕や牧畜によって遅延収穫システムを営むようになると交換経済が活発化し、高い価値で取引できるように技術の向上が望まれるようになった。ものの取引や人々のあいだのもめごとの解決には言葉によるコミュニケーションが必須となる。

そして、人々の集団間の動きも活発になると、集団間を渡り歩く人々が自分の出自を証明する手段が必要となる。首長社会以前は、集団の構成員はすべて名前や社会関係がわかる仲間だった。よそものはその構成員のひとりと関係を築き、それをもとに集団に出入りすることができた。しかし、規模の大きい首長社会では集団内部の人どうしにも知己のつながりはない。そのため、訪問者は自分の出自や集団間をつうじたつながり、訪問の目的などを説明しなければならない。言葉がなければそれは不可能である。

人間以外の霊長類の社会では、オスであろうとメスであろうと自由に集団を出入りすることはできない。いったん群れを離れたら、なかなかもとの集団にもどれないし、ほかの集団に加入すればもとの集団にいたときの社会的地位は通用しない。サルや類人猿が集団を離れるということはその集団のアイデンティティを捨てることを意味し、新しい集団に加入するということはその集団のアイデンティティを獲得したことになる。ところが、人間はつねに自分の出自を忘れず、それを明らかにすることでほかの社会に受け入れてもらえる。だからこそ、自由に集団を出入りできるともいえる。言葉をもった人間の移動は、つねに自分の所属する集団の性質を背負い、それをパスポートのように示すことによって可能になっていると考えられる。

しかし、人口や集団の規模が大きくなるにしたがって社会の構造や社会関係が変わっていくなかで、家族という社会単位はあまり大きな変化をこうむらなかった。首長制社会や国家は富や権威を集中させるとともに、繁殖の権利を独占し、人々の生殖を操作してもよかったはずである。家族を解体し、社会の階層によって子孫のつくり方に制限を加えるほうが効率のよい組織をつくれたはずではないかと思われる。ところがそうはならなかった。首長制社会や国家は戦争によって得た多くの捕虜を労働力として用いた。しかし、そうした捕虜や奴隷たちも最小限の家族をもち、生殖する権利は与えられ続けた。ときには軍隊のように異性から隔離されて繁殖の機会を奪われたり、中国の宦官のように去勢させられた人々もいる。だが世界のすべての社会で底辺に至るまで家族という組織が温存され、ここで人間の繁殖が営まれてきたことは注目に値する事実だろうと思う。

その理由は、人間がいまだに繁殖と育児の基本単位として家族に大きく依存しており、これが人間の繁殖における平等を保証する最良の組織とみなしているからである。人間は経済における不平等は受け入れても、繁殖における不平等は受け入れなかったのである。家族は類人猿の共鳴集団に匹敵する規模の組織である。そこでは言葉によるコミュニケーションではなく、対面による視覚的なコミュニケーションやしぐさや接触などの直接なコミュニケーションが主流となる。狩猟採集社会の「分かち合い」の精神が息づいているまとまりであり、互酬ではなく見返りを求めない向社会的な感情によって支えられている。初期人類の時代につくりあげられた共感と同情の精神がなんのためらいもなく発揮される集団が家族なのである。おそらく人類は人口や集団の規模を拡大しても、その基礎となる組織は共鳴集団として残してきたのではないだろうか。

しかし、現代の世界でその家族が危機に瀕している。それは人口や集団の規模ではなく、コミュニケーションの急激な変容によってもたらされた。

10　コミュニケーションの変容

言葉が登場するまで、人類のコミュニケーションはしぐさと音声による全体的な表現だった。類人猿と同じように、対面コミュニケーションは相手の感情を読み、相手を操作するうえで重要であるが、目がその大きな役割を担っている。人間の目は眼裂が横長で、白目と虹彩の色がちがい、目の動きがはっきりわかる。東京工業大学の小林洋美と幸島司郎は、人間以外の霊長類では眼裂が丸いことが多く、白目と虹彩の色の区別がつきにくいことを指摘している。人間の眼裂が横長なのは、地上で暮らすようになって水平方向の視野を広げる必要があったからだし、白目の部分が大きくめだつのは、目の動きによって相手の感情を読む仕組みが発達したからだという。

たしかに、ゴリラやチンパンジーは対面するとき、相手の目がみえなくなるような距離まで顔を近づける。目は黒っぽい茶色で、白目の部分がなく、どういう距離からみても目の動きはわからない。彼らは目の動きではなく、顔と視線を合わせることで相手の気持ちを操作しようとしているにちがいない。

ところが人間は、一〜二メートルの距離をおいて対面する。会話をしたり食事をしたりするときは長時間向かい合った姿勢をとるのがふつうだ。これは話をしたり食事をしたりする際に相手の顔をみることが重要であることを示している。向かい合うのは言葉によって情報を伝え合うために不可欠な姿勢ではない。事実、現在の私たちは電話やメールを用いて対面しなくても情報を伝え合うことができる。向かい合うのは対話や会話が感情の交流を必要としているからである。それは言葉だけではむずかしい。視覚的なコミュニケーションによって、とりわけ目の動きによってそれを読まなければならない。

ひょっとしたら言葉の始まりは情報交換ではなく、対面姿勢を長く続けることに意味があったのかもしれない。食事の場合も同様である。人間以外の霊長類ではけんかの源泉であった食物を、人間はわざわざ挟んで両者が向かい合い、同じ食物に手を伸ばす。これは人間にしかできない行為であり、共食が可能な許し合う間柄であることを前提にして、相手の目の動きを読みながら感情を共有することにつながっている。人間の目はこういった対面の機会を増やしながら、類人猿とちがうコミュニケーションの能力を付与していったのではないだろうか。

しぐさとともに、音楽も人間が言葉以前に発達させたコミュニケーションである。前述したように、音楽は仲間どうしのきずなを強め、一体化する気持ちを高めて協力行動をとるために大いに貢献した。現生人類がアフリカ大陸を出て季節変化の大きい環境へ進出できたのは、音楽による共感力の強化にあったのではないかと思われる。

そこに言葉が加わって、人間のコミュニケーションは大きく変化した。それまであいまいなことしか伝えられなかったしぐさに代わって、言葉ははっきりした意味を伝えることができる。その意味は時間と空間を超えて伝えられる。昨日起こったことをいましがた起こったことのように、遠い場所で起こったことを目前で起こったことのように表現できる。だから人間は、言葉を用いて自分にとって未知のことを他者の体験から学ぶことができる。また、言葉は世界や社会を比喩によってみる視点を提供し、ものや人を関係づけて解釈する能力を促進する。なによりも言葉はものごとの原因や結果への関心を助長させて目的意識を高める効果がある。そのため言葉は、農耕や牧畜のような遅延収穫システムが登場したとき、収穫の善し悪しの原因を過去にさかのぼって問い、その方法を改善し、新たな目標を立てる思考様式を推進したと思われるのである。

そして、それまでコミュニケーションの主流となっていた音楽と言葉が結びついたとき、人と人との感情の共有が目的意識に結びつくようになった。ホモ・エレクトスでもネアンデルタール人でもサピエンスの狩猟採集民でも、音楽はほかの仲間との境界を消して喜びや悲しみの感情を分かち合うものだった。それは結果的に人々の連帯意識を高め、分業や共同作業を推進しただろう。しかし、もともと音楽はそういった目的意識にもとづいて、歌ったり奏でられたりしたのではなく、純粋に感情の共有をめざしたものだったはずだ。それが言葉と合体したとき、意味が付与され、目的をもって歌われるようになったにちがいない。死者を弔うため、収穫を祝うため、苦難を乗り越えるため、神に感謝するため、などである。
とりわけ音楽は、集団意識の高揚のために用いられるようになった。宗教の儀式に音楽は欠かせない。それは荘厳な象徴物のもとに奏でられ、合唱するとき、いっそう効果を高める。ステンドガラスが散りばめられたカトリック教会でパイプオルガンが鳴り響く。人々が敬虔な祈りをささげて賛美歌を合唱するとき、神の僕であるという同胞意識は最高潮に達する。同様のことはコーランが歌のように朗読されるイスラム教のモスクでも、声明の合唱が響き渡る仏教の寺院でも起こる。

為政者もこのような音楽の効果を最大限に利用した。楽隊を育成して、数々の儀式を荘重な音楽で飾り、豪華な劇場でオペラやコンサートを開いて人々を集めた。音楽は見ず知らずの他人を権威のもとに集合させ、連帯感を高めて権力へ奉仕する精神を引きだすために用いられるようになったのである。首長制社会や国家は戦士の統率をはかるため、戦いへの恐怖を取り除き、戦闘意欲を高めるために音楽を多用した。二つの世界大戦で、日本の政府がおびただしい数の軍歌を普及させたことは記憶に新しい。イギリスもドイツもフランスもアメリカ合衆国も、勇気を鼓舞する行進曲や国歌をつくり、戦争や独立への士気を高めたことは歴史に深く刻まれている。言葉と結びついた音楽は、それまで連合することなど考えられなかった他人どうしを結びつけ、社会のために命を捨てて奉仕するような精神の育成に貢献したのである。

言葉が音楽と結びついたのは、言葉がまだできて日が浅いコミュニケーションであるからだ。情報を伝えるには便利だが、人々を信頼させ連帯させる力はない。視覚や接触に頼るコミュニケーションのほうが心を動かす力は強く、意味を含意しない音楽のほうが感情に訴える効果は大きいのである。たんに言葉を交わすより、みつめ合い、手を握り、肩を組み、抱き合うほうが感情は強く伝わるし、相手の心に訴える効果は大きい。だから、言葉を用いて相手との関係づくりをする場合には、相手の顔をみたり声を聞いたりしながら対話や会話を行うことが不可欠だったのである。

文字は言葉を化石化し、繰り返しや保存を可能にする耐久性の高い装置である。最初の文字はいまから五五〇〇年前の西南アジアに楔形文字として登場した。しかし、文字は粘土板、皮、紙といった媒体に記されて利用されたので、声による会話ほどすばやく相手に伝えられる手軽な手段ではなかった。むしろ、所有や交換のための証文や、共同作業の分担や手順を明確化するマニュアルとして用いられたのだろうと考えられる。やがて文字はできごとを記録し、歴史を編纂するために使われ、手紙や通達として直接声の届かない相手へ時間と空間を超えて伝える手段となった。

しかし、近年になると言葉の役割は大きく変わった。通信技術の進歩によって遠距離のコミュニケーションが可能になると、言葉の主たる目的は情報の伝達となり、信頼や関係づくりではなくなった。近年のインターネットや携帯電話の普及はその傾向に拍車をかけた。グーグルやヤフーなど巨大なデータベースがあって、その内容はつねに更新されている。世界のできごとを伝える多様なニュースに無料でアクセスでき、キーワード検索を使って自分が知りたい情報を簡単に得られる。チャットやフェースブックをつうじて自分の好む相手とめぐりあい、会話を楽しむことも可能だ。必要ならスカイプなどを駆使して相手の映像を同時発信でみることができる。こういった多様な方法で情報取得や会話が可能になると、それに時間をかけることがやっかいに思えてくる。会って話ができる距離にいても、会わずに携帯電話を用いて話をする人が増えるのは当然の帰結といえる。その結果、対面して話をする機会は減少し、ひきこもりという新たな生活スタイルが登場した。相手の目の動きを手がかりにして心の動きを読む能力も失われつつあるのではないかと思う。

現代の人間に対面コミュニケーションが必要なくなったというわけではない。これは現代の科学技術が人々の負担を減らし、効率のよい生活設計のなかで自由な時間を広げようとした結果なのだ。近代日本を象徴する三種の神器（白黒テレビ、冷蔵庫、洗濯機）は家電製品の爆発的流行をもたらした。それまで多くの労力と時間をかけてきた家事が短時間で行えるようになり、食事やその前後の団らんのなかで交わされていた情報交換の役割をテレビが担うようになった。その後、つぎつぎに新しい電化製品が登場し、人々の生活は便利になった。電子レンジや食器自動洗い機などが登場して家事の時間はますます節約され、建築技術や冷暖房機器の改良によって居住空間は密閉されて快適になり、外界と隔絶されるようになった。コンビニエンスストアやファーストフードの店があちこちにできたおかげで、いつでも好きなときに簡単に食事ができ、必要なものはなんでも手軽に入手できるようになった。自家用自動車をだれもが手に入れられる時代になり、気の合った仲間と好きなときに、他者に気兼ねすることなく自由に移動できるようになった。ちょっと前までなにをするにも人々にたずね、協力を仰ぎ、他者の目を気にしながら時間をかけて行っていた作業を、自分の都合を第一に考慮しながら自分で決定できるようになったのである。なんという自由な世の中になったことか。

しかし半面、それは人間が数百万年をかけて培ってきた重要な能力や社会性を失わせる結果をもたらしているのではないだろうか。長い狩猟採集生活のなかで発達させた「分かち合い」の精神は、農耕や牧畜の社会になっても食の共同をつうじて生き残ってきた。信頼できる仲間と毎日顔を合わせることで、心のきずなは保たれてきた。だが、現代はだれとも顔を合わせなくても、言葉を交わさなくても生きていける。通信販売で必要なものはすべて手に入るし、近くのコンビニエンスストアで目的の品を無言でレジへもっていけば、言葉を発することなく購入できる。

パソコンを開けば、そこには無限の世界が広がっている。会ったこともなく、名前も知らない相手と親密な対話ができるし、自分の経歴や身分を明かさずにつきあうことができる。同好の仲間を集めてグループをつくり、顔を合わせないままにインターネットのなかで会話を楽しむことができる。ギャンブルや投資も可能で、一歩も部屋から出ないでお金を稼ぐことができる。インターネット上に意見を書き込んだり、選挙の投票も可能なので、政治活動にも主体的に参加することができる。二〇世紀末の東欧諸国やソ連の崩壊は、ラジオや電話などの通信手段が果たした役割が大きかった。独裁政権がいかに厳格な報道管制を敷いても、人々はラジオによって他国の放送を聞き、政府の実態を知っていたのである。最近のイスラム世界で起こっている政治運動は、インターネットによるよびかけと携帯電話による交信が引き起こしたものである。所在不明の場所から一斉配信ができ、ばらばらになっている多くの人々が即座に情報を交換できたからこそ、影響力のある指導者がいなくても大きな連帯行動が可能になったのだ。言葉はもはや生身の体とは離れて人々を動かすようになっている。

11　家族は生き残れるか

そういったコミュニケーションと生活様式の変化による影響をもっとも大きく受けたのが家族ではないかと思う。おそらくホモ・エレクトスの時代に完成した家族という社会単位は、植物食から肉食をとりいれた雑食へと食物が変わっても、移動を基本とする狩猟採集生活から食料を生産する定住生活へ変わっても、即時収穫システムから遅延収穫システムへと経済が変わっても、集団の規模が数十人から数万人へと変わっても、つねに社会の基本的な組織として命脈を保ち続けてきた。それはどの時代でも、どの条件でも、社会をつくる資本は共感にもとづく信頼関係であり、それをたがいに顔と顔とを合わせるコミュニケーションがつくってきたからである。

人間が言葉を使わなくても共鳴し合える共鳴集団の規模はいまだに一〇〜一五人である。これはゴリラの集団の平均的な大きさと変わらないし、人間の家族の大きさとも一致する。人間がゴリラとちがうのは、家族以外にそういった共鳴集団を複数もてるようになったことだ。家族に属し、会社の仲間と共同で仕事をし、スポーツの仲間と集まる。私たちは日々そういった共鳴し合える集団を遍歴しながら過ごしている。言葉はその集団の維持に大きな役割を果たしているが、言葉以外のコミュニケーションも不可欠である。顔を合わせなければ、声を聞かなければ、いっしょに食事をしなければ、信頼関係を保ち続けることはむずかしい。

現代の通信革命は、そういった近距離のコミュニケーションの役割を大きく減退させてしまった。インターネットや携帯電話のほうがお手軽で便利だからである。かくして人々は顔を合わせなくなり、声をかけ合わなくなった。家族であってもいっしょに食事をする機会が減り、向かい合ってテーブルについてもたがいに携帯電話で話をしながら食べる。顔をみつめ合うこともない。相手は自分の見知らぬ人と携帯電話でつながっているから、いっしょに話をしていても心の動きを読めない。目の前にいる相手を信頼することができず、いっしょに食事をしたり、会うことすら億劫になる。しかし、独りでいるのはさびしいのでいっしょにいる友達がほしいし、自分が孤独であることをみなに知られたくない。そういったジレンマにだれもが陥っているようにみえる。いままで長いあいだ、人々の信頼をつなぎ止めていた共感という感情が行き場を失ってさまよい始めているのである。人々がスポーツの観戦やコンサートへ出かけて熱狂するのは、その満たされない思いを発散しようとしているのではないだろうか。

しかし、それは安易な共感の発露であるように私は思う。好きなチームの活躍に一喜一憂し、観客たちとウェーブをつくれば、多くの人々と心を一つにできる。でも感動する自分はあくまで受身である。自分はなにも犠牲にしないし、傷つかない。だれかを助けたり、幸福にしたりすることにも直接結びつかない。共感は特別な状況におかれた特定の相手に対して向けられるものであり、人々のあいだに助け合いや協力をもたらす装置だった。人間にとって共感を育む器は家族であり、それをとりまく人々の輪が共感を向ける対象だった。現代の人々は便利な電化製品や通信機器に囲まれて自立した生活を満喫する一方、隣人との接触を減らし、共感を向ける特別な相手を失いつつあるのだ。この状態を放置しておけば、社会を支えてきた人々のきずなは緩み、ばらばらになって収拾がつかなくなる怖れがある。

現代は、人々が知り合う手続きを省いて、集団が突如として立ち上がる時代である。人間は長いあいだ、身近な人々のつながりを窓口にしてつきあう範囲を広げてきた。だからこそ、人々が知り合うためには自分の氏素性を明らかにする必要があった。いまインターネット上で知り合うためには、そのようなアイデンティティは無用である。むしろ、個人情報を明かさないほうがつきあいやすい。ネット上の集団は、実際に人々が集まらないので目にはみえない。そうしたヴァーチャルな無数の集団がネット上に現れては消えていく。そこで人々は実際に会う以上に意見を交わし、行動決定をしていく。家族や地域共同体のきずなから解き放たれた人々は、こういうネット上の集団に同調しやすくなるだろう。エジプトでもシリアでも中国でも、インターネットのよびかけに応じて多数の群衆が集まり、政府のやり方に抗議している。それは政府を倒すほどの大きな力をもっているのだ。それらの集団をまとめているのは怒りであり、現状を打破した後にみえる未来への憧れである。みなの信頼を集めるリーダーのもとに結集しているわけでも、人々のあいだで目的を十分に話し合って連帯しているわけでもない。一つ歯車が狂えば、暴力に走ったり、たちまち崩壊してしまう危険をはらんでいる。

だが、そうした一見なんのまとまりもないような集団にも、目的意識を共有しているうちに信頼できる仲間ができ、緊密な協力関係が生まれることがある。阪神淡路大震災や東日本大震災では、ボランティアで集まった人々のなかにそのような組織が自然に立ち上がった。全国各地から集まった若者たちは、だれの指図も受けず、黙々とがれきを撤去する作業に従事し、避難している人々に食料を配給した。そこには被災した人々を思いやり、なんとかして勇気づけたいという熱意がみてとれる。それは日本だけでなく、近年世界各地で起こっている災害の際にみられる光景でもある。大きな危機に見舞われれば、現代の若者たちは共感を発揮して行動を起こす能力があることを物語っている。しかも、彼らはインターネットのよびかけに応じて集まり、携帯電話で連絡をとり合いながら行動したのだ。こうした能力や近代技術を結集して、新しい共同体をつくることができるかもしれない。

多産の特徴のもとに発達した人間の家族が、少子高齢化の時代を生き抜くことはむずかしい。しかも現代の通信革命と経済優先の社会は、家族のきずなを解体するように働いている。近親者や隣人との関係よりも、自分の生き方を充実させることが優先されるからだ。その萌芽は、じつは人間の生活史に初めから組み込まれていた。頭でっかちな手のかかる子どもを長期間かけて育てるために、人間はその養育者の生きる力を高めることをめざしたのだ。閉経を早めて寿命を延ばしたのも、つぎの世代の出産を助け、孫の生存率を高めるうえで効果的だったからだろう。ただ、多産の時代は共同の育児が不可欠だったために、自分独自の生き方を追求することはむずかしかった。しかし子どもの数が少なくなった現代は、長い人生を育児ではなく自己実現のために使うことができる。その方向へと人々が行動指針をとり始めたのが現代なのだ。

グローバル化の波は集団間の境界を消し去り、共同体が個人を縛れない社会をつくった。もはやこれまでのような家族を維持していくことはむずかしいかもしれない。ただ、家族というのはこれまで人間がつくりあげた最高の社会組織だということを忘れてはいけない。人間がこれほど大きな社会をつくりあげることができたのは、家族に生まれ、共感にあふれた人々の輪のなかで育った記憶である。見返りを求めず、自分の成長のために大きな犠牲を払って尽くしてくれた人々の記憶である。そこには食の共同と性の隠ぺいという類人猿にはなかった規範が隠されている。繁殖における平等と共同の子育てこそが人間の心に平穏をもたらす源泉であった。現代の社会もその原則を失ってはならない。それが音を立てて崩れ落ちたとき、私たちはもはや人間ではなくなっているだろうと思う。

あとがき

人間家族の起源を探る試みは、日本の霊長類学がその草創期からめざしたもっとも重要な課題だった。化石から類推することのできない社会の進化を解明しようとする霊長類学にとって、人間の家族はとても不思議な存在だったからだ。独占的な性関係の確立によって生まれ維持される夫婦とその子どもたち。その元来排他的な性質をもった社会単位を結び合わせ、さまざまな性・年齢の組み合わせによる協力関係を発動させる仕組みが人間のコミュニティである。世界のどの社会をみても、家族を下位単位としないコミュニティはないし、コミュニティをもたずに単独で存続できる家族もない。そして、このような特徴は人間以外の動物には認められないのである。

初期の霊長類学者は、系統的に近い類人猿の社会に家族の原型を求めた。今西錦司は、一対のオスとメスのペアでなわばりをつくるテナガザルと一夫多妻型の群れでなわばりをもたないゴリラの社会を、群れと家族の中間段階にあたるファミロイドとよんだ。特定のオスとメスとのあいだに持続的な配偶関係が生まれ、やがてそれらの排他的な社会単位がたがいの敵対関係を弱めて集合していく進化史を想定したからである。一方、今西の後を継いだ伊谷純一郎は、乱交乱婚型で離合集散性の高いチンパンジーの社会に人間家族を生みだす可能性をみいだした。共同で狩りをし、獲物の肉を仲間と分配し、道具を使用するチンパンジーの複数のオスとメスからなる集団は、複数の家族がまとまって遊動生活を送る狩猟採集民のバンドと相同な社会単位と考えたからである。しかし、チンパンジーの集団間の強い敵対関係は人間のコミュニティとはほど遠く、そのなかに家族の析出を想定することはできなかった。ホミニゼーション（ヒト化）の過程のなかには、ヒト以外の動物からの連続的な発展としてとらえうるものと、なんらかの質的な飛躍をともなうものとがある。家族の起源はおそらく後者の範疇に入る問題であろうと伊谷はいう。

いまから約二〇年前、私はこの今西と伊谷の議論を土台にして『家族の起源——父性の登場』（東京大学出版会）という本を書いた。伊谷が「家族起源論の行方」を書いてから一〇年以上経っていたし、そのあいだに霊長類の社会、とくに類人猿の社会に関する新しい発見が多くなされたからである。未知の類人猿だったボノボ（ピグミーチンパンジー）の性を用いた平和な社会の詳細が明らかになったし、マウンテンゴリラが複数の成熟したオスが共存する群れをつくることもわかってきた。なにより私自身が野生のゴリラを調査し、今西や伊谷が予想しなかったゴリラ社会の特徴を知ったことも執筆の大きな動機となった。ゴリラは今西が予想したようなオスが群れ間を移籍する母系社会ではなく、伊谷が予想したような成熟したオスどうしが共存できない単雄の社会でもなく、父と息子がたがいに配偶者を独占しあって共存できる父系社会の特徴をもっていたのである。しかもゴリラのオスたちは、群れの崩壊を機に血縁関係のないオスたちとオスグループを編成し、そこへメスを迎え入れて共存することもあった。そこに私は、初期の人類が父親と息子の共存を普遍化することをとおして、父親という文化的存在をつくりだし、家族を構築していく進化のシナリオを構想した。初期人類がゴリラのような体格に大きな雌雄差があるアウストラロピテクスから、しだいにその差を縮めて現代人ホモ・サピエンスに至ったとする化石証拠も、ゴリラに似た社会構造に人間家族の出発点をみる考えを後押ししたからである。

しかし、二一世紀に入ってからさらに新しい発見が相次ぎ、家族の起源に関する仮説は再考を迫られることになった。まず、さまざまな類人猿の長期研究が実を結び、個体の出生から死亡まで数世代にわたって追跡記録が得られるようになり、幼児死亡率や授乳期間、繁殖の開始時期や出産間隔など、生活史の実態がわかってきた。その結果、人間のほうが類人猿より大きな体重の子どもを産み、授乳期間がはるかに短いという事実が明らかになった。さらに、思春期に急に身長や体重が増加する現象や、閉経後に長期間生きるという特徴は、人間に特異的にみられるということも判明した。仲間の行いをみて、仲間と同じ感情を抱くミラーニューロンがサルにあることがわかり、共感は人間の専売特許ではないことも明らかになった。仲間に同調し、思いやり、食べものを分かち合いながら暮らそうとする心の動きは、言葉が登場するずっと以前から人間の祖先に備わっていたと考えられるのである。それは類人猿と人間に共通な対面コミュニケーションや社会的知性をもとに発達してきたにちがいない。また、保存状態のよいアルディピテクス・ラミダスの骨格を分析した結果、人間の初期の祖先が現代人並みに雌雄差の小さい体格をしていたと推測されるようになった。そこで私は、このたび前著を改訂したらどうかという話をいただいた際、それならば全面的に書き直して新しい本を出そうと思い立ったわけである。

だから本書は、前の本にはなかった新しい発見が随所に盛り込まれている。それに加えて、本書ではネアンデルタール人から現代人、さらには農耕と牧畜の開始から国家の成立に至るまで家族の歴史を追い続けた。前の本では家族の成立をホモの登場した時代におき、ホモ・エレクトスの家族の姿を描いて終わっている。それは父親の登場によって、人間の社会が生物学的なつながりから文化的な装置を備えた家族へと移行したことが、大きな飛躍を約束したと考えたからだ。その飛躍とは出アフリカである。中新世の後期から約一千万年ものあいだ、類人猿や人類の祖先はアフリカから出ていない。アフリカ大陸を地球規模の寒冷・乾燥の気候が覆い、熱帯雨林が縮小して草原や砂漠が広がったためである。以来、ゴリラとチンパンジーの祖先は一度たりとも中部アフリカの熱帯雨林とその周辺を離れることなく現代に至っている。人類だけが一八〇万年前のホモ・エレクトスの時代になってアフリカを出て、中東からアジアへと足を延ばすのである。食物が乏しく、強大な捕食者が闊歩する広大な草原をエレクトスたちが通過できたのは、類人猿にはない柔軟でしたたかな社会組織が彼らに備わっていたからにちがいない。

しかし、私はこの構想を展開したとき、家族が人間のどのような能力をもってつくられたかについて確信ある答えを用意することができなかった。その後、類人猿のコミュニケーションに関する研究が進み、それが言葉のような現代人に特有な能力ではなく、対面して共感や同情の能力を育む類人猿と人間に共通な社会的知性であることに思いあたった。同時に、言葉を用いたコミュニケーションはまだ歴史が浅く、身振りや歌を用いたコミュニケーションのほうが人間にとっても信頼や安心をもたらす効果が大きいことに気がついた。家族という小集団とそれを取り巻くコミュニティの連帯が強化されたのは、食の共同や踊り、合唱などの共感を高めるコミュニケーションだったのである。それが脳の拡大とともに成長期の長くなった子どもたちを共同で育てる必要性に迫られたとき、見返りを前提としない向社会的な行動や互酬的な行動の発達を促したと考えられる。言葉の創造は家族の規模を拡大したのではない。家族を取り巻くコミュニティの規模を拡大し、家族のような共感にもとづく疑似家族をいくつもコミュニティの内部につくったのである。

だから家族は人間のもっとも古い文化的な装置である。しかもそれは、かつてレヴィ＝ストロースや伊谷が予測したように、自然から文化へ移行する規範を備えている。なぜ無条件に子どもたちを愛さなければならないのか、なぜ親を敬い続けなければならないのか、なぜ兄弟姉妹は性的欲望の対象にならないのか、文化の文脈では解釈することのできない規範が家族に潜むのはそのせいである。

人間の家族はエレクトスの時代に確立されて以来、めまぐるしい生態や社会の変容を受けつつ生き残ってきた。出アフリカを果たした人類の祖先は、樹木の生えない草原や季節変化の激しい高緯度地域、標高の高い山岳地帯、雪と氷に覆われた極寒の地へ進出し、さらには海を渡って分布域を広げた。家族の行動範囲や社会的な交渉の頻度や質も大きく変化したはずだ。定住して食料を生産するようになってから、人間の集団の規模は急速に拡大した。分業化が進み、ものや人の交流が頻繁になり、社会の階層化が進んだ。しかし、家族という基本的な社会単位は崩れることなく存続し続けてきた。これは驚くべきことである。それほどまでに人間の家族は柔軟で力強い社会組織であり、人間の心の拠りどころであったのだと思う。

しかし、その家族がいま崩壊の危機に見舞われている。それは人間の身体や心が変わったからではない。生業様式や社会が変わったからでもない。コミュニケーションの技術が変わったからである。本書の執筆前に、私は『暴力はどこからきたか――人間性の起源を探る』（日本放送出版協会）という本を出した。戦争につながるような人間の攻撃性は、長い狩猟生活を経て鍛えられた攻撃本能を武器によって拡大した結果である、という説に異を唱えようと思ったからである。進化史の大部分を人類の祖先は狩る側ではなく、狩られる側で過ごしてきた。人間の社会性は攻撃ではなく、大切な仲間を防衛することで発達してきたのだ。共感と同情に満ちた行為はその所産である。人間に特異的にみられる高い、執拗な攻撃性はその延長線上にあるのだ。そのことを伝えたくて、私は本書に最終章を加えた。家族は人間に古いタイプのコミュニケーション、すなわち対面や接触をつうじて感得することをとおして強い信頼感を与える装置である。言葉はその範囲を拡大するが、相手の感情を大きく揺り動かしてしまう効果をもっている。信頼の代わりに権力やたくらみを付与してしまい、嫌悪や敵意、疑いや不安を増幅させてしまうこともあるのだ。それが国家の戦略として使われたとき、大きな戦いに発展することを、私たちはいやというほど思い知らされてきた。

そしていま、私たちの世界は心や体の準備ができないうちに携帯電話やインターネットの技術を使い始めている。もはや人間どうしが直接会うことなしに、重要な決定が下される時代になりつつある。逆に他者と顔を合わせることによって得られる社会性が、急速に失われつつある。共感の得られる対象が、家族ではなくネット上の見知らぬ人物であったり、話をしたこともないタレントや政治家であったりするのだ。本来、共感を抱く対象であった家族につながる親族や友人、ともに生活を分かち合う隣人たちに関心を向けなくなり疎遠になる傾向が強まっている。この状況を放置していてよいのだろうか。私たちは古いコミュニケーションも家族も捨てて、遠隔操作の可能なコミュニケーション技術によって新しい社会性を創造すべきなのだろうか。だが、人間の心と体はそう急速には変われない。いまの社会では満たされない心身のきしみが数々の事件を生んでいる。もう一度、私たちの社会をつくってきた自然と文化の歴史を振り返り、家族の意味を問い直すべきなのではないだろうか。本書を読んで、そんな議論があちこちで交わされることを願いたいと思う。

本書を執筆するにあたっては多くの方々にお世話になった。昨年度から私は理学部長・理学研究科長を拝命し、部局運営と大学改革へ向けての多忙な日々を送っている。実習や課題研究、大学院のゼミなど学生の教育や指導に専念することができずに、多くを同僚の中川尚史さんや井上英治さんに頼ることになってしまった。アフリカではＪＩＣＡ（国際協力機構）とＪＳＴ（科学技術振興機構）の助成による生物多様性の保全にかかわる大きなプロジェクトを抱えている。しかし、なかなかフィールドに足を運ぶ時間がとれず、分担者の竹ノ下祐二さん、藤田志歩さん、牛田一成さん、井上英治さんに実際の運営をお願いした。とくに現地の作業については平松直子さん、安藤智恵子さん、岩田有史さん、中島啓裕さん、松浦直毅さんたちに負うところが大きかった。フィールドに行けないならせめてこれまでの蓄積した資料と知見で新たな考えをまとめよう、と始めたのが本書の執筆につながったわけだが、それはこれらの方々が困難な業務を引き受けてくれたおかげである。さらに昨年度は、文科省の科学研究費助成金を受けてこれまで五年間にわたって実施してきた「資源利用と闘争回避に関する進化人類学的研究」の最終年度であった。霊長類学、先史人類学、生態人類学という三つの異なる分野から人類の資源をめぐる葛藤の由来とその解決策を探り、その成果をまとめるために多くの議論を重ねた。人類進化論研究室のゼミ、数々の研究会やシンポジウムが討論の場となった。本書にもそこで得た考えが反映されている。辛抱強く議論につきあっていただいた方々に深く感謝したい。

大学の業務に翻弄されながら本書を完成させることができたのは、東京大学出版会編集部の光明義文さんのおかげである。光明さんは以前に私が書いた本の改訂を勧めてくれただけでなく、全面的な書き下ろしを奨励してくれた。また、ミロコマチコさんのすてきな絵による装丁もすばらしい。人間の社会が動物たちの頂点にあるのではなく、彼らとともに自然のなかに由来することをこの絵は教えてくれる。それこそ私が本書でいいたかったことなのだ。最後に、私の家族に感謝の言葉を述べておこう。同じように家族の起源を追い求めながら、本書が前著とちがうのは私自身が家族を十分に体験したことである。前著を書いたのは、まだ家族をつくってまもないころだった。父親になって二十数年を過ごし、いまやっと私は家族の生成に主体的にかかわった自分の経験を考えに入れることができるようになった。家族というものが見返りを求めない向社会的な人間関係によって成り立っていることを、私は自分の家族から教えられた。本書で私がいくつか確信に満ちた考えを述べることができたのは、そのおかげであると思う。

伊沢紘生 Kosei IZAWA

世界的な霊長類学者による
新世界ザル研究の集大成。今ここに問う。

上巻主要目次

東京大学出版会

新世界ザル［上巻］

全２巻

四六判 /432 ページ
口絵８ページ / 上製
本体価格3600円＋税

【著者略歴】
一九五二年　東京に生まれる
一九七五年　京都大学理学部卒業
一九八〇年　京都大学大学院理学研究科博士課程退学
日本モンキーセンター研究員，京都大学霊長類研究所助手，京都大学大学院理学研究科教授，京都大学総長などを経て
現在　総合地球環境学研究所所長，理学博士

【主要著書】
『ゴリラ―森に輝く白銀の背』（一九八四年，平凡社），『ゴリラとヒトの間』（一九九三年，講談社），『家族の起源―父性の登場』（一九九四年，東京大学出版会），『ゴリラ』（二〇〇五年，東京大学出版会），『暴力はどこからきたか―人間性の起源を探る』（二〇〇七年，日本放送出版協会），『人類進化論―霊長類学からの展開』（二〇〇八年，裳華房），『ゴリラは語る』（二〇一二年，講談社），『「サル化」する人間社会』（二〇一四年，集英社インターナショナル），『ゴリラからの警告「人間社会ここがおかしい」』（二〇一八年，毎日新聞出版），『京大総長，ゴリラから生き方を学ぶ』（二〇二〇年，朝日文庫），『スマホを捨てたい子どもたち―野生に学ぶ「未知の時代」の生き方』（二〇二〇年，ポプラ新書）ほか多数

家族進化論
二〇一二年六月一五日　初　版
二〇二二年一月二五日　第五刷
検印廃止

著　者　山極寿一《やまぎわじゅいち》
発行所　一般財団法人 東京大学出版会
代表者　吉見俊哉
一五三‐〇〇四一　東京都目黒区駒場四―五―二九
電話：〇三―六四〇七―一〇六九
振替〇〇一六〇―六―五九九六四
印刷所　株式会社精興社
製本所　誠製本株式会社

ISBN 978-4-13-063332-1

参考文献

Adams, R. N. (1971) The nature of the family. In: Kinships, J. Goody (ed.), London: Penguin Books, pp. 19–37.

Aiello, L. C. (1996) Terrestriality, bipedalism and the origin of language. In: Evolution of Social Behavior Patterns in Primates and Man, W. G. Runciman, J. Maynard-Smith and R. I. M. Dunbar (eds.), Oxford: Oxford University Press, pp. 269–290.

Aiello, L. and Dunbar, R. I. M. (1993) Neocortex size, group size, and the evolution of language. Current Anthropology, 34: 184–193.

Aiello, L. and Wheeler, P. (1995) The expensive tissue hypothesis: the brain and the digestive system in human and primate evolution. Current Anthropology, 36: 199–221.

Aiello, L. and Key, C. (2002) Energetic consequence of being a *Homo erectus* female. American Journal of Human Biology, 14: 551–565.

Arbib, M. A. (2005) From monkey-like action recognition to human language: an evolutionary framework for neurolinguistics. Behavioral and Brain Sciences, 28: 105–124.

Aureli, F. and de Waal, F. B. M. (eds.) (2000) Natural Conflict Resolution. Berkeley: University of California Press.

Badrian, N. and Malenky, R. (1984) Feeding ecology of *Pan paniscus* in the Lomako Forest, Zaire. In: The Pygmy Chimpanzee: Evolutionary Biology and Behavior, R. L. Susman (ed.), New York: Plenum Press, pp. 275–299.

Baldwin, P. J., McGrew, W. C. and Tutin, C. E. G. (1982) Wide-ranging chimpanzees at Mt. Assirik, Senegal. International Journal of Primatology, 3: 367–385.

Bard, K. A. (1990) "Social tool use" by free-ranging orang-utans: a Piagetian and development perspective on the manipulation of ananimate object. In: "Language" and Intelligence in Monkeys and Apes: Comparative Developmental Perspectives, S. T. Parker and K. R. Gibson (eds.), New York: Cambridge University Press, pp. 356–378.

Bartholomew, G. A. and Birdsell, J. B. (1953) Ecology and the protohominids. American Anthropologists, 55: 481–498.

Barton, R. A., Byrne, R. W. and Whiten, A. (1996) Ecology, feeding competition and social structure in baboons. Behavioral Ecology and Sociobiology, 38: 321–329.

Basabose, A. K. (2005) Ranging patterns of chimpanzees in a montane forest of Kahuzi, Democratic Republic of Congo. International

Journal of Primatology, 26: 33–54.
Basabose, A. K. and Yamagiwa, J. (2002) Factors affecting nesting site choice in chimpanzees at Tshibati, Kahuzi-Biega National Park: influence of sympatric gorillas. International Journal of Primatology, 23: 263–282.
Batson, C. D. and Powell, A. A. (1998) Altruism and prosocial behavior. In: Handbook of Psychology: Personality and Social Psychology, Vol. 5, T. Millon and M. J. Lerner (eds.), Hboken: Wiley, pp. 463–484.
Beach, F. A. (1976) Sexual activity, proceptivity, and receptivity in female mammals. Hormones Behavior, 7: 105–138.
Boesch, C. (1991) The effects of leopard predation on grouping patterns in forest chimpanzees. Behaviour, 117: 220–242.
Boesch, C. (1992) New elements of a theory of mind in wild chimpanzees. Behavioral and Brain Sciences, 15: 149–150.
Boesch, C. (1996) Social grouping in Taï chimpanzees. In: Great Ape Societies, W. C. McGrew, L. F. Marchant and T. Nishida (eds.), Cambridge: Cambridge University Press, pp. 101–113.
Boesch, C. and Boesch, H. (1989) Hunting behavior of wild chimpanzees in the Tai National Park. American Journal of Physical Anthropology, 78: 547–573.
Bogin, B. (2009) Childhood, adolescence, and longevity: a multilevel model of the evolution of reserve capacity in human life history. American Journal of Human Biology, 21: 567–577.
Bradley, B. J., Doran-Sheehy, D. M., Lukas, D., Boesch, C. and Vigilant, L. (2004) Dispersed male networks in western gorillas. Current Biology, 14: 510–513.
Brain, C. K. (1981) Hominid evolution and climatic change. South African Journal of Science, 77: 104–105.
Brain, C. K. (1981) The Hunters or the Hunted? Chicago: The Chicago University Press.
Breuer, T., Breuer-Ndoundou, M., Olejniczak, Parnell, R. J. and Stokes, E. J. (2009) Physical maturation, life history classes and age estimates of free-ranging western gorillas: insights from Mbeli Bai, Republic of Congo. American Journal of Primatology, 71: 106–119.
Brunet, M., Guy, F., Pilbeam, D., Mackaye, H. T., Likius, A., Ahounta, D., Beauvilain, A., Blondel, C., Bocherens, H., Boisserie, J.-R., de Bonis, L., Coppens, Y., Dejax, J., Denys, C., Duringer, P., Eisenmann, V., Fanone, G., Fronty, P., Geraads, D., Lehmann, T., Lihoreau, F., Louchart, A., Mahamat, A., Merceron, G., Mouchelin, G., Otero, O.,

Campomanes, P. P., Ponce de Leon, M., Rage, J.-C., Sapanet, M., Schuster, M., Sudre, J., Tassy, P., Valentin, X., Vignaud, P., Viriot, L., Zazzo, A. and Zolllikofer, C. (2002) A new hominid from the Upper Miocene of Chad, Central Africa. Nature, 418: 145-151.

Byrne, R. W. (1995) The Thinking Ape: Evolutionary Origins of Intelligence. Oxford: Oxford University Press.

Byrne, R. W. and Byrne, J. M. E. (1993) Complex leaf gathering skills of mountain gorillas (*Gorilla g. beringei*): variability and standardization. American Journal of Primatology, 31: 241-261.

Casimir, M. J. (1975) Feeding ecology and nutrition of an eastern gorilla group in the Mt. Kahuzi region (République du Zaire). Folia Primatologica, 24: 1-36.

Caspari, R. and Lee, S.-H. (2004) Older age becomes common late in human evolution. PNAS, 101: 10895-10900.

Casparl, R. and Lee, S.-H. (2006) Is human longevity a consequence of cultural change or modern biology? American Journal of Physical Anthropology, 129: 512-517.

Chapman, C. A. and Wrangham, R. W. (1993) Range use of the forest chimpanzees of Kibale: implications for the understanding of chimpanzee social organization. American Journal of Primatology, 31: 263-273.

Cheney, D. L. and Seyfarth, R. S. (1990) How Monkeys See the World. Chicago: The Chicago University Press.

Chivers, D. J. and Hladik, C. M. (1984) Diet and morphology in primates. In: Food Acquisition and Processing, D. J. Chivers, B. A. Wood and A. Bilsborough (eds.), London: Plenum Press, pp. 213-230.

Chivers, D. J. and Langer, P. (1994) The Digestive System in Mammals: Food, Form and Function. Cambridge: Cambridge University Press.

Clutton-Brock, T. H. (1977) Some aspects of intraspecific variation in feeding and ranging behaviour in primates. In: Primate Ecology, T. H. Clutton-Brock (ed.), London: Academic Press, pp. 539-556.

Cohen, M. N. (1977) The Food Crisis in Prehistory. New Haven: Yale University Press.

Cowlishaw, G. (1992) Song function in gibbons. Behaviour, 121: 131-153.

Crockford, C., Herbinger, I., Vigilant, L. and Boesch, C. (2004) Wild chimpanzees produce group-specific calls: a case for vocal learning. Ethology, 110: 221-243.

Dart, R. A. (1949) The predatory implemental technique of *Australopithecus*. American Journal of Physical Anthropology, 7: 1–38.
Dart, R. A. (1953) The predatory transition from ape to man. International Anthropological and Linguistic Review, 1: 201–217.
Dart, R. A. (1955) Cultural status of the South African Man-Apes. Annual Report of the Smithsonian Institution, 1955: 317–338.
Dissanayake, E. (2000) Antecedants of the temporal arts in early mother-infant interaction. In: The Origin of Music, Massachusetts Institute of Technology, N. L. Wallin, B. Merker and S. Brown (eds.), Cambridge: Cambridge University Press, pp. 389–410.
Doran, D. and McNeilage, A. (1998) Gorilla ecology and behavior. Evolutionary Anthropology, 6: 120–131.
Dunbar, R. I. M. (1988) Primate Social Systems. London: Croom Helm.
Emery Thompson, M., Jones, J. H., Pusey, A. E., Brewer-Marsden, S., Goodall, J., Marsden, D., Matsuzawa, T., Nishida, T., Reynolds, V., Sugiyama, Y. and Wrangham, R. W. (2007) Aging and fertility patterns in wild chimpanzees provide insights into the evolution of menopause. Current Biology, 17: 553–586.
Enomoto, T. (1978) On social preference in sexual behavior of Japanese monkeys (*Macaca fuscata*). Journal of Human Evolution, 7: 283–293.
Falk, D. (2004) Prelinguistic evolution in early hominins: whence motherese? Behavioral and Brain Sciences, 27: 491–503.
Fernald, A. (1989) Intonation and communicative intent in mother's speech to infants: is the melody the message? Child Development, 60: 1497–1510.
Fher, E. and Fischbacher, U. (2003) The nature of human altruism. Nature, 425: 785–791.
Fleagle, J. G. (1999) Primate Adaptation and Evolution 2nd ed. New York: Academic Press.
Fossey, D. (1983) Gorillas in the Mist. Boston: Houghton Mifflin.
Fox, E. A. (2002) Female tactics to reduce sexual harassment in the Sumatran orangutan (*Pongo pygmaeus abelii*). Behavioral Ecology and Sociobiology, 52: 93–101.
Furuichi, T. (1989) Social interactions and the life history of female *Pan paniscus* in Wamba, Zaire. International Journal of Primatology, 10: 173–197.
Galdikas, B. M. F. (1979) Orangutan adaptation at Tanjung Puting Reserve: mating and ecology. In: The Great Apes, D. A. Hamburg and E. R. McCown (eds.), Menlo Park: Benjamin/Cummings, pp.

194–233.
Ghiglieri, M. P. (1984) The Chimpanzees of Kibale Forest: A Field Study of Ecology and Social Structure. New York: Columbia University Press.
Goldsmith, M. L. (1999) Ecological constraints on the foraging effort of western gorillas (*Gorilla gorilla gorilla*) at Bai Hokou, Central African Republic. International Journal of Primatology, 20: 1–23.
Goodall, J. (1968) The behavior of free-living chimpanzees in the Gombe Stream Reserve. Animal Behaviour Monographs, 1: 161–331.
Goodall, J. (1986) Chimpanzees of Gombe: Patterns of Behavior. Cambridge: The Belknap Press.
Goodall, J., Bandora, A., Bergmann, E., Busse, C., Matama, H., Mpongo, E., Pierce, A. and Riss, D. (1979) Intercommunity interactions in the chimpanzee population of the Gombe National Park. In: The Great Apes, D. A. Hamburg and E. R. McCown (eds.), Menlo Park: Benjamin/Cummings, pp. 13–53.
Gordon, T. P. and Bernstein, I. S. (1973) Seasonal variation in sexual behavior of all-male rhesus troops. American Journal of Physical Anthropology, 38: 221–225.
Harcourt, A. H., Harvey, P. H., Larson, S. G. and Short, R.V. (1981) Testis weight, body weight, and breeding system in primates. Nature, 293: 55–57.
Harcourt, A. H. and Stewart, K. J. (2007) Gorilla Society: Conflict, Compromise and Cooperation between the Sexes. Chicago: The University of Chicago Press,
Hare, B., Call, J. and Tomasello, M. (2001) Do chimpanzees know what conspecifics know? Animal Behavior, 61: 139–151.
Hawkes, K., O'Connell, J. F. and Blurton-Jones, N. G. (1997) Hadza women's time allocation, offspring provisioning, and the evolution of long post-menopausal life-spans. Current Anthropology, 38: 551–578.
Henzi, P. and Barrett, L. (2003) Evolutionary ecology, sexual conflict, and behavioral differentiation among baboon populations. Evolutionary Anthropology, 12: 217–230.
Hill, K., Barton, M. and Hurtado, A. M. (2009) The emergence of human uniqueness: characters underlying behavioral modernity. Evolutionary Anthropology, 18: 187–200.
Hrdy, S. B. (2009) Mothers and Others: The Evolutionary Origins of Mutual Understanding. Cambridge: The Belknap Press.

Hrdy, S. B. and Hausfater, G. (eds.) (1984) Infanticide: Comparative and Evolutionary Perspectives. New York: Aldine de Gruyter.
Idani, G. (1990) Relations between unit-groups of bonobos at Wamba, Zaire: encounters and temporary fusions. African Study Monographs, 11 (3): 153–186.
Inoue, E. and Takenaka, O. (2008) The effect of male tenure and female mate choice on paternity in free-ranging Japanese macaques. American Journal of Primatology, 70: 62–68.
Inoue, M., Takenaka, A., Tanaka, S., Kominami, R. and Takenaka, O. (1990) Paternity discrimination in a Japanese macaque group by DNA Fingerprinting. Primates, 31: 563–570.
Isbell, L. A. and van Vuren, D. (1996) Differential costs of locational and social dispersal and their consequences for female group-living primates. Behaviour, 133: 1–36.
Itani, J. (1959) Paternal care in the wild Japanese monkey, *Macaca fuscata fuscata*. Primates, 2: 61–93.
Itani, J. (1963) Vocal communication of the wild Japanese monkeys. Primates, 4: 11–66.
Jaeggi, A. V., Stevens, J. M. G. and van Schaik, C. P. (2010) Tolerant food sharing and reciprocity is precluded by despotism among bonobos but not chimpanzees. American Journal of Physical Anthropology, 143: 41–51.
Janson, C. H. (2000) Primate socio-ecology: the end of a golden age. Evolutionary Anthropology, 9: 73–86.
Janson, C. H. and Goldsmith, M. L. (1995) Predicting group size in primates: foraging costs and predation risks. Behavioral Ecology, 6: 326–336.
Jones, C. and Sabater Pi, J. (1971) Comparative ecology of *Gorilla gorilla* (Savage and Wyman) and *Pan troglodytes* (Blumenbach) in Rio Muni, West Africa. Bibliotheca Primatologica, 13: 1–96.
Kaplan, H., Hill, K., Lancaster, J. and Hurtado, A. M. (2000) Theory of human life history evolution: diet, intelligence, and longevity. Evolutionary Anthropology, 9: 156–185.
Kaplan, H. and Gurven, M. (2005) The natural history of human food sharing and cooperation: a review and new multi-individual approach to the negotiation of norms. In: Moral Sentiments and Material Interests: On the Foundations of Cooperation in Economic Life, H. Gintis, S. Bowles, R. Boyd and E. Fehr (eds.), Cambridge: MIT Press, pp. 75–113.
Kappeler, P. M. and van Schaik, C. P. (2002) Evolution of primate so-

cial systems. International Journal of Primatology, 23 (4): 707–740.
Kappeler, P. M. and van Schaik, C. P. (eds.) (2004) Sexual Selection in Primates: New and Comparative Perspectives. Cambridge: Cambridge University Press.
Katz, L. D. (ed.) (2000) Evolutionary Origins of Morality: Cross-Disciplinary Perspectives. Thorverton: Imprint Academic.
Kingdon, J. (1989) Island Africa. Princeton: Princeton University Press.
Kuester, J., Paul, A. and Arnemann, J. (1994) Kinship, familiality and mating avoidance in Barbary macaques, *Macaca sylvanus*. Animal Behaviour, 48: 1183–1194.
Kuroda, S., Nishihara, T., Suzuki, S. and Oko, R. A. (1996) Sympatric chimpanzees and gorillas in the Ndoki Forest, Congo. In: Great Ape Societies, W. C. McGrew, L. F. Marchant and N. Nishida (eds.), Cambridge: Cambridge University Press, pp. 71–81.
Lamb, M. E. (1984) Observational studies of father-child relationships in humans. In: Primate Paternalism, D. M. Taub (ed.), New York: Van Nostrand Reinhold, pp. 407–430.
Lamb, M. E. (2004) The Role of the Father in Child Development. New York: John Wiley & Sons.
Lambert, J. E. (2007) Seasonality, fallback strategies and natural selection: a chimpanzee and cercopithecoid model for interpreting the evolution of hominin diet. In: Evolution of the Human Diet: The Known, the Unknown and the Unknowable, P. S. Ungar (ed.), Oxford: Oxford University Press, pp. 324–343.
Lambert, J. E. and Garber, P. (1998) Evolutionary and ecological implications of primate seed dispersal. American Journal of Primatology, 45: 9–28.
Larke, A. and Crews, D. E. (2006) Parental investment, late reproduction and increased reserve capacity are associated with longevity in humans. Journal of Physical Anthropology, 25: 119–131.
Lee, R. B. and DeVore, I. (eds.) (1968) Man the Hunter. Chicago: Aldine.
Lee, R. B. and DeVore, I. (eds.) (1976) Kalahari Hunter-Gatherers. Cambridge: Harvard University Press.
Leighton, D. R. (1987) Gibbons: territoriality and monogamy. In: Primate Society, B. B. Smuts *et al.* (eds.), Chicago: The University of Chicago Press, pp. 135–145.
Linton, S. (1975) Woman the gatherer: male bias in anthropology. In: Toward on Anthropology of Women, R. Rayna (ed.), New York:

Monthly Review Press.
Lovejoy, C. O. (2009) Reexamining human origins in light of *Ardipithecus ramidus*. Science, 326: 74e1-e8.
Matsumura, S. (1999) The evolution of "Egalitarian" and "Despotic" social systems among macaques. Primates, 40: 23-31.
McGrew, W. C. (1992) Chimpanzee Material Culture: Implications for Human Evolution. Cambridge: Cambridge University Press.
McHenry, H. M. (1996) Sexual dimorphism in fossil hominids and its sociological implications. In: The Archaeology of Human Ancestry, J. Steele and S. Shennan (eds.), London: Routledge, pp. 91-109.
Milton, K. (1984) The role of food-processing factors in primate food choice. In: Adaptations for Foraging in Nonhuman Primates, P. Rodman and J. G.. H. Cant (eds.), New York: Columbia University Press, pp. 249-279.
Milton, K. (2006) Diet and primate evolution. Scientific American Special Edition, 16 (2): 22-29.
Mitani, J. C. (1996) Comparative studies of African ape vocal behavior. In: Great Ape Societies, W. C. McGrew, L. F. Marchant and T. Nishida (eds.), Cambridge: Cambridge University Press, pp. 241-254.
Mitani, J. C., Gros-Louis, J. and Manson, J. H. (1996) Number of males in primate groups: comparative tests of competing hypotheses. American Journal of Primatology, 38: 315-332.
Mori, A. (1975) Signals found in the grooming interactions of wild Japanese monkeys of the Koshima troop. Primates, 16: 107-140.
Nadler, R. D. (1976) Sexual behavior of captive lowland gorillas. Archives of Sexual Behavior, 5: 487-502.
Nadler, R. D. (1977) Sexual behavior of captive orangutans. Archives Sexual Behavior, 6: 457-475.
Nadler, R. D. (1986) Sex-related behavior of immature wild mountain gorillas. Developmental Psychobiology, 19 (2): 125-147.
Nishida, T. (1970) Social behavior and relationship among wild chimpanzees of the Mahale Mountains. Primates, 11: 47-87.
Nishida, T. and Uehara, S. (1983) Natural diet of chimpanzees (*Pan troglodytes schweinfurthii*): long-term record from the Mahale Mountains, Tanzania. African Study Monographs, 3: 109-130.
Nishida, T., Hiraiwa-Hasegawa, M., Hasegawa, T. and Takahata, Y. (1985) Group extinction and female transfer in wild chimpanzees in the Mahale Mountains. Zeitschrilt für Tierpsychologie, 67: 284-301.

O'Connell, S. (1995) Empathy in chimpanzees: evidence for theory of mind. Primates, 36: 397–410.

O'Connell, J. F., Hawkes, K. and Blurton-Jones, N. G. (1999) Grandmothering and the evolution of *Homo erectus*. Journal of Human Evolution, 36: 461–485.

Organ, C., Nunn, C. L., Machanda, Z. and Wrangham, R. W. (2011) Phylogenetic rate shifts in feeding time during the evolution of Homo. PNAS, 108 (35): 14555–14559.

Parnell, R. J. (2002) Group size and structure in western lowland gorillas (*Gorilla gorilla gorilla*) at Mbeli Bai, Republic of Congo. American Journal of Primatology, 56: 193–206.

Preston, S. D. and de Waal, F. B. M. (2002) Empathy: its ultimate and proximate bases. Brain and Behavioral Sciences, 25: 1–72.

Reichard, U. (2003) Social monogamy in gibbons: the male perspective. In: Monogamy: Mating Strategies and Partnerships in Birds, Humans and other Mammals, U. H. Reichard and C. Boesch (eds.), Cambridge: Cambridge University Press, pp. 190–213.

Remis, M. J. (1994) Feeding Ecology and Positional Behavior of Western Lowland Gorillas (*Gorilla gorilla gorilla*) in the Central African Republic, Ph. D. Dissertation, New Haven: Yale University.

Richard, P. (2004) Paleoenvironments and the evolution of adaptability in great apes. In: The Evolution of Thought: Evolutionary Origins of Great Ape Intelligence, A. E. Russon and D. R. Begun (eds.), Cambridge: Cambridge University Press, pp. 237–259.

Richman, B. (1987) Rhythm and melody in gelada vocal exchanges. Primates, 28: 199–223.

Robbins, A. M., Stoinski, T. S., Fawcett, K. A. and Robbins, M. M. (2009) Does dispersal cause reproductive delay in female mountain gorillas? Behaviour, 146: 525–549.

Robbins, M. M., Sicotte, P. and Stewart, K. J. (eds.) (2001) Mountain Gorillas: Three Decades of Research at Karisoke. Cambridge: Cambridge University Press,

Rowe, N. (1996) The Pictorial Guide to the Living Primates. New York: Pogonias Press.

Rubenstein, D. I. and Wrangham, R. W. (eds.) (1986) Ecological Aspects of Social Evolution: Birds and Mammals. Princeton: Princeton University Press.

Sabater Pi, J. (1977) Contribution to the study of alimentation of lowland gorillas in the natural state, in Rio Muni, Republic of Equatorial Guinea (West Africa). Primates, 18: 183–204.

Schaik, C. P. van (1983) Why are diurnal primates living in groups? Behaviour, 87: 120–144.
Schaik, C. P. van (1989) The ecology of social relationships among female primates. In: Comparative Socioecology: The Behavioural Ecology of Humans and other Mammals, V. Standen and R. A. Foley (eds.), Oxford: Blackwell, pp. 195–218.
Schaik, C. P. van (2004) Mating conflict in primate infanticide, sexual harassment and female sexuality. In: Sexul Selection in Primates, P. Kappeler and C. P. van Schaik (eds.), Cambridge: Cambridge University Press, pp. 131–150.
Schaik, C. P. van and Janson, C. H. (eds.) (2000) Infanticide by Males and its Implications. Cambridge: Cambridge University Press.
Schaller, G. B. (1963) The Mountain Gorilla: Ecology and Behavior. Chicago: The University of Chicago Press.
Schino, G., Gemiani, S., Rosati, L. and Aureli, F. (2004) Behavioral and emotional response of Japanese macaque (*Macaca fuscata*) mothers after their offspring receive aggression. Journal of Comparative Psychology, 118: 340–346.
Seyfarth, R. M., Cheney, D. L., Harcourt, A. H. and Stewart, K. J. (1994) The acoustic features of gorilla double-grunts and their relation to behaviour. American Journal of Primatology, 30: 31–50.
Shea, B.T. (1983) Size and diet in the evolution of African ape craniodental form. Folia Primatologica, 40: 32–68.
Silk, J. B. (2007) Empathy, sympathy and prosocial preferences in primates. In: Oxford Hand Book of Evolutionary Psychology, R. I. M. Dunbar and L. Barrett (eds.), New York: Oxford University Press, pp. 115–126.
Sillén-Tullberg, B. and Møller, A. P. (1993) The relationship between concealed ovulation and mating systems in anthropoid primates: a phylogenetic analysis. The American Naturalist, 141: 1–25.
Smuts, B. B., Cheney, D. L., Seyfarth, R. M., Wrangham, R. W. and Struhsaker, T. T. (eds.) (1986) Primate Societies. Chicago: The University of Chicago Press.
Sommer, V. (1994) Infanticide among the langurs of Jodhpur: testing the sexual selection hypothesis with a long-term record. In: Infanticide and Parental Care, S. Parmigiani and F. S. Vom Saal (eds.), Chur: Harwood Academic Publishers, pp. 155–198.
Sterck, E. H. M., Watts, D. P. and van Schaik, C. P. (1997) The evolution of female social relationships in nonhuman primates. Behavioral Ecology and Sociobiology, 41: 291–309.

Stokes, E. J., Parnell, R. J. and Olejnizak, C. (2003) Female dispersal and reproductive success in wild western lowland gorillas (*Gorilla gorilla gorilla*). Behavioral Ecology of Sociobiology, 54: 329–339.

Suwa, G. *et al.* (2009) The *Ardipithecus ramidus* skull and its implications for hominid origins. Science, 326: 68e1–e7.

Suzuki, S., Noma, N. and Izawa, K. (1998) Inter-annual variation of reproductive parameters and fruit availability in two populations of Japanese macaques. Primates, 39: 313–324.

Takahata, Y. (1982) The socio-sexual behavior of Japanese monkeys. Zeitschrift für Tierpsychologie, 59: 89–108.

Tilson, R. L. (1981) Family formation strategies of Kloss's gibbons. Folia Primatologica, 35: 259–287.

Trehub, S. E., Unyk, A. M., Kamenetsky, S. B., Hill, D. S., Trainor, L. J., Henderson, M. and Saraza, M. (1997) Mothers'and fathers'singing to infants. Developmental Psychology, 33: 500–507.

Tutin, C. E. G. and McGinnis, P. R. (1981) Chimpanzee reproduction in the wild. In: Reproductive Biology of the Great Apes, C. E. Graham (ed.), New York: Academic Press, pp. 239–264.

Tutin, C. E. G., McGrew, W. C. and Baldwin, P. J. (1983) Social organization of savanna-dwelling chimpanzees, *Pan troglodytes verus*, at Mt. Assirik, Senegal. Primates, 24: 154–173.

Tutin, C. E. G. and Fernandez, M. (1993) Composition of the diet of chimpanzees and comparisons with that of sympatric lowland gorillas in the Lopé Reserve, Gabon. American Journal of Primatology, 30, 195–211.

Vigilant, L. and Bradley, B. J. (2004) Genetic variation in gorillas. American Journal of Primatology, 64: 161–172.

Watts, D. P. (1989) Infanticide in mountain gorillas: new cases and a reconsideration of the evidence. Ethology, 81: 1–18.

Watts, D. P. (1991) Mountain gorilla reproduction and sexual behaviour. American Journal of Primatology, 24: 211–225.

Watts, D. P. (1996) Comparative socio-ecology of gorillas. In: Great Ape Societies, W. C. McGrew, L. F. Marchant and T. Nishida (eds.), Cambridge: Cambridge University Press, pp. 16–28.

West, M. M. and Konner, M. J. (1976) The role of the father: an anthropological perspective. In: The Role of the Father in Child Development, M. E. Laumb (ed.), New York: Plenum Press, pp. 185–216.

Wheeler, P. (1992) The influence of the loss of functional body hair on hominid energy and water budgets. Journal of Human Evolution,

23: 379–388.
White, T. D. *et al.* (2009) *Ardipithecus ramidus* and the paleobiology of early hominids. Science, 326: 75–86.
Whiten, A. (1999) Parental encouragement in *Gorilla* in comparative perspective: implications for social cognition and the evolution of teaching. In: The Mentalities of Gorillas and Orangutans in Comparative Perspective, S. T. Parker, R. W. Mitchell and H. L. Miles (eds.), Cambridge: Cambridge University Press, pp. 342–366.
Whitten, P. L. (1987) Infant and adult males. In: Primate Societies, B. B. Smuts *et al.* (eds.), Chicago: The University of Chicago Press, pp. 343–357.
Wich, S. A., Utami-Atmoko, S. S., Mitra Setia, T., Rijksen, H. D., Sch€urmann, C., van Hooff, J. A. R. A. M. and van Schaik, C. P. (2004) Life history of wild Sumatran orangutans (*Pongo abelii*). Journal of Human Evolution, 47: 385–398
Wich, S. A., Utami-Atmoko, S. S., Setia, T. M. and van Schaik, C. P. (2009) Orangutans: Geographic Variation in Behavioral Ecology and Conservation. Oxford: Oxford University Press.
Wilson, M. L. (2012) Long-term studies of the Chimpanzees of Gombe National Park, Tanzania. In: Long-Term Field Studies of Primates, P. M. Kappler and D. P. Watts (eds.), Heidelberg: Springer, pp. 357–384.
Wilson, M. L. and Wrangham, R. W. (2003) Intergroup relations in chimpanzees. Annual Review of Anthropology, 32: 363–392
Woodburn, J. (1982) Egalitarian societies. Man, 17: 431–451.
Woodburn, J. (1988) African hunter-gatherer social organization: is it best understood as a product of encapsulation? In: Hunters and Gatherers (1) History, Evolution and Social Change, R. Ingold and J. Woodburn (eds.), Oxford: Berg, pp. 31–64.
Wolf, A. P. (1995) Sexual Attraction and Childhood Association: A Chinese Brief for Edward Westermarck. Stanford: Stanford University Press.
Wrangham, R. W. (1979) Sex differences in chimpanzee dispersion. In: The Great Apes, D.A.Hamburg and E. R. McCown (eds.), Menlo Park: Benjamin/Cummings, pp. 480–489.
Wrangham, R. W. (1980) An ecological model of female-bonded primate groups. Behaviour, 75: 262–300.
Wrangham, R. W. (1987) Evolution of social structure. In: Primate Societies, B. B. Smuts *et al.*(eds.), Chicago: The University of Chicago Press, pp. 282–296.

Wrangham, R. W. and Carmody, R. (2010) Human adaptation to the control of fire. Evolutionary Anthropology, 19: 187–199.
Wray, A. (2000) Holistic utterances in protolanguage: the link from primates to humans. In: The Evolutionary Emergence of Language: Social Function and the Orgin of Linguistic Form, C. Knight, M. Studder-Kennedy and J. R. Hurford (eds.), Cambridge: Cambridge University Press, pp. 285–302,
Wray, A. (ed.) (2002) The Transition to Language. Oxford: Oxford University Press.
Yamagiwa, J. (1987a) Male life history and social structure of wild mountain gorillas (*Gorilla gorilla beringei*). In: Evolution and Coadaptation in Biotic Communities, S. Kawano, J. H. Connell and T. Hidaka (eds.), Tokyo: University of Tokyo Press, pp. 31–51.
Yamagiwa, J. (1987b) Intra- and inter-group interactions of an all-male group of Virunga mountain gorillas (*Gorilla gorilla beringei*). Primates, 28 (1) : 1–30.
Yamagiwa, J. (1999) Socioecological factors influencing population structure of gorillas and chimpanzees. Primates, 40: 87–104.
Yamagiwa, J. (2001) Factors influencing the formation of ground nests by eastern lowland gorillas in Kahuzi-Biega National Park: some evolutionary implications of nesting behavior. Journal of Human Evolution, 40: 99–109.
Yamagiwa, J. (2004) Diet and foraging of the great apes: ecological constraints on their social organizations and implications for their divergence. In: The Evolution of Thought: Evolutionary Origins of Great Ape Intelligence, A. E. Russon and D. R. Begun (eds.), Cambridge: Cambridge University Press, pp. 210–233.
Yamagiwa, J., Mwanza, N., Yumoto, Y. and Maruhashi, T. (1994) Seasonal change in the composition of the diet of eastern lowland gorillas. Primates, 35: 1–14.
Yamagiwa, J., Maruhashi, T., Yumoto, T. and Mwanza, N. (1996) Dietary and ranging overlap in sympatric gorillas and chimpanzees in Kahuzi-Biega National Park, Zaire. In: Great Ape Societies, W. C. McGrew, L. F. Marchant and T. Nishida (eds.), Cambridge: Cambridge University Press, pp. 82–98,
Yamagiwa, J. and Kahekwa, J. (2001) Dispersal patterns, group structure and reproductive parameters of eastern lowland gorillas at Kahuzi in the absence of infanticide. In: Mountain Gorillas: Three Decades of Research at Karisoke, K. Stewart, M. Robbins and P. Sicotte (eds.), Cambridge: Cambridge University Press, pp. 89–

122.
Yamagiwa, J., Kahekwa, J. and Basabose, A. K. (2003) Intra-specific variation in social organization of gorillas: implications for their social evolution. Primates, 44: 359-369.
Yamagiwa, J. and Basabose, A. K. (2006a) Diet and seasonal changes in sympatric gorillas and chimpanzees at Kahuzi-Biega National Park. Primates, 47: 74-90.
Yamagiwa, J. and Basabose, A. K. (2006b) Effects of fruit scarcity on foraging strategies of sympatric gorillas and chimpanzees. In: Feeding Ecology in Apes and other Primates, G. Hohmann, M. M, Robbins and C. Boesch (eds.), Cambridge: Cambridge University Press, pp. 73-96.
Yamagiwa, J. and Basabose, A. K. (2009) Fallback foods and dietary partitioning among *Pan* and *Gorilla*. American Journal of Physical Anthropology, 140: 739-750.
Yamakoshi, G. (1998) Dietary responses to fruit scarcity of wild chimpanzees at Bossou, Guinea: possible implications for ecological importance of tool use. American Journal of Physical Anthropology, 106: 283-295.
Zuberbühler, K. (2003) Referential signaling in non-human primates: cognitive precursors and limitations for the evolution of language. Advances in the Study of Behaviour, 33: 265-307.

アードレイ，R., 1973.『アフリカ創世記』，徳田喜三郎・森本佳樹・伊澤紘生訳，筑摩書房.
アードレイ，R., 1978.『狩りをするサル――人間本性起源論』，徳田喜三郎訳，河出書房新社.
ベルウッド，P., 2008.『農耕起源の人類史』，長田俊樹・佐藤洋一郎訳，京都大学学術出版会.
ベンソン，W. L., 2005.『音楽する脳』，西田美緒子訳，角川書店.
ビッカートン，D., 1998.『ことばの進化論』，筧寿雄監訳，勁草書房.
ブラッキング，J., 1978.『人間の音楽性』，徳丸吉彦訳，岩波現代選書.
ボイド，R., シルク，J. B., 2011.『ヒトはどのように進化してきたか』，松本晶子・小田亮監訳，ミネルヴァ書房.
バーン，R., 1998.『考えるサル――知能の進化論』，小山高正・伊藤紀子訳，大月書店.
バーン，R., ホワイテン，A. 編，2004.『マキャベリ的知性と心の進化理論』，友永雅已・小田亮・平田聡・藤田和夫監訳，ナカニシヤ出版.
カートミル，M., 1995.『人はなぜ殺すか――狩猟仮説と動物観の文明

史』，内田亮子訳，新曜社.
コパン，E., 2002.『ルーシーの膝――人類進化のシナリオ』，馬場悠男・奈良貴史訳，紀伊國屋書店.
デイリー，M., ウィルソン，M. 1999.『人が人を殺すとき――進化でその謎を解く』，長谷川真理子・長谷川寿一訳，新思索社.
ダーウィン，C., 1999.『人間の進化と性淘汰 I，II』，長谷川真理子訳，文一総合出版.
ドーキンス，R., 1980.『生物＝生存機械論――利己主義と利他主義の生物学』，日高敏隆・岸由二・羽田節子訳，紀伊國屋書店.
ドゥ・ヴァール，F., 1994a.『政治をするサル』，西田利貞訳，平凡社.
ドゥ・ヴァール，F., 1994b.『仲直り戦術』，西田利貞・榎本知郎訳，どうぶつ社.
ドゥ・ヴァール，F., 1998.『利己的なサル，他人を思いやるサル』，西田利貞・藤井留美訳，草思社.
ドゥ・ヴァール，F., 2002.『サルとすし職人――＜文化＞と動物の行動学』，西田利貞・藤井留美訳，原書房.
ドゥ・ヴァール，F., 2010.『共感の時代へ――動物行動学が教えてくれること』，柴田裕之訳，西田利貞解説，紀伊國屋書店.
ダイアモンド，J., 2000.『銃・病原菌・鉄［上・下］』，倉骨彰訳，草思社.
ダンバー，R. I. M., 1998.『ことばの起源――猿の毛づくろい，人のゴシップ』，松浦俊輔・服部清美訳，青土社.
エンゲルス，F., 1965.『家族・私有財産・国家の起源』，戸原四郎訳，岩波書店.
フォーリー，R., 1997.『ホミニッド――ヒトになれなかった人類たち』，金井塚務訳，大月書店.
フォッシー，D., 1986.『霧のなかのゴリラ』，羽田節子・山下恵子訳，早川書房.
ガルディカス・ビルーテ，M. F., 1999.『オランウータンとともに［上下］』，杉浦秀樹・斉藤千映美・長谷川寿一訳，新曜社.
ゴメス，J. G., 2005.『霊長類のこころ――適応戦略としての認知発達と進化』，長谷川真理子訳，新曜社.
グドール，A., 1984.『ゴリラ――森の穏やかな巨人』，河合雅雄・藤永安生訳，草思社.
グドール，J., 1971.『森の隣人』，河合雅雄訳，平凡社.
グドール，J., 1990.『野生チンパンジーの世界』，杉山幸丸・松沢哲郎監訳，ミネルヴァ書房.
グドール，J., 1994.『心の窓――チンパンジーとの三〇年』，高崎和美・高崎浩幸・伊谷純一郎訳，どうぶつ社.
ガフ，E. K., 1981.「ナヤール族と婚姻の定義」杉本良男訳，村武精一

編『家族と親族』，未来社，pp. 24-52.
ハート，D., サスマン，R., 2007.『ヒトは食べられて進化した』，伊藤伸子訳，化学同人.
フルディ，S. B., 1982.『女性は進化しなかったか』，加藤泰健・松本亮三訳，思索社.
ハンフリー，N., 1993.『内なる目――意識の進化論』，垂水雄二訳，紀伊國屋書店.
ジョハンソン，D. C., エディ，M. A., 1986.『ルーシー――謎の女性と人類の進化』，渡辺毅訳，どうぶつ社.
クライン，R. G., エドガー，B., 2004.『5万年前に人類に何が起きたか――意識のビッグバン』，鈴木淑美訳，新書館.
リーキー，R., 1996.『ヒトはいつから人間になったか』，馬場悠男訳，草思社.
レヴィ・ストロース，C., 1968.「家族」原ひろ子訳，祖父江孝男編『文化人類学リーディングス』，誠信書房，pp. 1-28.
レヴィ・ストロース，C., 1978.『親族の基本構造［上・下］』，馬淵東一・田島節夫監訳，番町書房.
ローウィ，R. H. A., 1979.『原始社会』，河村只雄・河村望訳，未来社.
ローレンツ，K., 1970.『攻撃――悪の自然誌』，日高敏隆・久保和彦訳，みすず書房.
マックグルー，W., 1996.『文化の起源をさぐる――チンパンジーの物質文化』，西田利貞監訳，足立薫・鈴木滋訳，中山書房.
マリノフスキー，B., 1972.『未開社会における性と抑圧』，阿部年晴・真埼義博訳，社会思想社.
マリノフスキー，B., ブリフォールト，R., 1972.『婚姻――過去と現在』，江守五夫訳・解説，社会思想社.
ミード，M., 1976.『サモアの思春期』，畑中幸子・山本真鳥訳，蒼樹書房.
マイスン，S., 1998.『心の先史時代』，松浦俊輔・牧野美佐緒訳，青土社.
マイスン，S., 2006.『歌うネアンデルタール――音楽と言語から見るヒトの進化』，熊谷淳子訳，早川書房.
モルガン，L. H., 1954.『古代社会』，荒畑寒村訳，角川文庫.
モース，M., 1976.「贈与論」，有地亨訳『社会学と人類学 I』，弘文堂，pp. 219-400.
マードック，G. P., 1978.『社会構造』，内藤莞爾監訳，新泉社.
リドレー，M., 2000.『徳の起源――他人をおもいやる遺伝子』，岸由二監修，古川奈々子訳，翔泳社.
リゾラッティ，J., シニガリア，C., 2009.『ミラーニューロン』，茂木健一郎監修，芝田裕之訳，紀伊國屋書店.

ルソー，J.=J., 1987.『人間不平等起原論』，本田喜代治・平岡昇訳，岩波書店.
シャラー，G. B., 1979.『マウンテンゴリラ［上・下］』，福屋正修訳，思索社.
スプレイグ，D., 2004.『サルの生涯，ヒトの生涯――人生計画の生物学』，京都大学学術出版会.
スパイロ，M., 1981.「家族は普遍的か」河合利光訳，村武精一編『家族と親族』，未来社，pp. 9-24.
スタンフォード，C., 2001.『狩りをするサル――肉食行動からヒト化を考える』，瀬戸口美恵子・瀬戸口烈司訳，青土社.
トーマス，E. M., 1982.『ハームレス・ピープル――原始に生きるブッシュマン』(普及版)，荒井喬・辻井忠男訳，海鳴社.
トリヴァース，R. L., 1991.『生物の社会進化』，中嶋康裕・福井康雄・原田康志訳，産業図書.
ターンブル，C., 1976.『森の民』，藤川玄人訳，筑摩書房.
ウェスターマーク，A. E., 1970.『人類婚姻史』，江守五夫訳，社会思想社.
ホイットモア，T. C., 1993.『［熱帯雨林］総論』，熊崎実・小林繁男監訳，築地書館.
ウィルソン，P. J., 1983.『人間――約束するサル』，佐藤俊訳，岩波現代選書.
ランガム，R. W., ピーターソン，D., 1998.『男の凶暴性はどこからきたか』，山下篤子訳，出版文化社.
ランガム，R. W., 2010.『火の賜物――ヒトは料理で進化した』，依田卓巳訳，NTT 出版.
ザハヴィ，A., ザハヴィ，A., 2001.『生物進化とハンディキャップ原理――性選択と利他行動の謎を解く』，大貫昌子訳，白揚社.
市川光雄，1982.『森の狩猟民――ムブティ・ピグミーの生活』，人文書院.
市川光雄，1991.「平等主義の進化史的考察」，田中二郎・掛谷誠編『ヒトの自然誌』，平凡社，pp. 11-34.
今西錦司，1941.『生物の世界』，弘文堂.
今西錦司，1951.『人間以前の社会』，岩波書店.
今西錦司，1952.「人間性の進化」，今西錦司編『自然』，毎日新聞社，pp. 36-94.
今西錦司，1957. ニホンザル研究の現状と課題――とくにアイデンティフィケーションの問題について，Primates, 1: 1-29.
今西錦司，1960.『ゴリラ』，文芸春秋新社.
伊谷純一郎，1954.『高崎山のサル』(日本動物記２)，光文社.
伊谷純一郎，1963.『ゴリラとピグミーの森』，岩波書店.

伊谷純一郎，1972.『霊長類の社会構造』(生態学講座第 20 巻)，共立出版.
伊谷純一郎，1973.「生物社会学・人類学からみた家族の起源」，青山道夫ほか編『講座家族第 1 巻　家族の歴史』，弘文堂，pp. 1-17.
伊谷純一郎，1977.「チンパンジーとゴリラ」，別冊サイエンス『特集動物社会学――サルからヒトへ』，日経サイエンス社，pp. 93-105.
伊谷純一郎，1983.「家族起源論の行方」，家族史研究会編『家族史研究 7』，大月書店，pp. 5-25.
伊谷純一郎，1986.「人間平等起源論」，伊谷純一郎・田中二郎編『自然社会の人類学――アフリカに生きる』，アカデミア出版会，pp. 347-389.
伊谷純一郎，1987.『霊長類社会の進化』，平凡社.
伊谷純一郎・原子令三編，1977.『人類の自然史』，雄山閣.
伊谷純一郎・田中二郎編，1986.『自然社会の人類学――アフリカに生きる』，アカデミア出版会.
今村薫，1996.「ささやかな饗宴――狩猟採集民ブッシュマンの食物分配」，田中二郎・掛谷誠・市川光雄・太田至編『続自然社会の人類学――変貌するアフリカ』，アカデミア出版会，pp. 51-80.
今村薫，2010.『砂漠に生きる女たち――カラハリ狩猟採集民の日常と儀礼』，どうぶつ社.
榎本知郎，1994.『人間の性はどこから来たのか』，平凡社.
岡ノ谷一夫，2003.『小鳥の歌からヒトの言葉へ』，岩波書店.
小川秀司，1999.『たちまわるサル――チベットモンキーの社会的知能』，京都大学学術出版会.
奥野克巳・椎野若菜・竹ノ下祐二，2009.『セックスの人類学』，春風社.
小田亮，1999.『サルのことば――比較行動学からみた言語の進化』，京都大学学術出版会.
小田亮，2002.『約束するサル――進化からみた人の心』，柏書房.
海部陽介，2005.『人類がたどってきた道――“文化の多様化”の起源を探る』，NHK ブックス.
加納隆至，1986.『最後の類人猿――ピグミーチンパンジーの行動と生態』，どうぶつ社.
河合香吏編，2009.『集団――人類社会の進化』，東京外国語大学アジア・アフリカ言語文化研究所.
河合雅雄，1964.『ニホンザルの生態』，河出書房.
河合雅雄，1977.『ゴリラ探検記』，講談社.
河合雅雄，1979.『森林がサルを生んだ――原罪の自然誌』，平凡社.
河合雅雄編，1990.『人間以前の社会学――アフリカに霊長類を探る』，教育社.
河合雅雄，1992.『人間の由来』，小学館.

川田順造編, 2002.『近親性交とそのタブー』, 藤原書店.
岸上伸啓, 2003. 狩猟採集社会における食物分配――諸研究の紹介と批判的検討. 国立民族学博物館研究報告, 27 (4): 725-752.
北西功一, 2004.「狩猟採集社会における食物分配と平等――コンゴ北部アカ・ピグミーの事例」, 寺嶋秀明編『平等と不平等をめぐる人類学的研究』, ナカニシヤ出版, pp. 53-91.
北村光二, 2003.「『家族起源論』の再構築――レヴィ＝ストロース理論との対話」, 西田正規・北村光二・山極寿一編『人間性の起源と進化』, 昭和堂, pp. 2-30.
木村大治・北西功一編, 2010.『森棲みの生態誌――アフリカ熱帯林の人・自然・歴史 I』, 京都大学学術出版会.
木村大治・北西功一編, 2010.『森棲みの社会誌――アフリカ熱帯林の人・自然・歴史 II』, 京都大学学術出版会.
京都大学霊長類研究所編, 1992.『サル学なんでも小事典』, 講談社.
京都大学霊長類研究所編, 2003.『霊長類学のすすめ』, 丸善.
京都大学霊長類研究所編, 2007.『霊長類進化の科学』, 京都大学学術出版会.
黒田末寿, 1980.『ピグミーチンパンジー』, 筑摩書房.
黒田末寿, 1999.『人類進化再考』, 以文社.
黒田末寿・片山一道・市川光雄, 1987.『人類の起源と進化――自然人類学入門』, 有斐閣.
斎藤成也・諏訪元・颯田葉子・山森哲雄・長谷川真理子・岡ノ谷一夫, 2006.『ヒトの進化』(シリーズ進化学 5), 岩波書店.
清水昭俊編, 1989.『家族の自然と文化』, 弘文堂.
菅原和孝, 2002.『感情の猿＝人』, 弘文堂.
杉山幸丸, 1986.『野生チンパンジーの社会』, 講談社.
杉山幸丸, 1993.『子殺しの行動学』, 講談社学術文庫.
杉山幸丸編, 1996.『サルの百科』, データハウス.
杉山幸丸編, 2000.『霊長類生態学――環境と行動のダイナミズム』, 京都大学学術出版会.
鈴木晃, 1992.『夕陽を見つめるチンパンジー』, 丸善ライブラリー.
須藤建一・杉島敬志編, 1993.『性の民族誌』, 人文書院.
高畑由起夫, 1993.「インセストをめぐる迷宮」, 須藤建一・杉島敬志編『性の民族誌』, 人文書院, pp. 273-294.
高畑由紀夫編, 1994.『性の人類学――サルとヒトの接点を求めて』, 世界思想社.
高畑由紀夫・山極寿一編, 2000.『ニホンザルの自然社会――エコミュージアムとしての屋久島』, 京都大学学術出版会.
竹内潔, 2002.「分かちあう世界――アフリカ熱帯森林の狩猟採集民アカの分配」, 小馬徹編『カネと人生』(暮らしの文化人類学第 5

巻），雄山閣，pp. 24-52.
立花隆，1991.『サル学の現在』，平凡社.
田中二郎，1971.『ブッシュマン ―― 生態人類学的研究』，思索社.
田中二郎，1978.『砂漠の狩人』，中央公論社.
田中二郎，1994.『最後の狩猟採集民 ―― 歴史の流れとブッシュマン』，どうぶつ社.
田中二郎・掛谷誠編，1991.『ヒトの自然誌』，平凡社.
田中二郎・掛谷誠・市川光雄・太田至編，1996.『続自然社会の人類学 ―― 変貌するアフリカ』，アカデミア出版会.
丹野正，1991.「『分かち合い』としての『分配』 ―― アカ・ピグミー社会の基本的性格」，田中二郎・掛谷誠編『ヒトの自然誌』，平凡社，pp. 35-57.
丹野正，2005. シェアリング，贈与，交換 ―― 共同体，親交関係，社会. 弘前大学大学院地域社会研究科年報，第1号：63-80.
寺嶋秀明編，2004.『平等と不平等をめぐる人類学的研究』，ナカニシヤ出版.
寺嶋秀明，2011.『平等論 ―― 霊長類と人における社会と平等性の進化』，ナカニシヤ出版.
徳田喜三郎・伊谷純一郎，1953.『幸島のサル ―― その性行動』（日本動物記３），光文社.
中川尚史，1994.『サルの食卓』，平凡社.
中川尚史，1999.『食べる速さの生態学 ―― サルたちの採食戦略』，京都大学学術出版会.
中根千枝，1970.『家族の構造』，東京大学東洋文化研究所.
中根千枝，1977.『家族を中心とした人間関係』，講談社学術文庫.
中村美知夫，2009.『チンパンジー ―― ことばのない彼らが語ること』，中央公論新社.
和秀雄，1982.『ニホンザル ―― 性の生理』，どうぶつ社.
西田利貞，1981.『野生チンパンジー観察記』，中央公論社.
西田利貞，1994.『チンパンジーおもしろ観察記』，紀伊國屋書店.
西田利貞，1999.『人間性はどこから来たか ―― サル学からのアプローチ』，京都大学学術出版会.
西田利貞編，2001.『ホミニゼーション』（講座生態人類学８），京都大学学術出版会.
西田利貞・伊沢紘生・加納隆至編，1991.『サルの文化誌』，平凡社.
西田利貞・上原重男編，1999.『霊長類学を学ぶ人のために』，世界思想社.
西田利貞・上原重男・川中健二編，2002.『マハレのチンパンジー＜パンスロポロジー＞の三七年』，京都大学学術出版会.
西田正規・北村光二・山極寿一編，2003.『人間性の起源と進化』，昭和

堂.
日経サイエンス社，1976. 別冊サイエンス『特集動物社会学――サルからヒトへ』，日経サイエンス社.
長谷川寿一・長谷川真理子，2000.『進化と人間行動』，東京大学出版会.
長谷川真理子，1983.『野生ニホンザルの育児行動』，海鳴社.
浜田穣，2007.『なぜヒトの脳だけが大きくなったのか――人類の進化最大の謎に挑む』，講談社ブルーバックス.
早木仁成，1990.『チンパンジーのなかのヒト』，裳華房.
原ひろ子，1986.「人類社会において家族は普遍か――未来と家族」，原ひろ子編『家族の文化誌』，弘文堂，pp. 288-302.
原子令三，1977.「ムブティ・ピグミーの生態人類学的研究―とくにその狩猟を中心にして」，伊谷純一郎・原子令三編『人類の自然史』，雄山閣，pp. 29-95.
古市剛史，1988.『ビーリャの住む森で――アフリカ・人・ピグミーチンパンジー』，東京化学同人.
古市剛史，1999.『性の進化，ヒトの進化――類人猿ボノボの観察から』，朝日選書.
古市剛史，2002. ヒト上科の社会構造の進化の再検討――食物の分布と発情性比に着目して. 霊長類研究，18: 187-201.
正高信男，1991.『ことばの誕生――行動学からみた言語起源論』，紀伊國屋書店.
松沢哲郎，1991.『チンパンジー・マインド』，岩波書店.
松沢哲郎，2011.『創造するちから――チンパンジーが教えてくれた人間の心』，岩波書店.
松村圭一郎，2008.『所有と分配の人類学――エチオピア農村社会の土地と富をめぐる力学』，世界思想社.
村武精一，1973.『家族の社会人類学』，弘文堂.
村武精一，1981.「社会人類学における家族・親族理論の展開」，村武精一編『家族と親族』，未来社，pp. 273-291.
明和政子，2006.『心が芽生えるとき――コミュニケーションの誕生と進化』，NTT 出版.
山極寿一，1993a.『ゴリラとヒトの間』，講談社現代新書
山極寿一，1993b.「視線と性――マウンテンゴリラののぞき込み行動とホモセクシュアル交渉」，須藤建一・杉島敬志編『性の民族誌』，人文書院，pp. 295-324.
山極寿一，1994.『家族の起源――父性の登場』，東京大学出版会.
山極寿一，1997.『父という余分なもの――サルに探る文明の起源』，新書館.
山極寿一，2005.『ゴリラ』，東京大学出版会.
山極寿一編，2007.『ヒトはどのようにしてつくられたか』，岩波書店.

山極寿一，2007.『暴力はどこからきたか――人間性の起源を探る』，NHKブックス.
山極寿一，2008.『人類進化論――霊長類学からの展開』，裳華房.
山極寿一，2011.『ヒトの心と社会の由来を探る――霊長類学から見る共感と道徳の進化』，高等研選書.
山路勝彦，1981.『家族の社会学』，世界思想社.
湯本貴和，1999.『熱帯雨林』，岩波新書.